Python

算法设计与分析

从入门到精通

明日科技　编著

U0304024

清华大学出版社

北京

内 容 简 介

本书是一本综合讲述算法和数据结构的入门书，以图解的方式全面介绍了当下比较实用的算法。全书分为4篇，共13章，包括算法入门、算法的描述、Python编程基础、排序算法、四大经典算法、其他算法、链表算法、树形结构算法、图形结构算法、查找算法、哈希表、使用算法解决常见数学问题、算法常见经典问题等。本书从用户学习与应用的角度出发，所有算法都结合具体生活实例进行讲解，涉及的程序代码给出了详细的注释，并且运用大量的示意图和实例应用，力求打造零压力的学习氛围，使读者轻松掌握各种主流算法，快速提高开发技能，拓宽职场道路。

本书给出了大量的算法实例，所有实例都提供源码，本书的服务网站提供了模块库、案例库、题库、素材库、答疑服务。力求为读者提供一本"基础入门+应用开发+实战"一体化的Python算法图书。

本书内容详尽，实例丰富，非常适合作为算法初学者的入门用书，也适合作为Python开发人员的案头随查手册；另外，对于从C++、C#、Java等编程语言转入的Python开发人员也有很大的参考价值。

图书在版编目（CIP）数据

Python算法设计与分析从入门到精通 / 明日科技编著. —北京：清华大学出版社，2021.10（2023.10重印）
ISBN 978-7-302-59201-3

Ⅰ．①P… Ⅱ．①明… Ⅲ．①软件工具—程序设计 Ⅳ．①TP311.561

中国版本图书馆CIP数据核字（2021）第187905号

责任编辑：贾小红
封面设计：飞鸟互娱
版式设计：文森时代
责任校对：马军令
责任印制：丛怀宇

出版发行：清华大学出版社
      网　　　址：http://www.tup.com.cn，http://www.wqbook.com
      地　　　址：北京清华大学学研大厦A座　　邮　　编：100084
      社　总　机：010-83470000　　　　　　邮　　购：010-62786544
      投稿与读者服务：010-62776969，c-service@tup.tsinghua.edu.cn
      质量反馈：010-62772015，zhiliang@tup.tsinghua.edu.cn
印　装　者：三河市龙大印装有限公司
经　　　销：全国新华书店
开　　　本：203mm×260mm　　印　　张：19.5　　字　　数：535千字
版　　　次：2021年11月第1版　　印　　次：2023年10月第3次印刷
定　　　价：79.80元

产品编号：090260-01

前 言

Preface

在软件开发、移动应用、大数据、人工智能应用越来越普遍的今天，各行业、各领域都与计算机和程序设计建立了紧密的联系。无论学习哪种编程语言，都离不开算法，算法是编程的核心，就像一台计算机的 CPU，算法的好坏直接决定着程序执行效率的高低。

目前，市场上关于算法的图书有很多，但大多数图书都只介绍了部分算法，而且讲述算法的方式比较枯燥，过于学术和专业，初学者接受起来有一定难度。本书在组织图书内容时，充分考虑了这个问题。首先，择选的算法更全面，更有代表性；其次，本书从什么是算法开始讲起，通过各种趣味的实例、形象的讲解、丰富的图示，帮助读者构建扎实的算法基础，并逐渐向中高级算法渗透，循序渐进，缓慢提升难度。读者在不知不觉中，就会发现自己掌握了很多实用的算法。

Python 是一门简洁、优美、跨平台且应用面极广的程序设计语言，可以降低学习编程的难度，缩短初学者学习算法的时间。因此，本书所有实例代码均采用 Python 语言编写。

本书内容

本书提供了从算法入门到成为算法设计高手所必需的各类知识，共分 4 篇，大体结构如下图所示。

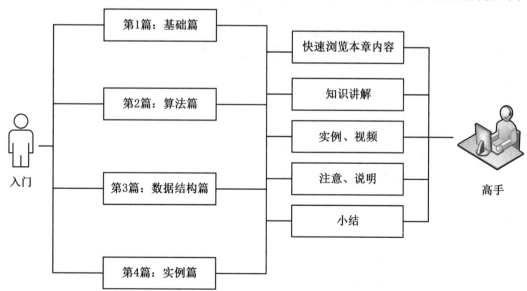

第 1 篇：基础篇。本篇讲解算法的基础知识，介绍了算法入门、算法的描述方式以及 Python 语言的基础知识。通过本篇的学习，读者可了解算法的重要性，掌握算法的描述方式以及 Python 语言的基础知识，为以后编程奠定坚实的基础。

第 2 篇：**算法篇**。本篇介绍了一些流行算法，也是面试常见的算法。不仅包含排序算法和四大经典算法（递归算法、动态规划算法、贪心算法和回溯算法），还包含分治算法以及 *K* 最近邻算法等高级算法。本篇采用图解的方式讲解每个算法实例，读者可轻松掌握这些常见算法及其背后的逻辑。

第 3 篇：**数据结构篇**。本篇介绍数据结构，包含链表、树形结构、图形结构等，此外还介绍了查找算法和哈希表。本篇内容是全书的难点，因此利用大量的图示和详尽的步骤讲解，希望能够帮助读者透彻理解相关算法原理。

第 4 篇：**实例篇**。本篇给出了大量的算法实例，读者可运用前 3 篇学到的知识去解决这些有趣的经典算法问题。每个实例都给出了详细解析过程，并配有完整代码，读者可在实战演练中融会贯通算法设计与分析的各类知识。

本书特点

☑ **由浅入深，循序渐进**。本书从什么是算法讲起，通过各种有趣的实例、形象的讲解、丰富的图示，一点一滴地渗透 Python 基础知识，算法逻辑知识，数据结构知识，最后通过实例篇强化算法运用。讲解过程中重点突出，步骤详尽，实例丰富，在不知不觉中，读者就会形成严密的算法设计思维。

☑ **择选经典算法，全程图解**。算法世界浩瀚无边，且比较抽象。本书精心择选那些在程序设计、求职面试中出现频率较高的经典算法，非常具有代表性。同时，为了降低学习难度，本书为每个算法实例都绘制了多幅形象、生动的分步骤图示，全程图解+生动讲解，读者可快速领悟背后的算法设计逻辑。

☑ **实例丰富，快速提升**。通过例子学习是最好的学习方式，本书通过"一个知识点、一个例子、一个结果"的模式，透彻详尽地讲述了各类经典算法知识。另外，为了便于读者阅读程序代码，快速学习编程技能，书中代码给出了详尽的注释。

读者对象

☑ Python 编程初学者   ☑ 算法爱好者、信息学奥赛参与者

☑ 大中专院校的老师和学生   ☑ 相关培训机构的老师和学员

☑ 准备算法面试的求职人员   ☑ 初中级程序开发人员

读者服务

本书配套的学习资源包，读者可扫描图书封底的"文泉云盘"二维码，获取其下载方式。读者也可登录清华大学出版社网站（www.tup.com.cn），在对应图书页面下获取其下载方式。

致读者

本书由明日科技 Python 开发团队组织编写。明日科技是一家专业从事软件开发、教育培训以及软

件开发教育资源整合的高科技公司，其编写的教材非常注重选取软件开发中的必需、常用内容，同时也很注重内容的易学、方便性以及相关知识的拓展性，深受读者喜爱。其教材多次荣获"全行业优秀畅销品种""全国高校出版社优秀畅销书"等奖项，多个品种长期位居同类图书销售排行榜的前列。

在编写本书的过程中，我们始终本着科学、严谨的态度，力求精益求精，但不足、疏漏之处在所难免，敬请广大读者批评指正。

感谢您购买本书，希望本书能成为您编程路上的领航者。

"零门槛"编程，一切皆有可能。

祝读书快乐！

编　者
2021 年 9 月

目 录

Contents

第1篇 基 础 篇

第 2 篇 算 法 篇

第 3 篇 数据结构篇

第4篇　实　例　篇

第1篇　基础篇

　　本篇为算法基础篇，介绍了算法入门、算法的描述方式以及 Python 编程基础。通过本篇的学习，读者可了解算法的重要性，掌握算法的描述方式以及 Python 语言的基础知识，为以后编程奠定坚实的基础。

第 1 章

算法入门

一个程序主要由数据和算法两部分组成。数据是程序操作的对象，而算法是程序操作的步骤。相对数据来说，算法这个概念似乎不太好理解，那本章就先带领大家了解一下什么是算法，算法基础以及算法的作用。Come on，让我们一起走进算法的世界！

1.1 什么是算法

大数据、人工智能（AI），都是当今时代的流行词汇。而在我们身边，也随处可见各种应用场景。例如，医生借助 AI 辅助诊断患者是否感染病毒，公共部门利用机器人喷洒消毒液，交警使用无人机巡逻疏导车辆，手机每天推送根据卫星云图数据得出的天气预报，车牌快速识别，以及刷脸支付、打卡、识别身份等。

大数据和人工智能是计算机应用领域的两个分支，它们都需要使用程序语言来进行开发。计算机程序语言的应用领域非常广泛，包括 Web 开发、游戏开发、人工智能开发、大数据开发、科学计算、数据分析等，如图 1.1 所示。可以说，程序语言几乎可以解决我们遇到的任何问题。

程序语言究竟为何能如此强大呢？核心就在于程序中看不见、摸不着但却无处不在的种种算法。通过这些算法，简单的代码组合起来，即可发挥出强大的问题解决能力。

图 1.1 计算机编程语言应用领域

我们已经习惯了用计算机处理各类事情，似乎计算机什么都能干。但稍稍了解计算机内部结构的人都会知道，其实计算机并不知道自己"在做什么"，它只是在参照指令执行一些并不复杂的动作。换句话说，计算机只是比较"听话"，让做什么动作就做什么动作，因此只要人们告诉计算机要做什么（即执行什么动作）以及怎么做（即以什么样的顺序去执行这些动作），它就能够高效地完成各项工作要求。

做什么和怎么做，就是我们通常所说的算法，而让计算机变得无所不能的正是各种各样的算法。可以说，正是人类用智慧设计的各类算法，才造就了计算机的"智能大脑"。

人们已经设计出了许多非常"聪明"的算法，极大提高了我们解决问题的能力，但实际应用中复杂的问题依然期待我们给出更有效的算法，这也是计算机科学家工作的重要部分。

1.2　算法基础

许多初学者认为，学习编程就是学习新的编程语言、技术和框架，其实计算机算法更重要。从 C 语言、C++、Java、C#到 Python，虽然编程语言种类繁多，但经典的算法却是万变不离其宗。所以，练好算法这门"内功"，再结合新技术这些"招式"，才能真正地成为一名合格的程序员。

1.2.1　算法的定义

算法是一组完成任务的指令，因此有计算机工作者这样定义：为了解决某个或某类问题，需要把指令表示成一定的操作序列，操作序列包括一组操作，每个操作都完成特定的功能。简单来说，算法是解决特定问题的步骤描述，即处理问题的策略。

首先来看一个例子——经典问题"百钱买百鸡"。用一百钱买一百只鸡，鸡的品种有公鸡、母鸡和雏鸡，价格分别是：一只公鸡 5 钱，一只母鸡 3 钱，三只雏鸡 1 钱。要求每个品种的鸡至少买一只，问怎样买才能用一百钱买一百只鸡。

整理题干信息，可以得出以下两个限制性条件：

（1）买的公鸡、母鸡、雏鸡的总数量是 100 只，如图 1.2 所示。

（2）花的钱数是 100 钱，根据不同类型的鸡价格不同，可以有如图 1.3 所示的式子。

图 1.2　条件 1　　　　　　　　　　　　　　　图 1.3　条件 2

算法解析如下：

（1）根据条件 2，计算每一种鸡最多能买多少只。

① 如果尽可能多地购买公鸡，那么公鸡的购买范围是 1～19 只，不能超过 20 只。因为，如果购买 20 只公鸡，就需要花费 100 钱（20*5=100），这样无法购买母鸡和雏鸡，不符合题意。

② 如果尽可能多地购买母鸡，那么母鸡的购买范围是 1～32 只，不能为 33 只，否则需要花 99 钱（3*33=99），公鸡和雏鸡就没有办法购买了。

③ 3 只雏鸡需要花 1 钱，所以要买雏鸡，就得一起买 3 只雏鸡，因此雏鸡的数量应为 3 的倍数，故递增的步长可以设为 3。同理，如果尽可能多地购买雏鸡，雏鸡的购买范围应为 3～99 只。

（2）使用某种编程语言，在公鸡、母鸡、雏鸡的可购买数量范围内列出三重循环，进行穷举，使两个代数式均成立，则为百钱买百鸡的解。

下面来看一下如何使用 Python 语言实现百钱买百鸡问题的求解。

【实例 1.1】　百钱买百鸡。（实例位置：资源包\Code\01\01）

具体代码如下：

```
01    for i in range(1,20):                              #遍历公鸡个数
02        for j in range(1, 32):                         #遍历母鸡个数
```

03	`for k in range(3, 99, 3):`	#遍历雏鸡个数
04	`if i + j + k == 100 and 5 * i + 3 * j + k // 3 == 100:`	#满足两个条件
05	`print("公鸡：", i, "母鸡：", j, "雏鸡：", k)`	#输出结果

运行结果如图 1.4 所示。可见，有 3 种购买方法：4 公鸡+18 母鸡+78 雏鸡；8 公鸡+11 母鸡+81 雏鸡；12 公鸡+4 母鸡+84 雏鸡。

实例 1.1 中的算法解析思路和 Python 代码实现，整个过程就是算法的实现过程。

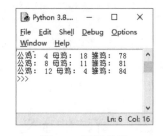

图 1.4　运行结果

1.2.2　算法的特性

算法主要用于解决"做什么"和"怎么做"的问题，因为解决问题的步骤需要在有限时间内完成，而且解决问题可能有不止一种方法，所以在进行算法分析时最为核心的考察要点是算法的速度。另外，操作步骤中不可以有不明确的语句，使得步骤无法继续进行下去。

总之，一个算法必须满足有输入、有输出、确定性、有限性、有效性五大特性，如图 1.5 所示。

图 1.5　算法的五大特性

1．有输入

一个程序中，算法和数据是相互关联的。算法中需要输入数据的值，例如：

```
age=input("您的年龄是：")                                    #输入变量值
```

注意，输入可以是多个，也可以是零个。零个输入并不代表这个算法没有输入，而是这个输入没有直观地显现出来，隐藏在了算法本身中。

2．有输出

一个算法，需要输出一定的结果，没有输出的算法是没有意义的。有的算法输出的是数值，有的输出是图形，有的输出并不是那么显而易见。例如：

```
print("1314")                                             #输出数值
print("^ _ ^")                                            #输出图形
print(" ")                                                #输出空格，不显而易见
```

上述 3 行代码的输出结果如下：

```
1314
^ _ ^
```

3．确定性

算法中，每条指令及每个步骤的表述都应该是明确的，使计算机能"听懂"，并能照着做，不能存在任何的歧义和模糊性。

日常生活中，我们经常会遇到一些含义不明确的语句。当然，人脑可以根据常识、语境等，自动补充信息使其明确，但即便如此，仍然有可能理解错误（见图 1.6）。计算机不比人脑，它只会严格按照指令一步步地执行，无法处理有歧义或表述不明的情况，更不会根据算法的意义来揣测每个步骤的意思，所以算法的每一步都必须给出确定的信息和指令。

图 1.6　生活中的不确定表述

4．有限性

一个算法，如果在执行有限步骤后能够实现，或者在有限时间内能够完成，就称该算法具有有限性。例如，在"百钱买百鸡"代码的 for 循环中，(1,20)、(1,33)、(3,99,3)这几个范围保证了程序的有限性。如果没有此条件，for 循环就会无终止地进行，程序也就进入了死循环。

有的算法在理论上满足有限性要求，即可在有限的步骤后完成，但实际上计算机可能会执行一天、一年、十年等。算法的核心就是速度，过慢的算法实际上是没有什么意义的。当然，有些算法非常复杂，确实需要较长的运算时间。但就普通开发而言，快捷、高效是核心，也是进行算法设计时的关键考量要素。

5．有效性

算法的有效性是指每个步骤都必须有效地执行，得到确定的结果，且能方便地用来解决一类问题。如下代码中的"z=x/y;"就是一个无效语句，因为 0 不可以做分母。

```
if y==0:
    z=x/y;                          #无效语句，当y=0时，y不能做分母
```

1.2.3　算法的性能分析与度量

算法是解决问题的方法，但解决问题的方法通常不止一个，方法多了，自然而然地就有了优劣之分。这就好比，一个人扫地时，人们往往只会关注扫地任务是否完成；然而当有两三个人同时扫地时，人们就有了比较，可以根据某个评定标准判断谁扫的更好。比如，有人认为 A 好，因为他扫的快；有人认为 B 好，因为他扫的干净，等等。

那么，算法的优劣该怎样评定呢？可以从算法的性能指标和算法效率等方面来衡量。

1．算法的性能指标

评定一个算法的优劣，主要有以下几个指标。

（1）正确性。一个算法必须正确，即能解决提出的问题，才有实际的价值。正确性是考量算法时最重要的指标，编程人员应用合适的算法语言实现正确的功能。

（2）友好性。算法实现的功能最终是要给用户使用的，自然要考虑用户的使用习惯，使其具有良好的使用性，人们愿意用，且用着方便。

（3）可读性。一个算法，在其诞生和使用过程中可能会进行多人、多次的修改，也可能会被移植

到其他功能中去，因此算法应当是可读的（代码易于理解），以方便程序员对其分析、修改和移植。

（4）健壮性。算法的实际应用中，有时会出现不合理的数据输入或非法操作，因此算法必须具有一定的健壮性，能够对这些问题进行检查和纠正。读者在刚开始学习算法时，可以忽略健壮性的存在，但在后续的开发中，一定要努力让自己的算法具有一定的健壮性。

（5）效率。算法的效率主要指执行算法时对计算机资源的消耗程度，包括对计算机内存的消耗和对计算机运行时间的消耗，两者统称为时空效率。一个算法只有正确性而无效率，是没有意义的，因此也经常把效率用作评定算法是否正确的指标。如果一个算法需要执行几年，甚至几百年，那么无疑这个算法会被评为是错误的。

2. 算法效率的度量

度量算法效率的方法有两种：事后计算和事前分析估算。

（1）事后计算。先实现算法，然后运行程序，测算其对时间和空间的消耗。这种度量方法有很多弊端，由于算法的运行与计算机的软硬件等环境因素有关，不容易发现算法本身的优劣。同样的算法，用不同的编译器编译出的目标代码不一样多，完成算法所需的时间也不相同。当计算机的存储空间较小时，算法运行时间会延长。

（2）事前分析估算。这种度量方法通过比较算法的复杂性，估算算法的效率高低。算法的复杂性与计算机的软硬件环境无关，仅与计算耗时和存储需求有关。算法复杂性的度量可以分为空间复杂度度量和时间复杂度度量。

3. 算法的时间复杂度

算法的时间复杂度主要用于衡量算法执行时需要消耗的时间规模。

执行算法所用的时间包括程序编译时间和运行时间，由于算法编译成功后可以多次运行，因此通常忽略掉编译时间，只讨论运行时间。

算法的运行时间取决于加、减、乘、除等基本运算的时长，参加运算的数据量，以及计算机硬件和操作环境等因素。其中，最为关键的因素是问题规模，也就是运算数据量的多少。同等条件下，问题规模越大，运行时间越长。例如，求 $1+2+3+\cdots+n$ 的算法，计算量的大小取决于问题规模 n 为多大，n 的规模决定了基本运算的执行次数，即运算规模。因此，算法运行时间一定是问题规模 n 的某个函数，记作 $T(n)$。当 n 不断变化时，$T(n)$ 也会不断变化。为了弄清楚 $T(n)$ 的变化规律，引入"时间复杂度"这一概念。

一般情况下，若有某个辅助函数 $f(n)$，使得当 n 趋近于无穷大时，$T(n)/f(n)$ 的极限值为不等于零的常数，则称 $f(n)$ 是 $T(n)$ 的同数量级函数，记作 $T(n)=O(f(n))$。$O(f(n))$ 表示的是算法的渐进时间复杂度，这种表示法被称为大 O 表示法。需要注意，时间复杂度得出的不是时间量，而是一种增长趋势。

例如，当一个算法的时间复杂度为常量，不随数据量 n 的大小改变时，可表示为 $O(1)$；当一个算法的时间复杂度与 n 成线性比例关系时，可表示为 $O(n)$。

说明

大 O 表示法是对算法性能的一种粗略估计，并不能精准地反映出某个算法的性能。

4. 算法的空间复杂度

算法的空间复杂度是指算法执行过程中需要的辅助空间数量。这里，辅助空间数量不是程序指令、常数、指针等占用的存储空间，也不是输入/输出数据占用的存储空间，而是除此以外算法临时开辟的存储空间。

算法的空间复杂度分析方法同时间复杂度相似。设 $S(n)$ 表示算法的空间复杂度，则 $S(n)=O(f(n))$。

1.2.4 大 O 表示法

下面通过一个实例，介绍如何使用大 O 表示法判断一段程序的时间复杂度（请读者从数学函数的角度思考以下讲解内容）。

【实例 1.2】 计算 a、b、c 的值。（**实例位置：资源包\Code\01\02**）

已知 $a+b+c=1000$ 且 $a^2+b^2=c^2$（a, b, c 都是自然数，且范围均为 $0\sim1000$），求 a, b, c 的所有可能组合。代码如下：

```
01    for a in range(0,1000):                        #0～1000 范围内遍历 a
02        for b in range(0,1000):                     #0～1000 范围内遍历 b
03            for c in range(0,1000):                 #0～1000 范围内遍历 c
04                if a+b+c==1000 and a**2 + b**2 == c**2:   #满足两个限制条件
05                    print("a, b, c:",a,b,c)          #输出结果
```

本例程序大约需要 4 分钟，才能运行出结果，如图 1.7 所示。

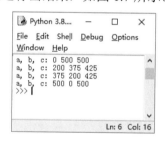

图 1.7　运行结果

 说明

不同计算机间，运行时间会略有不同。

将上述代码做如下修改：

```
01    for a in range(0,1000):                        #0～1000 范围内遍历 a
02        for b in range(0,1000):                     #0～1000 范围内遍历 b
03            c=1000-a-b                              #用表达式求解 c
04            if a ** 2 + b ** 2 == c ** 2:           #满足两个限制条件
05                print("a, b, c:", a, b, c)          #输出结果
```

比较这两段代码，发现代码的第 3 行有所不同，从一个 for 循环变成了一个减法基本运算。第二段代码的最终运行时间不到 1 分钟，结果依然是图 1.7 的内容。从速度上看，第二段代码更快。也就是说，

第二段代码的算法要比第一段代码成熟，执行效率更高。这是为什么呢？一起来分析一下。

（1）首先来算下第一段代码的时间复杂度。

设时间为 $f(n)$，这段代码用到了 3 层 for 循环，每层循环遍历一次 0～1000，时间复杂度都是 1000，3 层嵌套 for 循环的时间复杂度是各层 for 循环时间复杂度的乘积，即 $f(n)$=1000*1000*1000，而 for 循环之后的 if 和 print 两条语句是基本语句，暂且算成是 2。因此，第一段程序的时间复杂度是：$f(n)$=1000*1000*1000*2。

如果将 for 循环的遍历范围改成 0～n，n 是一个变量，那么时间复杂度就变成了一个函数：

$$f(n)=n*n*n*2=2n^3$$

函数的象限图如图 1.8 所示。将系数从 2 变为 1，$f(n)=n^3$ 的函数图虽然没那么陡峭，但整体趋势是一样的。可以这么理解，增加系数形成的象限图都是 $f(n)=n^3$ 的渐近线，对应的函数是渐近函数。

将一系列表示时间复杂度的渐近函数用 $T(n)$ 来表示，就变成了如下形式（k 为系数）：

$$T(f(n))= k * f(n)$$

由于系数 k 并不影响函数走势，所以可以忽略 k 的值，最终 $T(n)=O(f(n))$。

这种形式就是大 O 表示法，$f(n)$ 是 $T(n)$ 的大 O 表示法。其中，$O(f(n))$ 就是这段代码的渐近函数的时间复杂度，简称时间复杂度，也就是 $T(n)$。

通过上面的分析，可以总结出这样一条结论：在计算一个算法的时间复杂度时，可以忽略所有的低次幂和最高次幂的系数。这样做的目的是为了简化算法分析，使注意力集中在增长率上。

（2）下面来分析一下第二段代码的时间复杂度。

第二段代码有两层 for 循环，忽略系数，它的时间复杂度就是 $T(n)=n^2$，最终的大 O 表示法为 $T(n)=O(n^2)$，复杂度的走势如图 1.9 所示。

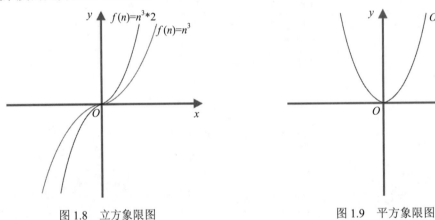

图 1.8　立方象限图　　　　　　　　　图 1.9　平方象限图

例如，有这样一段代码：

```
01  a=5
02  b=2
03  c=1
04  for i in range(n):
05  for j in range(n):
06      x=i*i
07      y=j*j
08      z=i*j
```

```
09    for k in range(n):
10        w=a*k+50
11        v=b*b
12    d=33
```

求这段代码的时间复杂度 $T(n)$，分析如下：

（1）第一个框内的代码，只有 3 条基本语句，所以时间复杂度是 $T_1(n)=3$。

（2）第二个框内的代码，有两层 for 嵌套循环和 3 条基本语句，所以时间复杂度是 $T_2(n)=n*n*3=n^2*3$。

（3）第三个框内的代码，有一层 for 循环和两条基本语句，所以时间复杂度是 $T_3(n)=n*2$。

（4）第四个框内的代码，只有一条基本语句，所以时间复杂度是 $T_4(n)=1$。

（5）整段程序的时间复杂度是 $T(n)=T_1(n)+T_2(n)+T_3(n)+T_4(n)=3+n^2*3+n*2+1=3n^2+2n+4$。忽略掉所有的低次幂、最高次幂的系数以及常数，最终的大 O 表示法是 $T(n)=O(n^2)$，其象限图正是图 1.9。

下面给出算法中常见的大 O 表示法，如表 1.1 所示。

表 1.1　常见的大 O 表示法

大 O 表示法	名　　称	对应算法示例
$O(1)$	常数时间	单个语句，如赋值语句、输出语句等
$O(\log n)$	对数时间	包含二分算法
$O(n)$	线性时间	包含检查查找，如单层 for 循环等
$O(n*\log n)$	对数线性时间	包含快速排序，一种速度较快的排序
$O(n^2)$	平方时间	包含选择排序，一种速度较慢的排序
$O(n^3)$	立方时间	包含 3 层 for 循环
$O(n!)$	阶乘时间	一种速度非常慢的排序
$O(2^n)$	指数时间	

说明

表 1.1 最后一列中提到的排序算法会在后续章节中依次介绍。

1.3　算法的应用领域

算法是计算机科学的核心理论之一，也是人类使用计算机解决问题的关键之所在。除了计算机领域，算法还大量应用在数学、物理等学术领域中。

1. 信息搜索方面

如图 1.10 所示是我们常用的百度搜索引擎，这里就应用到了各种爬虫算法来爬取数据，并应用搜索引擎优化算法来优化页面显示。高效的算法让我们能够精准地寻找想要的信息，如果没有这些算法的引领，我们很容易就会迷失在互联网这个巨大的数据森林中。

图 1.10　搜索信息

2．通信方面

算法不仅在搜索信息方面卓有成就，在数据传输和和通信方面亦是如此。如果没有严格的编码和加密算法，我们的个人信息将随意地暴露在网络中，任何人都不可能在网络上安全地通信、聊天、支付等，如图 1.11 所示。同样，卫星拍摄的大量气象数据，也无法安全传回地球，从而导致天气预报与气候变化分析也不能精准，如图 1.12 所示。

图 1.11　安全网络通信　　　　　　　　　　　　　　　图 1.12　天气预报

3．工业自动化方面

如图 1.13 所示，工业生产需要大量的劳动力来推动生产线的运作，而如何对生产线进行有序管理，就成为保障生产质量和效率急需解决的问题。工业自动化管理系统通过大量精密算法的使用，能够智能地对生产中的各个环节进行管理、监控、优化和完善。

4．数学计算方面

算法可指引我们有效地解决各类计算问题。当然，我们面对的问题绝不局限于算术计算，还有很多表面上看起来不是很"数学化"的问题，例如：

☑　如何排序。

☑　如何找到最短距离。

☑　如何走出迷宫。

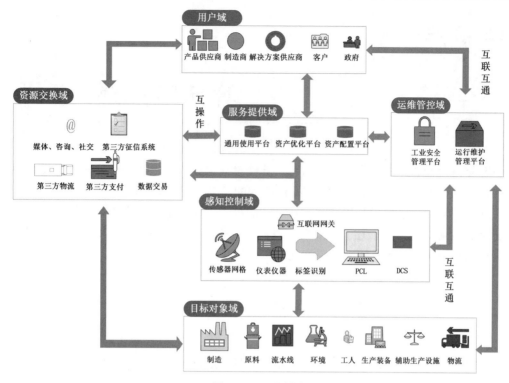

图 1.13 工业领域

☑ 如何解决"千年虫"问题。

这些问题很有挑战性，需要通过逻辑推理、几何与组合想象力，设计出合适的算法，才能解决。

5. 其他方面

除此之外，工业机器人、汽车、飞机以及几乎所有家用电器中都包含许多微处理器，它们也都需要借助于算法才能发挥作用。例如，飞机中成百上千的微处理器在算法的帮助下控制引擎，减少能耗，降低污染，汽车中使用微处理器控制制动器和方向盘，提高稳定性和安全性。不久的将来，微处理器还可以代替人，实现汽车无人驾驶。微处理器的强大背后离不开完美的算法。

所以说，算法很强大，学好算法，你可以编写出健壮的程序，工作中也不畏惧更加严峻的挑战。

1.4 小 结

本章主要介绍算法的重要性，包含算法的定义、衡量算法好坏的方法以及算法在各个领域上的应用。让读者感受到身边无时无刻都有算法的存在，也让读者了解算法的强大之处。

不仅如此，在讲解算法的性能时，介绍了用大 O 表示法来表示算法的时间复杂度，并且利用一个示例详细介绍了大 O 表示法的推导过程，让读者能够掌握看到一个算法，就能推断出此算法的时间复杂度的大 O 表示结果。通过大 O 表示法可以了解一个算法的运行效率，希望读者在日后的学习和工作中能够经过不断地修改算法，使算法的速度更快，创造出更完美的算法。

第 2 章

算法的描述

算法包含算法设计和算法分析两方面内容。算法设计主要研究怎样针对某一特定类型的问题设计出求解步骤，算法分析则主要讨论设计出的算法步骤的正确性和复杂度。

对于设计出的算法，需要用某种方式进行详细的描述，这就是算法描述。其他人可以通过这些算法描述来了解设计者的思路。描述一个算法可以有多种方法，常用的有自然语言法、流程图法、N-S图法以及直接用代码实现，本章就来介绍这几种常见的算法描述方法。

2.1　用自然语言表示

自然语言是人类交流和思维的主要工具，是人类智慧的结晶。自然语言处理是人工智能中最为困难的问题之一，而对自然语言处理的研究也是充满魅力和挑战的。算法可以用自然语言表示，下面来看几个例子。

【实例 2.1】　烧绳计时问题。

一根粗细均匀的绳子，点燃一头，完全燃烧完需要 1 个小时。现有若干条材质相同的绳子，用烧绳的方法实现 1 小时 15 分钟的计时。用自然语言来描述这一烧绳计时问题的实现过程。

实现步骤如下：

（1）将一根绳子两头点燃，同时另取一根绳子点燃一头，如图 2.1 所示。

（2）当第一根绳子燃烧完，即为 30 分钟，这时将第二根绳子的另一头也点燃，并开始计时，如图 2.2 所示。

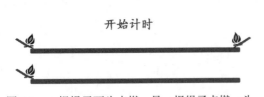

图 2.1　一根绳子两头点燃，另一根绳子点燃一头

图 2.2　第二根绳子的另一头也点燃

（3）从计时开始，到第二根绳子完全燃烧完，用时 15 分钟，如图 2.3 所示。

图 2.3　第二根绳子后半段燃烧完用时 15 分钟

（4）再取一根绳子，从一头点燃，直至燃烧完毕，用时 1 小时，如图 2.4 所示。此时计时结束。

从计时开始，到计时结束，加起来用的时间正好是 1 小时 15 分钟（见图 2.3 和图 2.4）。上面的步骤（1）（2）（3）（4）就是用自然语言描述的烧绳计时问题。

【实例 2.2】　舀酒问题。

一家商店卖酒，店里只有两个舀酒的勺子，分别能舀 7 两酒和 11 两酒。有一天，一位顾客为了难为老板，硬要买 2 两酒。聪明的老板毫不含糊，用两个勺子在酒缸里舀酒，并倒来倒去，居然真的量出了 2 两酒。聪明的你能做到吗？试着用自然语言描述此问题的解决过程。

实现步骤如下：

（1）先舀 7 两酒倒入 11 两的勺里，此时 11 两勺里有 7 两酒，如图 2.5 所示。

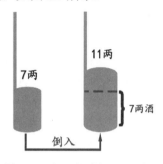

图 2.4　第三根绳子燃烧完用时 1 小时　　　　　图 2.5　舀 7 两酒倒入 11 两勺里

（2）再舀 7 两酒往 11 两的勺里倒，由于 11 两勺里只能再倒入 4 两酒，因此 7 两勺里将剩下 3 两酒，如图 2.6 所示。

（3）把 11 两勺里的酒倒掉，再把 7 两勺里的 3 两酒倒入 11 两勺里，此时 11 两勺子里有 3 两酒，如图 2.7 所示。

（4）再舀 7 两酒倒入 11 两勺里，此时 11 两勺里还可以装 11−(3+7)=1 两酒，如图 2.8 所示。

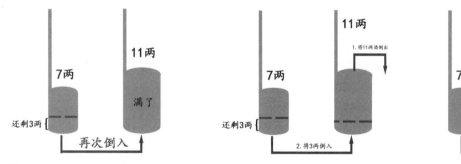

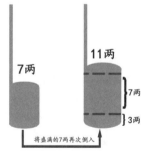

图 2.6　再舀 7 两酒补满 11 两勺　　图 2.7　将剩余 3 两倒入 11 两勺里　　图 2.8　舀 7 两酒倒入 11 两勺里

（5）再舀 7 两酒往 11 两勺里倒，由于只能倒 1 两酒，所以 7 两勺中还剩下 7−1=6 两酒，如图 2.9 所示。

（6）把 11 两勺里的酒倒掉，把 7 两勺里的 6 两酒倒入，此时 11 两勺里还可以再装 11−6=5 两酒，如图 2.10 所示。

（7）再舀 7 两酒，往 11 两勺里倒，补满之后，7 两勺里剩下 7−5=2 两酒，如图 2.11 所示。

从最后的描述上看，最终用 7 两勺和 11 两勺舀出 2 两的酒。

这两个实例使用自然语言来描述一个算法。对于自然语言描述算法有优点也有缺点。优点是易于理解，更符合人类的语言描述；缺点是不能让计算机执行，书写较麻烦，对复杂的问题难以表达准确。

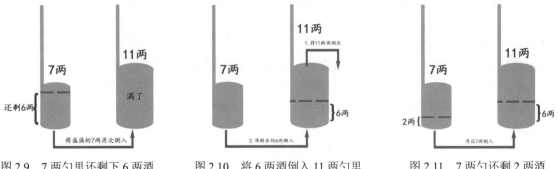

图 2.9　7 两勺里还剩下 6 两酒　　　图 2.10　将 6 两酒倒入 11 两勺里　　　图 2.11　7 两勺还剩 2 两酒

2.2　用流程图表示

流程图是一种传统的算法表示法，它用一些图框来代表各种不同性质的操作，用流程线来指示算法的执行方向。由于它直观形象，易于理解，所以应用广泛。

2.2.1　流程图符号

下面列出一些常见的流程图符号，如表 2.1 所示。其中，"起止框"用来标识算法的开始和结束；"输入/输出框"用来表示算法的输入或者输出；"判断框"用来判断给定的条件，并根据条件成立与否，决定如何执行后续操作；"处理框"用来表示算法中变量的一些操作，如变量计算、赋值等；"流程线"用来表示算法的流向，即算法下一步该往哪个方向进行；"注释框"用来对算法进行注释；"连接点"用于将画在不同地方的流程线连接起来。

表 2.1　流程图符号

程 序 框	名 称	功 能
	起止框	表示算法的开始或结束
	输入/输出框	表示算法中的输入或输出
	判断框	表示算法的判断
	处理框	表示算法中变量的计算或赋值
→ 或 ↓	流程线	表示算法的流向
	注释框	表示算法的注释
●	连接点	表示算法流向出口或入口的连接点

【实例 2.3】　判断输入的数字是奇数还是偶数。

判断一个数是奇数还是偶数的条件如下：用该数除以 2，余数为 0，则为偶数，否则为奇数。

本实例的算法过程用流程图表示，如图 2.12 所示。其过程分析如下：

（1）程序开始，用户输入一个数 n。

（2）用菱形框判断 n 与 2 相除取余，结果是否为 0。

（3）判断结果为 True，则输出"此数为偶数"；判断结果为 False，则输出"此数为奇数"。

（4）程序结束。

【实例 2.4】　大学毕业季：智联招聘投简历。

某企业招聘，公司人事会根据求职者填写的身高和年龄，判断是否符合公司的初试条件（年龄不低于 25 岁，身高不低于 1.7 米）。满足条件，通知应聘者通过初试，准备参加面试和笔试；否则就通知没有通过初试。

本实例的算法过程用流程图表示，如图 2.13 所示。其过程分析如下：

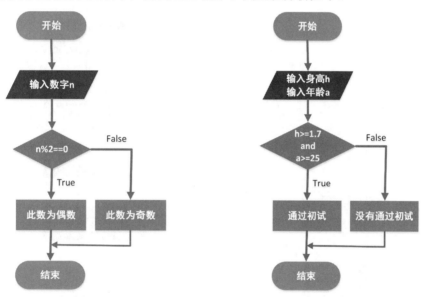

图 2.12　判断奇数还是偶数　　　　　　图 2.13　是否通过初试

（1）程序开始，输入身高 h 和年龄 a。

（2）用菱形框判断 h 是否大于等于 1.7，同时 a 是否大于等于 25。

（3）判断结果为 True，则输出"通过初试"；判断结果为 False，则输出"没有通过初试"。

（4）程序结束。

2.2.2　三大基本结构

1966 年，计算机科学家 Bohm 和 Jacopini 为了提高算法质量，提出了 3 种基本程序结构，即顺序结构、选择结构和循环结构，任何一个算法都可由这 3 种基本结构组成。这 3 种基本结构之间可以并列，也可以相互包含，但不允许交叉，不允许从一个结构直接跳转到另一个结构内部。只要规定好这 3 种基本结构的流程图的画法，就可以画出任何算法的流程图。

1. 顺序结构

顺序结构是一种简单的线性结构，各操作将按照在程序中出现的先后顺序依次执行。如图 2.14 所示，执行完语句 1 指定的操作后，接着会执行语句 2 指定的操作。顺序结构中，只有一个入口点语句 1 和一个出口点语句 2。

【实例 2.5】 农夫、羊、狼及白菜过河。

一名农夫要将一只狼、一只羊和一袋白菜运到河对岸，但农夫的船很小，每次只能载下农夫本人和一只动物，或者农夫与白菜。农夫不能把羊和白菜留在岸边，因为羊会把白菜吃掉；也不能把狼和羊留在岸边，因为狼会吃掉羊。那么，农夫怎样才能将这 3 样东西送过河呢？

本实例的流程图可以采用顺序结构来实现，如图 2.15 所示。

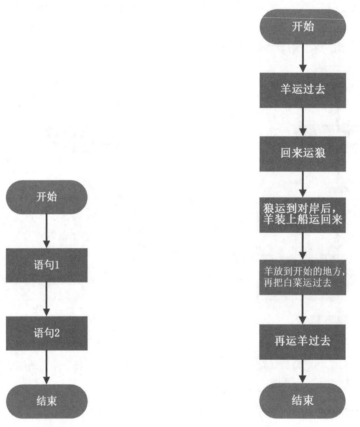

图 2.14　顺序结构　　　　　图 2.15　农夫、羊、狼和白菜过河

2. 选择结构

选择结构也称为分支结构，其必须包含一个判断框，用于判断某个条件是否成立，并根据判断结果，执行不同的语句，从而模拟现实中的选择情况。

如图 2.16 所示的选择结构，需要判断给定的条件 P 是否成立，如果判断结果为 True，则执行语句；如果判断结果为 False，什么也不做。

如图 2.17 所示的选择结构，需要判断给定的条件 P 是否成立，如果判断结果为 True，则执行语句 1；如果判断结果为 False，则执行语句 2。

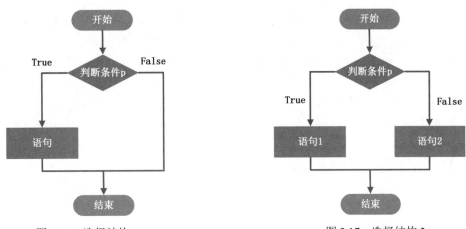

图 2.16　选择结构 1　　　　　　　　图 2.17　选择结构 2

【实例 2.6】　判断成绩是否及格。

输入考试成绩，判断该成绩是否为大于等于 60 分。如果判断结果为 True，表示考试成绩及格；如果判断结果为 False，表示考试成绩不及格。

本实例采用选择结构来实现，流程图如图 2.18 所示。

3. 循环结构

生活中有时会遇到往返重复的操作，使用循环结构处理这类问题最好不过。在循环结构中，某个判断条件成立时，可反复地执行一系列操作，直到该条件不成立时，才终止循环。

按照判断条件出现的位置，可将循环结构分为当型循环结构和直到型循环结构。

如图 2.19 所示是当型循环结构的流程图。这里，先判断条件 P 是否成立，如果返回的结果是 True，则执行语句；执行完语句后，再次判断条件 P 是否成立，如果返回的结果仍是 True，接着再执行语句；如此反复，直到判断条件 P 返回的结果是 False，此时不再执行语句，而是跳出循环。

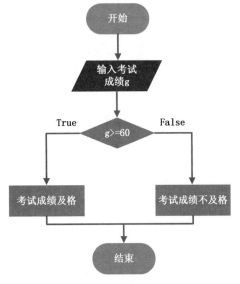

图 2.18　判断成绩是否及格

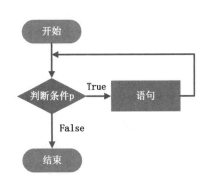

图 2.19　当型循环

如图 2.20 所示是直到型循环结构的流程图。这里，先执行语句，然后判断条件 P 是否成立，如果判断条件 P 返回的结果为 True，再次执行语句；继续判断条件 P 是否成立，如果返回的结果仍为 True，接着再执行语句；如此反复，直到判断条件 P 返回的结果为 False，此时不再执行语句，而是跳出循环。

可见，当型循环和直到型循环不同之处就是：当型循环是先判断条件再执行循环体；而直到型循环是先执行一次循环体，再进行条件判断。也就是说，不论第一次条件判断的结果是否为 True，直到型循环都会执行一次循环体。

【实例 2.7】　用不同循环结构实现 1～100 的求和问题。

计算 1～100（包括 1 和 100）所有整数的和。

本实例可以用当型循环结构来表示，流程图如图 2.21 所示；也可以用直到型循环结构来表示，流程图如图 2.22 所示。

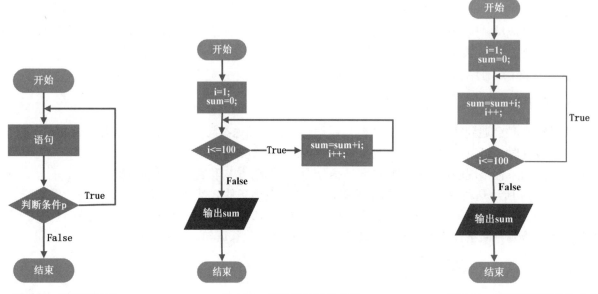

图 2.20　直到型循环　　　　　图 2.21　当型循环结构求和　　　　图 2.22　直到型循环结构求和

图 2.21 所示流程图的执行过程如下：

（1）程序开始，首先对变量进行初始化，i=1，sum=0。

（2）判断 i 的值是否小于等于 100，因为 i=1，条件判断结果为 True，先执行"sum=sum+i;"，即 sum=0+1=1；再执行"i++;"，即 i=1+1=2。

（3）再次判断 i 的值是否小于等于 100，此时 i=2，条件判断结果为 True，先执行"sum=sum+i;"即 sum=1+1=2；再执行"i++;"，即 i=2+1=3。

（4）如此循环下去，直到 i=101 时，再次判断 i 的值是否小于等于 100，条件判断结果为 False，跳出循环，输出 sum 的值。

（5）程序执行结束。

图 2.22 所示流程图的执行过程如下：

（1）程序开始，首先对变量进行初始化，i=1，sum=0。

（2）然后执行"sum=sum+i;"，即 sum=0+1=1；再执行"i++;"，即 i=1+1=2。

（3）判断 i 的值是否小于等于 100，此时 i=2，条件判断结果为 True，执行"sum=sum+i;"，即 sum=1+1=2；再执行"i++;"，即 i=2+1=3。

（4）再次判断 i 的值是否小于等于 100，此时 i=3，条件判断结果为 True，执行"sum=sum+i;"，即 sum=2+1=3；再执行"i++;"，即 i=3+1=4。

（5）如此循环下去，直到 i=101 时，再次判断 i 的值是否小于等于 100，条件判断结果为 False，跳出循环，输出 sum 的值。

（6）程序执行结束。

2.3　用 N-S 图表示

N-S 图是另一种算法表示法，是由美国人 I.Nassi（I.纳斯）和 B.Shneiderman（B.施内德曼）共同提出的。其提出依据为：既然任何算法都是由顺序结构、选择结构以及循环结构这 3 种结构组成的，则各基本结构之间的流程线就是多余的。去掉所有的流程线，将全部算法写在一个矩形框内，这就是 N-S 图。下面就来介绍如何使用 N-S 图描述 3 种基本结构。

1．顺序结构

顺序结构的 N-S 图如图 2.23 所示。实例 2.5 的 N-S 图如图 2.24 所示。

2．选择结构

选择结构的 N-S 图如图 2.25 所示。实例 2.6 的 N-S 图如图 2.26 所示。

图 2.23　顺序结构　图 2.24　农夫过河 N-S 图

3．循环结构

当型循环的 N-S 图如图 2.27 所示。实例 2.7 的当型循环 N-S 图如图 2.28 所示。

图 2.25　选择结构　　　图 2.26　成绩是否及格 N-S 图　　　图 2.27　当型循环

直到型循环的 N-S 图如图 2.29 所示。实例 2.7 的直到型循环 N-S 图如图 2.30 所示。

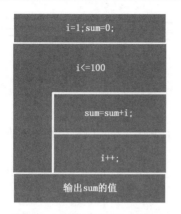

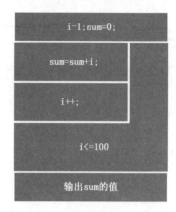

图 2.28　当型循环求和 N-S 图　　　　图 2.29　直到型循环　　　　图 2.30　直到型循环求和 N-S 图

【**实例 2.8**】　用不同流程图结构求 n!。

从键盘中输入一个数 n，然后求 n!的值。本实例的流程图如图 2.31 所示，N-S 图如图 2.32 所示。

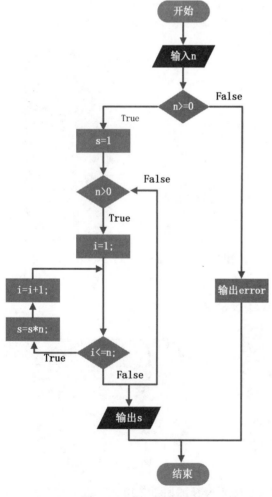

图 2.31　求 n!的流程图

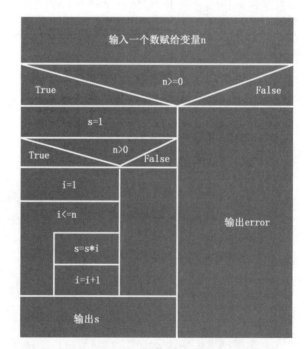

图 2.32　求 n!的 N-S 图

2.4　用代码实现算法

前面介绍了自然语言、流程图、N-S 图 3 种算法描述方法。这些都是依据人类大脑形成的算法，可以清楚描述问题的解决方法和步骤，但却无法被计算机所识别。要想让计算机识别人类的算法，就需要使用能与计算机沟通的语言，即编程语言来实现。本节就来介绍如何用编程语言让计算机执行人类的算法。

2.4.1　用伪代码实现算法

伪代码是由自然语言和编程语言组成的混合结构，它比自然语言更精确，算法描述更简洁，同时也很容易被转换成计算机程序。伪代码必须结构清晰，代码简单，可读性好。

【实例 2.9】　根据天气温度提示增减衣物。

如今的天气预报非常智能，会根据温度提示市民增减衣物。例如，25℃ 以上，会提示大家穿短袖；15℃～24℃，会提示大家穿长袖或外套；5℃～15℃，会提示大家穿厚外套；5℃ 以下，会提示大家穿羽绒外套。用基于 Python 的伪代码描述此实例的算法设计。

```
01    输入天气温度 t
02    if t>=25
03        建议穿短袖
04    elif t>=15 同时 t<=24
05        建议穿长袖或者外套
06    elif t>=5 同时 t<=15
07        建议穿厚外套
08    else
09        建议穿羽绒外套
```

上述伪代码中，有一部分是自然语言，有一部分是编程语言（如 if、elif、else 等语句）。其编程语言部分能被计算机识别，但自然语言部分无法被计算机所识别。伪代码提供了很多算法设计信息，按照其设计步骤，将自然语言部分转化成编程语言，就可以快速地形成解决本例问题的一段程序。

2.4.2　用编程语言实现算法

目前 TIOBE 编程语言排行榜的前 5 名是 C、Java、Python、C++和 C#，接下来我们试着用这 5 种编程语言分别实现实例 2.9 中的伪代码。

【实例 2.10】　根据天气温度提示增减衣物（C 版）。

具体代码如下：

```
01    #define _CRT_SECURE_NO_WARNINGS        //用于 vs 消除安全警告
02    #include<stdio.h>
03    int main()
```

```
04  {
05      int t;                                          //定义变量
06      printf("请输入天气温度：");                        //提示信息
07      scanf("%d", &t);                                 //输入天气温度
08      if (t>=25)                                       //如果温度在 25℃以上
09      {
10          printf("建议穿短袖\n");
11      }
12      else if (t >= 15 && t <= 24)                     //如果温度在 15℃~24℃
13      {
14          printf("建议穿长袖或者外套\n");
15      }
16      else if (t >= 5 && t <= 15)                      //如果温度在 5℃~15℃
17      {
18          printf("建议穿厚外套\n");
19      }
20      else                                             //否则温度在 5℃以下
21      {
22          printf("建议穿羽绒外套\n");
23      }
24      return 0;
25  }
```

【实例 2.11】　根据天气温度提示增减衣物（Java 版）。

具体代码如下：

```
01  import java.util.Scanner;
02  public class Example {
03      public static void main(String[] args) {
04      Scanner sc = new Scanner(System.in);             //创建扫描器
05      System.out.println("请输入天气温度：");             //提示信息
06      int t = sc.nextInt();                            //将结果返回成整数
07      sc.nextLine();                                   //读取回车符，且不做操作
08          if (t >= 25) {                               //如果温度在 25℃以上
09              System.out.println("建议穿短袖");
10          } else if (t >= 15 && t <= 24) {             //如果温度在 15℃~24℃
11              System.out.println("建议穿长袖或外套");
12          } else if (t >= 5 && t <= 15) {              //如果温度在 5℃~15℃
13              System.out.println("建议穿厚外套");
14          } else {                                     //否则温度在 5℃以下
15              System.out.println("建议穿羽绒外套");
16          }
17          sc.close();                                  //关闭扫描器
18      }
19  }
```

【实例 2.12】　根据天气温度提示增减衣物（Python 版）。

具体代码如下：

```
01    t=int(input("请输入天气温度："))              #输入天气温度
02    if(t>=25):                                    #如果天气温度在 25℃以上
03        print("建议穿短袖")
04    elif (t >= 15 and t <= 24):                   #如果天气温度在 15℃~24℃
05        print("建议穿长袖或者外套")
06    elif (t >= 5 and t <= 15):                    #如果天气温度在 5℃~15℃
07        print("建议穿厚外套")
08    else:                                         #否则天气温度在 5℃以下
09        print("建议穿羽绒外套")
```

【实例 2.13】　根据天气温度提示增减衣物（C++版）。

具体代码如下：

```
01    #include<iostream>
02    using namespace std;
03    int main()
04    {
05        int t;                                    //定义变量，表示温度
06        cout<<"请输入天气温度：";                  //提示信息
07        cin >> t;                                 //输入天气温度
08        if (t>=25)                                //如果温度在 25℃以上
09        {
10            cout << "建议穿短袖"<<endl;
11        }
12        else if (t >= 15 && t <= 24)              //如果温度在 15℃~24℃
13        {
14            cout << "建议穿长袖或者外套" << endl;
15        }
16        else if (t >= 5 && t <= 15)               //如果温度在 5℃~15℃
17        {
18            cout << "建议穿厚外套" << endl;
19        }
20        else                                      //否则温度在 5℃以下
21        {
22            cout << "建议穿羽绒外套" << endl;
23        }
24        return 0;
25    }
```

【实例 2.14】　根据天气温度提示增减衣物（C#版）。

具体代码如下：

```
01    static void Main(string[] args)
02    {
03        int t= 0;                                 //定义变量，表示温度
04        Console.WriteLine("请输入天气温度：");      //提示信息
05        t= int.Parse(Console.ReadLine());         //用户输入温度
06        if (t >= 25)                              //如果温度在 25℃以上
07        {
```

```
08              Console.WriteLine("建议穿短袖");
09          }
10          else if (t >= 15 && t <= 24)                //如果温度在15℃~24℃
11          {
12              Console.WriteLine("建议穿长袖或外套");
13          }
14          else if (t >= 5 && t <= 15)                 //如果温度在5℃~15℃
15          {
16              Console.WriteLine("建议穿厚外套");
17          }
18          else                                        //否则温度在5℃以下
19          {
20              Console.WriteLine("建议穿羽绒外套");
21          }
22          Console.ReadLine();
23     }
```

以上 5 个版本的代码运行结果一模一样，如图 2.33 所示。

请输入天气温度：7
建议穿厚外套

图 2.33　运行结果

2.4.3　选择一门编程语言

通过前面的例子可发现，用 5 种编程语言实现的算法都能被计算机所识别。那么，在实际编程中又该选择哪种编程语言呢？事实上，C、Java、Python、C++、C#有着各自擅长的方向，语言本身没有高下之分，只有应用场景之分。

☑　C 语言是基础，C++、Java、C#都是基于 C 语言演化而来的，基本语法很接近。Python 是脚本语言，有着另外一种语法模式。

☑　C 语言是面向过程的，适合开发底层程序和嵌入式程序，不适合开发复杂的程序；C++、C#、Java、Python 是面向对象的，更适合开发应用层程序。

☑　C++执行效率高，适合开发需要较高运行效率的计算密集型软件，如大型游戏、游戏服务器、数据库服务器、图形图像处理器、音/视频解码器等。

☑　Java 和 C#的功能都很强大，是目前开发企业级项目的主流语言。Java 在程序语言排行中常年位于第一，拥有广阔的开发人群。C#由微软发布，IDE 功能强大，是开发 Windows 应用程序的不二选择。

☑　Python 作为后起之秀，语法简单，类库丰富，在网络爬虫、数据分析、人工智能等方面具有很大的优势。

再次强调，语言没有高下之分，只要是适合应用场景（即满足业务需求）的语言，就是最好的编程语言。本书中，因为 Python 语法简单，上手快，应用面又广，所以本书选择 Python 语言来实现各个算法。

说明

本书主要以算法为核心，不对 Python 开发环境下载与安装进行讲解，读者可以自行下载和安装 Python 开发环境。

2.5 小 结

本章介绍了几种算法描述方式，包含自然语言表示、流程图表示、N-S 图表示以及用程序语言代码实现。每种描述方式都给出了一些有趣的小实例，如烧绳计时问题、舀酒问题、奇偶数判断问题、农夫过河问题等。在介绍流程图和 N-S 图时还采用同一个实例，使读者能清晰地看到两种表示方式的不同。最后介绍了如何应用 5 种当下比较流行的开发语言实现同一算法功能，并通过比较，最终选择 Python 语言作为本书后续实例的算法实现语言。

通过本章的讲解，读者可深刻体会到不同算法描述方式之间的区别。

第3章

Python 编程基础

学习编程语言是为了与计算机交流，只有正确地书写代码，才能被计算机识别。因此，掌握一门编程语言是学习算法的基础。本章将详细介绍 Python 的基础语法知识，包括变量、三大结构、列表与元组、字典与集合、函数和面向对象基础等知识。没有接触过 Python 的读者需要好好地学习和领会。

3.1 变　　量

在 Python 中，变量严格意义上应该称为"名字"，也可以理解为标签。例如：

```
python="学会 Python 还可以飞"
```

本行代码中的 python 就是一个变量。在大多数编程语言中，都把这一过程称为"把值存储在变量中"，即把字符串序列"学会 Python 还可以飞"存储在计算机内存的某个位置。你不需要准确地知道它们到底在哪里，只要告诉 Python 这个字符串序列的名字是 python，就可以通过这个名字来引用这个字符串序列了。例如，引用 python 变量，将其打印输出，代码如下：

```
print(python)
```

3.1.1 变量的命名和赋值

在 Python 中，不需要先声明变量名及其类型，直接赋值，即可创建各种类型的变量。但是变量的命名并不是任意的，应遵循以下几条规则：
- ☑ 变量名必须是一个有效的标识符，如 height、m_name、h1 等。
- ☑ 变量名不能使用 Python 中的保留字。例如，不能是 int、print 等。
- ☑ 慎用小写字母 l 和大写字母 O（以防和数字 1 和 0 混淆）。
- ☑ 应选择有意义的单词作为变量名，如 number、weight 等。

为变量赋值，可以通过赋值运算符号"="来实现。语法格式为：

```
变量名 = value
```

例如，创建一个变量，为其赋值 521，则创建的变量就是整型变量：

```
number = 521                          #创建变量 number 并赋值 521，该变量为数值型
```

如果为变量赋值一个字符串，则创建的变量就是字符串类型。例如：

```
martial = "乾坤大挪移"                   #字符串类型的变量
```

另外，Python 是一种动态类型的语言，也就是说，变量的类型可以随时变化。例如，在 IDLE 中，创建变量 martial，并赋值为字符串"乾坤大挪移"，然后输出该变量的类型，可以看到该变量为字符串类型，再将变量赋值为数值 521，并输出该变量的类型，可以看到该变量为整型。执行过程如下：

```
>>> martial= "乾坤大挪移"                    #字符串类型的变量
>>> print(type(martial))
<calss 'str'>
>>> martial = 521                        #整型的变量
>>> print(type(martial))
<calss 'str'>
```

说明

在 Python 语言中，使用内置函数 type() 可以返回变量类型。

在 Python 中，允许多个变量指向同一个值。例如，将两个变量都赋值为数字 2048，再分别应用内置函数 id() 获取变量的内存地址，将得到相同的结果。执行过程如下：

```
>>> no = number = 2048                   #赋值数值
>>> id(no)
49364880
>>> id(number)
49364880
```

说明

在 Python 语言中，使用内置函数 id() 可以返回变量所在的内存地址。

3.1.2　变量的基本类型

变量的数据类型分为很多种，下面主要介绍数值型、字符串型、布尔型 3 种基本数据类型。例如，年龄、身高等信息可以使用数值型变量存储；名字、性别等信息可以使用字符型变量存储；婚否等信息可以使用布尔型变量存储，如图 3.1 所示。

1. 数值类型

数值类型主要包含整数、浮点数和复数。接下来一一介绍。

1）整数

整数用来表示整型数值，即没有小数部分的数值。Python 中，整数包括正整数、负整数和 0，其位数是任意的（当超过计算机自身的计算功能时，会自动转用高精度进行计算）。例如，1314、3456789532900653、−2020、0 等都是整数。

图 3.1　数据类型示例

2）浮点数

浮点数由整数部分和小数部分组成，主要用于处理包括小数的数，如 1.414、0.5、−1.732、3.1415926535897932384626 等。浮点数也可以使用科学计数法表示，如 3.7e2、−3.14e5 和 6.16e−2 等。

注意

在使用浮点数进行计算时，可能会出现小数位数不确定的情况。例如，计算 0.1+0.1 时，会得到 0.2；而计算 0.1+0.2 时，将得到 0.30000000000000004（而不是 0.3）。执行过程如下：

```
>>> 0.1+0.1
0.2
>>> 0.1+0.2
0.30000000000000004
```

这种问题几乎存在于所有语言中，原因是计算机精度存在误差，因此忽略多余的小数位即可。

3）复数

Python 中的复数与数学中的复数含义完全一致，表现形式略有不同。两者都由实部和虚部组成，但数学中使用 i 表示虚部，Python 中用 j 或 J 表示虚部。当表示一个复数时，可以将其实部和虚部相加，例如，一个复数的实部为 5.21，虚部为 13.14j，则这个复数为 5.21+13.14j。

2．字符串类型

字符串就是连续的字符序列，是计算机所能表示的一切字符的集合。在 Python 中，字符串属于不可变序列，通常使用单引号（''）、双引号（" "）或三引号（''' '''和""" """）括起来。这几种引号形式在语义上没有差别，只是在形式上有些差别。其中，单引号和双引号中的字符序列必须在同一行上，而三引号内的字符序列可以分布在连续多行中。例如：

```
'你怎么对待生活，生活就会怎样反馈给你 '      #使用单引号，字符串内容必须在一行
"一生只爱一个人 "                          #使用双引号，字符串内容必须在一行
'''借一抹临别黄昏悠悠斜阳，
为这慢慢余生添一道光'''                      #使用三引号，字符串内容可以不在一行
```

3．布尔类型

布尔类型主要用来表示真值或假值。在 Python 中，标识符 True 和 False 被解释为布尔值。另外，Python 中的布尔值可以转换为数值，True 表示 1，False 表示 0。

说明

Python 中，布尔类型的值可以进行数值运算，例如 "False + 1" 的结果为 1。但是不建议对布尔类型的值进行数值运算。

在 Python 中，所有对象都可以进行真值测试。其中，只有下面列出的几种情况得到的值为假，其他对象在 if 或者 while 语句中都表现为真。

☑   False 或 None。

☑　数值中的零，包括 0、0.0 和虚数 0。

☑　空序列，包括空字符串、空元组、空列表、空字典。

☑　自定义对象的实例，该对象的 __bool__ 方法返回 False 或者 __len__ 方法返回 0。

3.1.3　变量的输入与输出

变量的输入与输出是计算机最基本的操作。基本的输入是指从键盘上输入数据的操作，用 input() 函数输入数据。基本的输出是指在屏幕上显示输出结果的操作，用 print() 函数输出。

1．用 input() 函数输入

使用内置函数 input() 可以接收用户的键盘输入。input() 函数的基本语法格式如下：

```
variable = input("提示文字")
```

其中，variable 为保存输入结果的变量，双引号内的文字用于提示要输入的内容。

例如，想要接收用户输入的内容，并保存到变量 tip 中，可以使用下面的代码：

```
tip =input("请输入文字：")
```

在 Python 中，无论输入的是数字还是字符都将被作为字符串读取。如果想要接收数值，需要把接收到的字符串进行类型转换。例如，想要接收整型的数字并保存到变量 age 中，可以使用下面的代码：

```
age =int(input("请输入数字："))                    #接收输入整型的数字
```

说明

　　input() 函数接收内容时，数值内容可直接输入，且接收到的内容也是数值类型；如果要输入字符串类型的内容，需要将对应的字符串使用引号括起来，否则会报错。

2．用 print() 函数输出

默认情况下，使用内置的 print() 函数可以将结果输出到 IDLE 或者标准控制台上。其基本语法格式如下：

```
print(输出内容)
```

其中，输出内容可以是数字和字符串（字符串需要使用引号括起来），此类内容将直接输出；也可以是包含运算符的表达式，此类内容将计算结果输出。例如：

```
01    a = 10                              #变量 a，值为 10
02    b = 6                               #变量 b，值为 6
03    print(6)                            #输出数字 6
04    print(a*b)                          #输出变量 a*b 的结果 60
05    print(a if a>b else b)              #输出条件表达式的结果 10
06    print("三分靠运气，七分靠努力")        #输出字符串"三分靠运气，七分靠努力"
```

多学两招

默认情况下，一条 print() 语句输出后会自动换行。如果想要一次输出多个内容且不换行，需要将输出的内容用英文半角的逗号分隔。例如，下面的代码将在同一行中输出变量 a 和 b 的值：

```
print(a,b)                                          #输出变量a和b，结果为10 6
```

【**实例 3.1**】　输出你的年龄。（**实例位置：资源包\Code\03\01**）

用 input() 函数输入你的年龄，用 print() 函数输出数据。具体代码如下：

```
01    age=input("请输入您的年龄：")              #输入年龄
02    print(age)                               #输出年龄
```

运行结果如图 3.2 所示。

【**实例 3.2**】　用 print() 函数输出字符画。（**实例位置：资源包\Code\03\02**）

用 print() 函数输出一把手枪的字符画，具体代码如下：

```
01    print('''
02                ,--^----------,--------,-----,--------^-,
03                | |||||||||   `--------'     |          O
04                `+---------------------------^----------|
05                  `\   \_,---------,--------------------'
06                   / XXXXXX /`|    /
07                  / XXXXXX /  `\   /
08                 / XXXXXX /\___/\  (
09                / XXXXXX /
10               / XXXXXX /
11              (_____(
12               `------'
13    ''')
```

 说明

代码中的字符是使用搜狗输入法中的特殊符号编写的。

运行结果如图 3.3 所示。

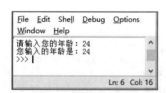

图 3.2　数据输入和输出

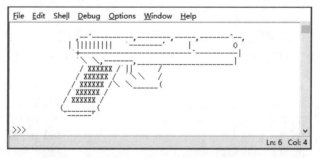

图 3.3　输出字符画

3.1.4　变量的计算

变量的计算离不开运算符和表达式。运算符是一些特殊的符号，可用于数学计算、比较大小和逻辑运算等。Python 中的运算符主要包括算术运算符、赋值运算符、比较（关系）运算符、逻辑运算符和位运算符。使用运算符将不同类型的数据按照一定规则连接起来的式子，称为表达式。例如，使用算术运算符连接起来的式子称为算术表达式，使用逻辑运算符连接起来的式子称为逻辑表达式。下面就来介绍 Python 中常用的 5 类运算符。

1．算术运算符

算术运算符主要用于处理四则运算，在数值的处理中应用得最多。常用的算术运算符如表 3.1 所示。

表 3.1　常用的算术运算符

运　算　符	说　　明	示　　例	结　　果
+	加	13.45+15	28.45
−	减	4.56−0.26	4.3
*	乘	5*3.6	18.0
/	除	7/2	3.5
%	求余，即返回除法的余数	7%2	1
//	取整除，即返回商的整数部分	7//2	3
**	幂，即返回 x 的 y 次方	2**4	16，即 2^4

【实例 3.3】　计算 a,b 的各种表达式。（实例位置：资源包\Code\03\03）

具体代码如下：

```
01  a=5
02  b=3
03  print("a+b =",(a+b))          #使用"+"运算符
04  print("a-b =",(a-b))          #使用"-"运算符
05  print("a*b =",(a*b))          #使用"*"运算符
06  print("a/b =",(a/b))          #使用"/"运算符
07  print("a%b =",(a%b))          #使用"%"运算符
08  print("a//b =",(a//b))        #使用"//"运算符
09  print("a**b =",(a**b))        #使用"**"运算符
```

运行结果如图 3.4 所示。

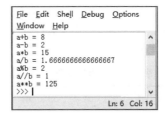

图 3.4　算术表达式结果

在 Python 中，"+" 运算符还具有拼接功能，可以将两个字符串进行拼接，例如：

```
chart1 = 'www.'
Chart2 = 'mingrisoft.'
print(chart1+Chart2)              #输出字符串 "www.mingrisoft."
print(chart1+Chart2+'com')        #输出字符串 "www.mingrisoft.com"
```

也可以将字符串与数值进行拼接，例如：

```
add1=30
chart1="95"
chart2="200.15"
chart3 = "mate"
print(add1+int(chart1))           #将数值型字符串转换为整数，再拼接输出结果
print(add1+float(chart2))         #将数值型字符串转换为浮点数，再拼接输出结果
print(str(add1)+chart2)           #将整数转换为字符串，再拼接输出结果
print(chart3+str(add1))           #将整数转换为字符串，再拼接输出结果
```

2. 赋值运算符

赋值运算符主要用来为变量赋值。使用基本赋值运算符 "="，可将 "=" 右边的变量值赋给左边的变量。也可以先进行某些运算，然后再赋值给左边的变量，这样的赋值运算符称为复合赋值运算符。Python 中常用的赋值运算符如表 3.2 所示。

表 3.2 常用的赋值运算符

运　算　符	说　　明	示　　例	展　开　形　式
=	基本赋值运算	x=y	x=y
+=	加法赋值运算	x+=y	x=x+y
-=	减法赋值运算	x-=y	x=x-y
*=	乘法赋值运算	x*=y	x=x*y
/=	除法赋值运算	x/=y	x=x/y
%=	取余数赋值运算	x%=y	x=x%y
**=	幂赋值运算	x**=y	x=x**y
//=	取整除赋值运算	x//=y	x=x//y

3. 比较（关系）运算符

比较运算符又称为关系运算符，用于对变量或表达式的结果进行比较。如果比较结果为真，则返回 True；如果为假，则返回 False。比较运算符通常用在条件分支结构及循环结构中，作为判断的依据。Python 中的常用比较运算符如表 3.3 所示。

表 3.3 常用的比较运算符

运　算　符	说　　明	示　　例	结　　果
>	大于	'a' > 'b'	False
<	小于	156 < 456	True

运　算　符	说　　明	示　　例	结　　果
==	等于	'c' == 'c'	True
!=	不等于	'y' != 't'	True
>=	大于或等于	479 >= 426	True
<=	小于或等于	63.45 <= 45.5	False

📢**注意**

初学者很容易混淆赋值运算符 "=" 和比较运算符 "=="。一定要多看几遍示例，彻底弄明白它们之间的区别。

多学两招

在 Python 中，当需要判断一个变量是否介于两个值之间时，可以采用 "值 1 <变量<值 2" 的形式，例如 "0 <a<100"。

【实例 3.4】　比较化学、物理、数学、生物的成绩。（实例位置：资源包\Code\03\04）

具体代码如下：

```
01  chemi= 91                                              #定义变量，存储化学成绩的分数
02  physi = 75                                             #定义变量，存储物理成绩的分数
03  biolog = 84                                            #定义变量，存储生物成绩的分数
04  math = 84                                              #定义变量，存储数学成绩的分数
05  print("化学：" + str(chemi) + " 物理:" +str(physi) + " 数学:" +str(math) + " 生物:" +str(biolog)+"\n")
06  print("化学>物理" + str(chemi > physi))                 #大于操作
07  print("物理<生物" + str(physi < biolog))                #小于操作
08  print("数学 == 生物的结果：" + str(math == biolog))       #等于操作
09  print("物理不等于生物的结果：" + str(physi != biolog))     #不等于操作
10  print("数学小于等于化学的结果：" + str(math <= chemi))      #小于等于操作
11  print("生物大于等于物理的结果：" + str(biolog >= physi))    #大于等于操作
```

运行结果如图 3.5 所示。

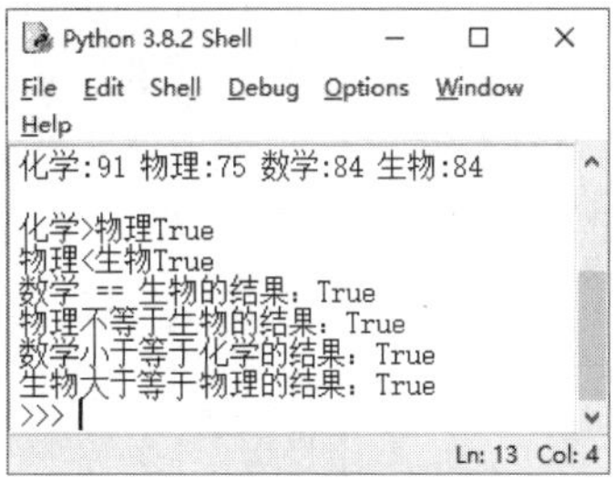

4．逻辑运算符

逻辑运算符可对真和假两种布尔值进行运算，运算后的结果仍是一个布尔值。逻辑运算符主要包括 and（逻辑与）、or（逻辑或）和 not（逻辑非）。表 3.4 和表 3.5 列出了逻辑运算符的用法。

图 3.5　比较表达式结果

表 3.4　逻辑运算符

运　算　符	说　　明	用　　法	结　合　方　向
and	逻辑与	op1 and op2	从左到右
or	逻辑或	op1 or op2	从左到右
not	逻辑非	not op	从右到左

使用逻辑运算符进行逻辑运算时，其运算结果如表 3.5 所示。

表 3.5　逻辑运算的结果

表达式 1	表达式 2	表达式 1 and 表达式 2	表达式 1 or 表达式 2	not 表达式 1
True	True	True	True	False
True	False	False	True	False
False	False	False	False	True
False	True	False	True	True

【实例 3.5】　参加手机店的打折活动。（实例位置：**资源包\Code\03\05**）

某手机店在每周二上午 10～11 点和每周五下午 14～15 点，对华为系列手机进行折扣让利活动。想参加折扣活动的顾客就要在时间上满足：周二 10:00 a.m.～11:00 a.m.或者周五 2:00 p.m.～3:00 p.m.。

通过逻辑运算符模拟可否参加手机店的打折活动，具体代码如下：

```
01    print("\n 手机店正在打折，活动进行中……")                                     #输出提示信息
02    strWeek = input("请输入中文星期（如星期一）：")                              #输入到店日子
03    intTime = int(input("请输入时间中的小时（范围：0~23）："))                   #输入到店时间
04    #判断是否满足活动参与条件（使用 if 条件语句)
05    if (strWeek == "星期二" and   (intTime >= 10 and intTime <= 11)) or (strWeek == "星期五" and (intTime >=
14 and intTime <= 15)):                                                        #如果时间合适
06        print("恭喜您，获得了折扣活动参与资格，快快选购吧！")                    #输出提示信息
07    else:                                                                      #如果时间不合适
08        print("对不起，您来晚一步，期待下次活动……")                           #输出提示信息
```

代码解析：

（1）第 2 行代码：input()函数用于接收用户输入的字符序列。

（2）第 3 行代码：由于 input()函数返回的结果为字符串类型，所以需要进行类型转换，将其转换为整型。

（3）第 5～8 行代码使用 if…else 条件判断语句，该语句主要用来判断程序是否满足某种条件。该语句将在第 3.2 节进行详细讲解，这里只需要了解即可。第 5 行代码中对条件进行判断时，使用了逻辑运算符 and、or 和比较运算符 "==" ">=" "<="。

按 F5 键运行实例，首先输入"星期五"，然后输入时间 19，将显示如图 3.6 所示的结果；再次运行实例，输入"星期二"，时间为 10，将显示如图 3.7 所示的结果。

图 3.6　不符合条件的运行效果　　　　图 3.7　符合条件的运行效果

说明

　　本实例未对错误输入信息进行校验，所以为保证程序的正确性，请输入合法的星期和时间。有兴趣的读者可以自行添加校验功能。

5．位运算符

使用位运算符，可直接对数字在内存中的二进制位进行操作。首先要把执行运算的数据转换为二进制数，然后才能进行执行位运算。Python 中的位运算符包括位与（&）、位或（|）、位异或（^）、取反（~）、左移位（<<）和右移位（>>）。

说明

整型数据在内存中以二进制的形式表示。例如，7 的 32 位二进制数形式如下：

0 表示正数 ➤ 0000000 00000000 00000000 00000111

其中，左边最高位是符号位，0 表示正数，1 表示负数。负数通常采用补码形式表示。例如，−7 的 32 位二进制数形式如下：

1 表示负数 ➤ 11111111 11111111 11111111 11111001

1）位与运算符

位与运算的运算符为"&"。运算法则如下：两个操作数据的二进制表示，只有对应数位都是 1 时，结果数位才是 1，否则为 0。如果两个操作数的精度不同，则结果的精度与精度高的操作数相同。例如，12&8 的运算过程如图 3.8 所示。

2）位或运算符

位或运算的运算符为"|"。运算法则如下：两个操作数据的二进制表示，只有对应数位都是 0，结果数位才是 0，否则为 1。如果两个操作数的精度不同，则结果的精度与精度高的操作数相同。例如，4|8 的运算过程如图 3.9 所示。

3）位异或运算符

位异或运算的运算符是"^"。运算法则如下：当两个操作数的二进制表示相同（同时为 0 或同时为 1）时，结果为 0，否则为 1。若两个操作数的精度不同，则结果数的精度与精度高的操作数相同。例如，31^22 的运算过程如图 3.10 所示。

```
  0000 0000 0000 1100   12
& 0000 0000 0000 1000   8
  0000 0000 0000 1000   8
```
图 3.8　12&8 的运算过程

```
  0000 0000 0000 0100   4
| 0000 0000 0000 1000   8
  0000 0000 0000 1100   12
```
图 3.9　4|8 的运算过程

```
  0000 0000 0001 1111   31
^ 0000 0000 0001 0110   22
  0000 0000 0000 1001   9
```
图 3.10　31^22 的运算过程

4）位取反运算符

位取反运算也称位非运算，运算符为"~"。位取反运算就是将操作数中对应的二进制数 1 修改为 0，0 修改为 1。例如，~123 的运算过程如图 3.11 所示。

```
~ 0000 0000 0111 1011   123
  1111 1111 1000 0100   −124
```
图 3.11　~123 的运算过程

【实例 3.6】　输出位运算的结果。（**实例位置：资源包\Code\03\06**）

使用 print()函数输出图 3.8～图 3.11 的位运算结果，具体代码如下：

```
01    print("12&8 = "+str(12&8))              #位与运算
02    print("4|8 = "+str(4|8))                #位或运算
03    print("31^22 = "+str(31^22))            #位异或运算
04    print("~123 = "+str(~123))              #位取反运算
```

运算结果如图 3.12 所示。

5）左移位运算符

左移位运算符"<<"可将一个二进制数向左移动指定的位数，左边（高位端）溢出的位被丢弃，右边（低位端）的空位用 0 补充。左移位运算相当于乘以 2 的 n 次幂。

例如，int 型数据 48 对应的二进制数为 00110000，将其左移 1 位，根据左移位运算符的运算规则可以得出(00110000<<1)=01100000，转换为十进制数就是 96（相当于 48*2）；将其左移 2 位，根据左移位运算符的运算规则可以得出(00110000<<2)=11000000，转换为十进制数就是 192（相当于 $48*2^2$）。其执行过程如图 3.13 所示。

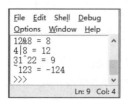

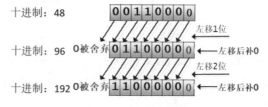

图 3.12   运算结果   图 3.13   左移位运算

具体代码如下：

```
01    #打印将十进制的 48 左移 1 位后，获取的十进制数字
02    print("十进制的 48 左移 1 位后,获取的十进制数字为：",48<<1)
03    #打印将十进制的 48 左移 2 位后，获取的十进制数字
04    print("十进制的 48 左移 2 位后,获取的十进制数字为：",48<<2)
```

运行结果如图 3.14 所示。

6）右移位运算符

右移位运算符">>"用于将一个二进制操作数向右移动指定的位数，右边（低位端）溢出的位被丢弃。在填充左边（高位端）的空位时，如果最高位是 0（正数），左侧空位填入 0；如果最高位是 1（负数），左侧空位填入 1。右移位运算相当于除以 2 的 n 次幂。

48 右移 1 位的运算过程如图 3.15 所示。−80 右移 2 位的运算过程如图 3.16 所示。

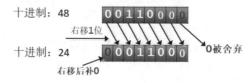

图 3.14   左移位运算结果   图 3.15   48 右移一位的运算过程

具体代码如下：

```
01    #打印将十进制的 48 右移 1 位后，获取的十进制数字
02    print("十进制的 48 右移 1 位后,获取的十进制数字为：",48>>1)
```

```
03    #打印将十进制的-80 右移 2 位后，获取的十进制数字
04    print("十进制的-80 右移 2 位后,获取的十进制数字为：",-80>>2)
```

运行结果如图 3.17 所示。

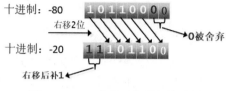

图 3.16　-80 右移两位的运算过程

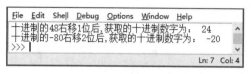

图 3.17　右移位运算结果

多学两招

由于移位运算的速度很快，在程序中遇到表达式乘以或除以 2 的 *n* 次幂的情况时，一般采用移位运算来代替。

3.2　三 大 结 构

Python 语言中有三大程序结构，分别是顺序结构、条件分支结构和循环结构。一个复杂的程序中，常常同时包含这 3 种结构。

3.2.1　顺序结构

顺序结构就是按程序内语句的排列顺序运行程序的一种结构。我们之前所举的例子都是顺序结构的。这也是 Python 中最简单的结构。顺序结构的执行过程如图 3.18 所示。示例代码如下：

```
01    a=521                         #定义变量 a 并赋值
02    b=1314                        #定义变量 b 并赋值
03    c=int(input("请输入 c 的值："))   #提示输入 c
04    print("a+b+c=",(a+b+c))        #计算 3 个数之和
```

在这段程序中，先执行第 1 行赋值语句，再执行第二条赋值语句，然后执行第 3 行 input 输入语句，最后执行 print 输出语句。从描述上看，排在前面的语句先执行，依次按顺序执行，这就是一个顺序结构的程序。

3.2.2　条件分支结构

在 Python 中，条件分支语句包括简单 if 语句、if…else 语句以及 if…elif…else 语句 3 种形式。其基本道理都一样，根据一条或者多条语句的判定结果（True 和 False）来执行对应操作的语句，从而实现"分支"的效果。接下来分别介绍这几种分支结构形式。

1．简单 if 语句

Python 中使用 if 关键字来组成选择语句。简单 if 语句的逻辑关系相当于汉语里的"如果……就……"，语法格式如下：

```
if 表达式:
    语句块
```

其中，表达式可以是一个单纯的布尔值或变量，也可以是一个比较表达式或逻辑表达式（如 a > b and a != c）。如果表达式的值为真，则执行其后的语句块；如果表达式的值为假，就跳过该语句块，继续执行后面的语句。流程图如图 3.19 所示。

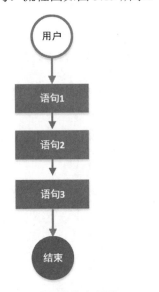
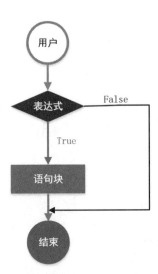

图 3.18　顺序结构流程图　　　　　　　图 3.19　简单 if 语句的流程图

【**实例 3.7**】　使用简单 if 语句判断成绩是否及格。（**实例位置：资源包\Code\03\07**）

使用简单 if 语句判断语文考试成绩是否合格通过。如果成绩大于等于 60 分，表示通过考试；如果成绩小于 60 分，表示没有通过考试。具体代码如下：

```
01  grade=int(input("请输入成绩："))           #输入成绩
02  if grade>=60:                            #如果成绩大于等于 60 分，表示通过考试
03      print("成绩是:",grade,"通过考试")
04  if grade<60:                             #如果成绩小于 60 分，表示没有通过考试
05      print("成绩是:",grade,"没有通过考试")
```

当输入数字 45 和 98 时，程序运行结果如图 3.20 和图 3.21 所示。

图 3.20　没有通过考试　　　　　　　　图 3.21　通过考试

2．if…else 语句

if…else 语句的逻辑关系相当于汉语里的"如果……否则……"，其语法格式如下：

```
if 表达式:
    语句块 1
else:
    语句块 2
```

其中，表达式可以是一个单纯的布尔值或变量，也可以是比较表达式或逻辑表达式。如果表达式结果为真，执行 if 后的语句块 1；如果表达式结果为假，跳过 if 后语句，执行 else 后的语句块 2。流程图如图 3.22 所示。

【实例 3.8】　　使用 if…else 语句判断成绩是否及格。（**实例位置：资源包\Code\03\08**）

将例 3.7 改为使用 if…else 语句实现，具体代码如下：

```
01    grade=int(input("请输入成绩："))             #输入成绩
02    if grade>=60:                               #如果成绩大于等于 60 分，表示通过考试
03        print("成绩是:",grade,",通过考试")
04    else:                                       #否则，成绩小于 60 分，表示没有通过考试
05        print("成绩是:",grade,",没有通过考试")
```

当输入数字 55 和 95 时，程序运行结果如图 3.23 和图 3.24 所示。

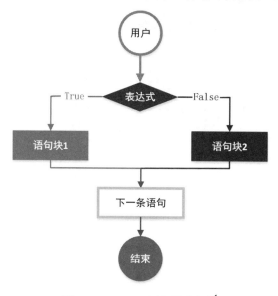

图 3.22　if…else 语句的流程图

图 3.23　成绩不超过 60

图 3.24　成绩超过 60

3．if…elif…else 语句

if…elif…else 语句是一个多分支选择语句，其逻辑关系为"如果满足某种条件，执行某种处理；否则，如果满足另一种条件，执行另一种处理……"。语法格式如下：

```
if 表达式 1:
    语句块 1
```

```
elif 表达式 2：
    语句块 2
elif 表达式 3：
    语句块 3
...
else：
    语句块 n
```

使用 if…elif…else 语句时，表达式可以是一个单纯的布尔值或变量，也可以是比较表达式或逻辑表达式。如果表达式 1 的值为真，执行语句块 1；如果表达式 1 的值为假，则跳过语句块 1，进行下一个 elif 的判断；只有在所有表达式都为假的情况下，才会执行 else 中的语句 n。流程如图 3.25 所示。

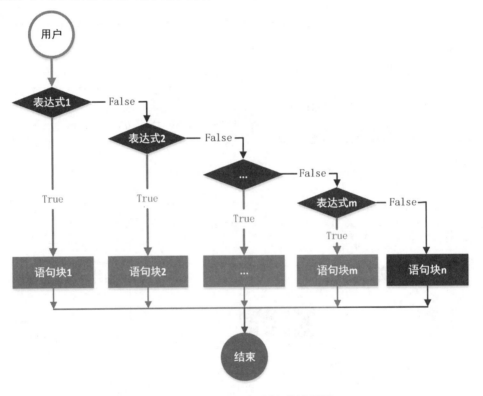

图 3.25　if…elif…else 语句的流程图

【实例 3.9】　判断成绩等级。(**实例位置：资源包\Code\03\09**)

一个考生，如果其分数为 90～100 分，等级为优秀；分数为 70～89 分，等级为良好；分数为 60～69 分，等级为及格；否则，就是不及格。代码如下：

```
01   grade=int(input("请输入成绩："))
02   if grade>=90 and grade<=100:
03       print("成绩是:",grade,",优秀")
04   elif grade>=70 and grade<=89:
05       print("成绩是:",grade,",良好")
06   elif grade>=60 and grade<=69:
07       print("成绩是:",grade,",及格")
```

```
08    else:
09        print("成绩是:",grade,",不及格")
```

当输入数字 48、89 和 96 时，程序运行结果如图 3.26～图 3.28 所示。

图 3.26　不及格

图 3.27　良好

图 3.28　优秀

4．if 语句的嵌套

前面介绍了 3 种形式的 if 选择语句，它们之间可以互相嵌套。例如，在简单 if 语句中嵌套 if…else 语句，形式如下：

```
if 表达式 1:
    if 表达式 2:
        语句块 1
    else:
        语句块 2
```

在 if…else 语句中嵌套 if…else 语句，形式如下：

```
if 表达式 1:
    if 表达式 2:
        语句块 1
    else:
        语句块 2
else:
    if 表达式 3:
        语句块 3
    else:
        语句块 4
```

说明

if 语句嵌套方式灵活，开发时一定要严格控制好不同级别代码块的缩进量。

【实例 3.10】　模拟人生的不同阶段。（**实例位置：资源包\Code\03\10**）

设置一个变量 age 的值，编写 if 嵌套结构，根据 age 值判断处于人生哪个阶段。

☑　如果年龄为 0～13（含 13）岁，就打印消息"您是儿童"。

☑　如果年龄为 13～20（不含 13，含 20）岁，就打印消息"您是青少年"。

☑　如果年龄为 20～65（不含 20，含 65）岁，就打印消息"您是成年人"。

☑　如果年龄为 65 岁以上，就打印消息"您是老年人"。

具体代码如下：

```
01    age=int(input("请输入年龄: "))              #定义变量 age
02    if age>0 and age<=20:                      #如果年龄为 0～20 岁
03        if age>0 and age<=13:                  #嵌套的 if 语句，如果年龄为 0～13 岁
04            print("您的年龄是:",age,",您是儿童")  #输出提示
05        else:                                  #嵌套的 else 语句，否则年龄为 13～20 岁
06            print("您的年龄是:",age,",您是青少年") #输出提示
07    else:                                      #如果年龄大于 20 岁
08        if age>20 and age<=65:                 #嵌套 if 语句，如果年龄为 20～65 岁
09            print("您的年龄是:",age,",您是成年人") #输出提示
10        else:                                  #嵌套 else 语句，如果年龄为 65 岁以上
11            print("您的年龄是:",age,",您是老年人") #输出提示
```

当输入数字 16 和 45 时，程序运行结果如图 3.29 和图 3.30 所示。

图 3.29　青少年

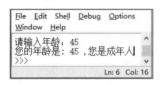

图 3.30　成年人

3.2.3　循环结构

循环结构是可以多次执行同一段代码的语句结构。在 Python 中有两种循环语句，即 while 语句和 for 语句。接下来详细讲解这两种循环语句。

1．while 语句

while 循环中，通过一个条件来控制是否要反复执行循环体中的语句。语法格式如下：

```
while 条件表达式:
    循环体
```

说明

循环体是指一组需要被重复执行的语句。

当条件表达式的返回值为真时，则执行循环体中的语句，执行完毕后，重新判断条件表达式的返回值，直到表达式返回的结果为假时，退出循环。while 循环语句的执行流程如图 3.31 所示。

【实例 3.11】　计算 1*2*3*4*5 的值。（实例位置：资源包\Code\03\11）

具体代码如下：

```
01    i=1
02    sum1=1
03    while i<=5:                  #while 循环
04        sum1*=i                  #计算表达式的值
05        i+=1                     #使得变量 i 加 1
06    print("1*2*3*4*5=",sum1)      #输出结果
```

最终运行的结果如图 3.32 所示。

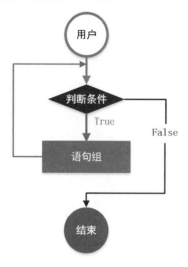

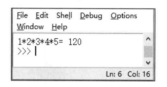

图 3.31　while 语句的执行流程图　　　　图 3.32　while 语句运行结果

这段代码的执行过程如下:

(1)循环检验条件为 i<=5,当 i=1 时,结果为真,执行循环体内容,即 sum1=sum1*i=1*1=1, i+=1 之后, i=2。

(2)再次进行 i<=5 检测,结果为真,执行循环体内容,即 sum=sum*i=1*2=2, i+=1 之后, i=3。

(3)如此循环多次,到 i=6 时,再次进行 i<=5 进行检测,结果为假,不再执行循环体内容,跳出循环,执行 print 语句,输出最后的 sum1 值。

2. for 语句

for 循环是一个依次重复执行的循环,通常适用于枚举、遍历序列以及迭代对象中的元素。语法格式如下:

```
for 迭代变量 in 对象:
    循环体
```

其中,迭代变量用于保存读取出的值;对象为要遍历或迭代的对象,可以是任何有序的序列对象,如字符串、列表和元组等;循环体为一组需要重复执行的语句。

for 循环语句的执行流程如图 3.33 所示。

【实例 3.12】　打印 5 个 "*"。(实例位置:资源包\Code\03\12)

用 for 循环打印 5 个 "*",具体代码如下:

```
01  i=0                      #初始化变量
02  for i in range(0,5):     #从 0～5 遍历 i
03      print("*")           #每遍历一次,输出一个 "*"
```

运行结果如图 3.34 所示。

43

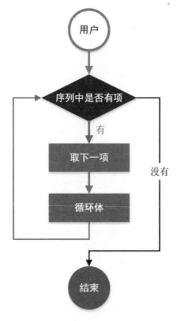

图 3.33　for 循环语句流程图　　　　　图 3.34　for 循环运行结果

上面的代码中使用了 range() 函数，该函数是 Python 的内置函数，用于生成一系列连续的整数，多用于 for 循环语句中。其语法格式如下：

```
range(start,end,step)
```

参数说明：

- ☑ start：用于指定计数的起始值，可以省略。如果省略，则从 0 开始计数。
- ☑ end：用于指定计数的结束值（但不包括该值，如 range(7) 得到的值为 0～6，不包括 7），不能省略。当 range() 函数中只有一个参数时，表示指定计数的结束值。
- ☑ step：用于指定步长，即两个数之间的间隔，可以省略。如果省略，则表示步长为 1。例如，rang(1,7) 将得到 1、2、3、4、5、6。

注意

　　使用 range() 函数时，如果只有一个参数，表示指定的是 end；如果有两个参数，表示指定的是 start 和 end；如果 3 个参数都存在，最后一个参数表示步长。

3．循环的嵌套

在 Python 中，for 循环和 while 循环间可以相互嵌套。例如，在 while 循环中套用 while 循环的格式如下：

```
while 条件表达式 1:
    while 条件表达式 2:
        循环体 2
    循环体 1
```

在 for 循环中套用 for 循环的格式如下：

```
for 迭代变量 1 in 对象 1:
    for 迭代变量 2 in 对象 2:
        循环体 2
    循环体 1
```

在 while 循环中套用 for 循环的格式如下：

```
while 条件表达式:
    for 迭代变量 in 对象:
        循环体 2
    循环体 1
```

在 for 循环中套用 while 循环的格式如下：

```
for 迭代变量 in 对象:
    while 条件表达式:
        循环体 2
    循环体 1
```

除了上面介绍的 4 种嵌套格式外，还可以实现更多层的嵌套，这里不再一一列出。

【实例 3.13】　打印九九乘法表。（实例位置：资源包\Code\03\13）

使用嵌套的 for 循环打印九九乘法表，具体代码如下：

```
01    for i in range(1, 10):                        #输出 9 行
02        for j in range(1, i + 1):                 #输出与行数相等的列
03            print(str(j) + "×" + str(i) + "=" + str(i * j) + "\t", end=' ')
04        print("")                                 #换行
```

运行结果如图 3.35 所示。

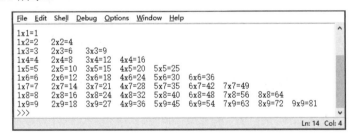

图 3.35　九九乘法表

　　本实例的代码使用了双层 for 循环，第一个循环可以看成是对乘法表行数的控制，同时也是每一个乘法公式的第二个因数；第二个循环控制乘法表的列数，列数的最大值应该等于行数，因此第二个循环的条件应该是在第一个循环的基础上建立的。

4．跳转语句（break、continue 语句）

　　当循环条件满足时，程序会一直执行下去。如果希望程序在 for 循环结束重复前或 while 循环找到结束条件前就离开循环，有两种方法：使用 break 语句，完全中止循环；或者使用 continue 语句，直接

跳到循环的下一次迭代中。下面来详细讲解。

1）break 语句

break 语句可以终止当前的循环，一般与 if 语句搭配使用，表示在某种条件下跳出循环。如果 break 语句应用在嵌套循环中，则可跳出最内层的循环。

在 while 语句中使用 break 语句的形式如下（条件表达式 2 用于判断何时调用 break 语句跳出循环）：

```
while 条件表达式 1:
    执行代码
    if 条件表达式 2:
        break
```

在 for 语句中使用 break 语句的形式如下（条件表达式用于判断何时调用 break 语句跳出循环）：

```
for 迭代变量 in 对象:
    if 条件表达式:
        break
```

在 while 语句中使用 break 语句的流程如图 3.36 所示。在 for 语句中使用 break 语句的流程如图 3.37 所示。

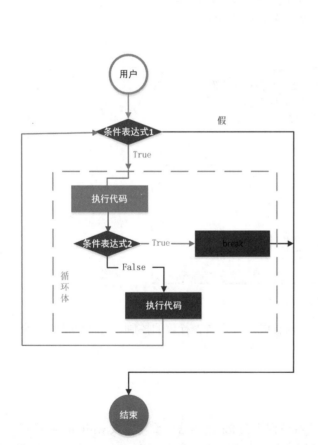

图 3.36　while 语句中使用 break 语句

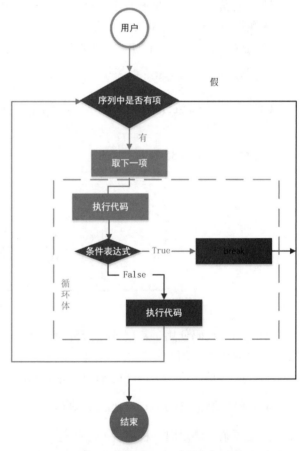

图 3.37　for 语句中使用 break 语句

【实例 3.14】　给披萨加配料（break 版）。（实例位置：资源包\Code\03\14）

编写程序，提示用户输入披萨配料。当用户输入 quit 时，结束循环。每当用户输入一个配料，就打印出添加配料的情况。具体代码如下：

```
01  while True:                                      #while 循环
02      matial=input("请加入披萨配料： ")            #输入配料
03      if matial=='quit':                          #用 if 判断输入的是 quit
04          break                                   #break 跳出循环
05      else:                                        #否则
06          print("您为披萨添加",matial,"配料")       #输出添加的配料
```

运行结果如图 3.38 所示。当用户输入 quit 时，跳出循环并结束程序，这就是 break 语句的作用。

图 3.38　break 语句应用

2）continue 语句

continue 语句的作用没有 break 语句强大，它只能终止本次循环，提前进入下一次循环。continue 语句的语法比较简单，只需要在相应的 while 或 for 语句中加入即可。

说明

continue 语句一般会搭配 if 语句使用，表示在某种条件下跳过当前循环的剩余语句，继续进行下一轮循环。如果使用嵌套循环，continue 语句将只跳过最内层循环中的剩余语句。

在 while 语句中使用 continue 语句的形式如下（条件表达式 2 用于判断何时调用 continue 语句）：

```
while 条件表达式 1:
    执行代码
    if 条件表达式 2:
        continue
```

在 for 语句中使用 continue 语句的形式如下（条件表达式用于判断何时调用 continue 语句）：

```
for 迭代变量 in 对象:
    if 条件表达式:
        continue
```

在 while 语句中使用 continue 语句的流程如图 3.39 所示。在 for 语句中使用 continue 语句的流程如图 3.40 所示。

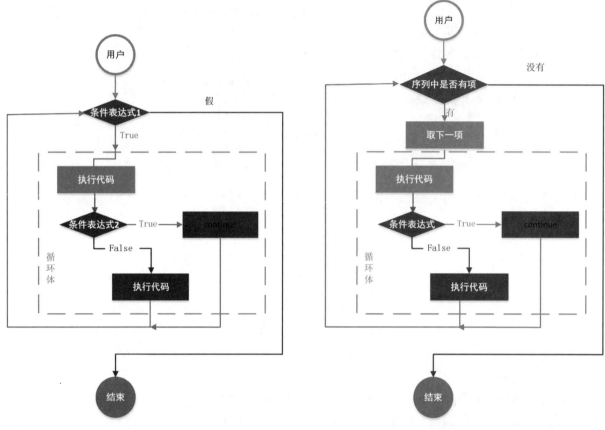

图 3.39　while 语句中使用 continue 语句　　　　　图 3.40　for 语句中使用 continue 语句

【实例 3.15】　给披萨加配料（continue 版）。（实例位置：资源包\Code\03\15）

在实例 3.14 的基础上，将代码中的 break 换成 continue。具体代码如下：

```
01    while True:                                     #while 循环
02        matial=input("请加入披萨配料：")           #输入配料
03        if matial=='quit':                          #用 if 判断输入的是否为 quit
04            continue                                 #continue 语句
05        else:                                        #否则
06            print("您为披萨添加",matial,"配料")      #输出添加的配料
```

运行结果如图 3.41 所示。

图 3.41　coutinue 语句

48

从运行结果来看，当输入 quit 时，程序并没有结束循环，只是跳过当前循环，继续执行下一次循环，这就是 continue 语句的作用。

3.3　列表与元组

列表是 Python 中内置的可变序列，由一系列按特定顺序排列的元素组成。列表的所有元素都放在一对中括号"[ ]"中，相邻元素间使用英文逗号","分隔。整数、实数、字符串、列表、元组等任何类型的内容都可以放入列表中，且同一个列表中元素的类型可以不同，因为它们之间没有任何关系。由此可见，Python 中的列表是非常灵活的，这一点与其他语言是不同的。

3.3.1　列表的创建

在 Python 中提供了多种创建列表的方法，下面分别进行介绍。

1. 使用赋值运算符直接创建列表

创建列表时，也可以使用赋值运算符"="直接将一个列表赋值给变量。语法格式如下：

```
listname = [element 1,element 2,…,element n]
```

参数说明：
- ☑ listname：列表名称，可以是任何符合 Python 命名规则的标识符。
- ☑ elemnet 1,elemnet 2,…,elemnet n：列表中的元素，个数没有限制，只要是 Python 支持的数据类型就可以。

例如，下面定义的都是合法的列表。

```
01   num = [7,14,21,28,35,42,49,56,63]
02   verse = ["自古逢秋悲寂寥","我言秋日胜春朝","晴空一鹤排云上","便引诗情到碧霄"]
03   untitle = ['Python',28,"人生苦短，我用 Python",["爬虫","自动化运维","云计算","Web 开发"]]
04   python = ['优雅',"明确",'"简单"']
```

> **说明**
>
> 虽然可以将不同类型的数据放在同一个列表中，但通常情况下不这样做。建议大家一个列表只放入一种类型的数据，这样可以提高程序的可读性。

2. 创建空列表

在 Python 中可以创建空列表。例如，创建一个名称为 emptylist 的空列表，代码如下：

```
emptylist = []
```

3. 创建数值列表

数值列表很常见，创建数值列表需要使用 list()函数。例如，在考试系统中记录学生的成绩，或者在游戏中记录每个角色的位置、各个玩家的得分等，都可以应用数值列表来保存对应的数据。

list()函数的基本语法格式如下：

```
list(data)
```

其中，data 是可以转换为列表的数据，类型可以是 range 对象、字符串、元组或其他可迭代类型。例如，创建一个 10～20（不包括 20）范围所有偶数的列表，可以使用下面的代码：

```
list(range(10, 20, 2))                #10～20（不包括20）范围所有偶数的列表
```

运行上面的代码后，将得到下面的列表：

```
[10, 12, 14, 16, 18]
```

说明

使用 list()函数不仅能通过 range 对象创建列表，还可以通过其他对象创建列表。

3.3.2　检测列表元素

在 Python 中，可以直接使用 print()函数输出列表的内容。例如，要打印上面创建的 untitle 列表，可以使用下面的代码：

```
print(untitle)
```

运行结果如下：

```
['Python', 28, '人生苦短，我用 Python', ['爬虫', '自动化运维', '云计算', 'Web 开发', '游戏']]
```

可以看出，输出列表时会包括左右两侧的中括号。如果不想输出全部元素，可通过列表索引获取指定的元素。例如，要获取列表 untitle 中索引为 2 的元素，可以使用下面的代码：

```
print(untitle[2])
```

运行结果如下：

```
人生苦短，我用 Python
```

从上面的运行结果中可以看出，输出单个列表元素时，不包括中括号；如果是字符串，不包括左右的引号。

3.3.3　列表的截取——切片

列表的截取就是切片操作，它可以访问一定范围内的元素，并通过切片操作生成一个新的序列。实现切片操作的语法格式如下：

```
sname[start : end : step]
```

参数说明：

☑　sname：序列的名称。

☑　start：切片的开始位置（包括该位置）。如果不指定，则默认为 0。

☑　end：切片的截止位置（不包括该位置）。如果不指定，则默认为序列的长度。

☑　step：切片的步长。如果省略，则默认为 1。当省略该步长时，最后一个冒号也要省略。

 说明

> 进行切片操作时，如果指定了步长，将按照该步长遍历序列中的元素，否则将逐个元素地遍历序列。

例如，通过切片获取热门综艺名称列表中的第 2～5 个元素，以及获取第 1 个、第 3 个和第 5 个元素，可以使用下面的代码。

```
01    arts = ["向往的生活","歌手","中国好声音","巧手神探","欢乐喜剧人",
02          "笑傲江湖","奔跑吧","王牌对王牌","吐槽大会","奇葩说"]
03    print(arts[1:5])                    #获取第 2～5 个元素
04    print(arts[0:5:2])                  #获取第 1、3、5 个元素
```

运行上面的代码，将输出以下内容：

```
['歌手', '中国好声音', '巧手神探', '欢乐喜剧人']
['向往的生活', '中国好声音', '欢乐喜剧人']
```

 说明

> 要想复制整个序列，可以将 start 和 end 参数都省略，但中间的冒号需要保留。例如，verse[:] 表示复制 verse 列表中的整个序列。

3.3.4　列表的拼接

在 Python 中，支持两种相同类型列表的相加操作。这里，"相加"的含义是将两个列表拼接起来，使用加号运算符"+"来实现。例如，将两个列表相加，可以使用下面的代码。

```
01    art1 = ["快乐大本营","天天向上","中餐厅","跨界喜剧王"]
02    art2 = ["向往的生活","歌手","中国好声音","巧手神探","欢乐喜剧人","笑傲江湖",
03          "奔跑吧","王牌对王牌","吐槽大会","奇葩说"]
04    print(art1+art2)
```

运行上面的代码，将输出以下内容：

```
['快乐大本营', '天天向上', '中餐厅', '跨界喜剧王', '向往的生活', '歌手', '中国好声音', '巧手神探', '欢乐喜剧人', '笑傲
江湖', '奔跑吧', '王牌对王牌', '吐槽大会', '奇葩说']
```

从输出结果可以看出，两个列表被合并为一个列表了。

说明

进行序列相加时，相同类型的序列是指同为列表、元组、集合等，序列中的元素类型可以不同。例如，下面的代码也是正确的：

```
01    num = [7,14,21,28,35,42,49,56]
02    art = ["快乐大本营","天天向上","中餐厅","跨界喜剧王"]
03    print(num + art)
```

相加后的结果如下：

```
[7, 14, 21, 28, 35, 42, 49, 56, '快乐大本营', '天天向上', '中餐厅', '跨界喜剧王']
```

但不能是列表和元组相加，或者列表和字符串相加。例如，下面的代码就是错误的：

```
01    num = [7,14,21,28,35,42,49,56,63]
02    print(num + "输出是 7 的倍数的数")
```

上面的代码运行后将产生如图 3.42 所示的异常信息。

```
Traceback (most recent call last):
  File "E:\program\Python\Code\datatype_test.py", line 2, in <module>
    print(num + "输出是7的倍数的数")
TypeError: can only concatenate list (not "str") to list
>>>
```

图 3.42　将列表和字符串相加产生的异常信息

3.3.5　遍历列表

有时候，我们需要遍历列表中的所有元素，以实现查询、修改、删除等功能。在 Python 中遍历列表的方法有多种，下面介绍两种常用的方法。

1. 使用 for 循环遍历列表

直接使用 for 循环遍历列表，并输出元素的值，语法格式如下：

```
for item in listname:              #遍历列表 listname 的每一项
    print(item)                    #输出 item
```

参数说明：

☑　item：用于保存获取到的元素值。输出元素内容时，直接输出该变量即可。

☑　listname：列表的名称。

【实例 3.16】　输出热门综艺的名称。（实例位置：资源包\Code\03\16）

定义一个保存热门综艺名称的列表，然后通过 for 循环遍历该列表，并输出各综艺的名称。具体代码如下：

```
01    print("热门综艺名称：")
02    art = ["向往的生活","歌手","中国好声音","巧手神探","欢乐喜剧人","笑傲江湖","奔跑吧",
```

```
03          "王牌对王牌","吐槽大会","奇葩说"]
04     for item in art:
05          print(item)
```

运行上面的代码，结果如图 3.43 所示。

2. 使用 for 循环和 enumerate()函数遍历列表

使用 for 循环和 enumerate()函数遍历列表，可以同时输出索引值和对应的元素内容。语法格式如下：

```
for index,item in enumerate(listname):        #遍历列表 listname 的每一项
    print(index,item)                         #输出 index 和 item
```

参数说明：

☑　index：用于保存元素的索引。

☑　item：用于保存获取到的元素值。输出元素内容时，直接输出该变量即可。

☑　listname：列表的名称。

例如，定义一个保存热门综艺名称的列表，然后通过 for 循环和 enumerate()函数遍历该列表，并输出索引和综艺名称，代码如下：

```
01     print("热门综艺名称：")
02     art= ["向往的生活","歌手","中国好声音","巧手神探","欢乐喜剧人","笑傲江湖",
03          "奔跑吧","王牌对王牌","吐槽大会","奇葩说"]
04     for index,item in enumerate(art):
05          print(index + 1,item)
```

执行上面的代码，将显示下面的结果。

```
热门综艺名称：
1 向往的生活
2 歌手
3 中国好声音
4 巧手神探
5 欢乐喜剧人
6 笑傲江湖
7 奔跑吧
8 王牌对王牌
9 吐槽大会
10 奇葩说
```

如果想实现分两列（两个综艺一行）输出热门综艺名称，请看下面的实例。

【实例 3.17】　分两列输出热门综艺名称。（实例位置：资源包\Code\03\17）

创建一个文件，在该文件中先输出标题，然后定义一个列表（保存综艺名称），再应用 for 循环和 enumerate()函数遍历列表，在循环体中通过 if…else 语句判断是否为偶数，如果为偶数则不换行输出，否则换行输出。具体代码如下：

```
01     print("热门综艺名称如下：\n")
02     art = ["向往的生活","歌手","中国好声音","巧手神探","欢乐喜剧人","笑傲江湖",
03          "王牌对王牌","奔跑吧","吐槽大会","奇葩说"]
```

```
04    for index,item in enumerate(art):
05    if index%2 == 0:                                    #判断是否为偶数，为偶数时不换行
06              print(item +"\t\t", end='')
07          else:                                          #如果为奇数，换行输出
08              print(item + "\n")
```

说明

上面的代码中，print()函数中使用"，end=''"表示不换行输出，即下一条 print()函数的输出内容会和这条内容在同一行输出。

运行结果如图 3.44 所示。

图 3.43　通过 for 循环遍历列表

图 3.44　分两列显示热门综艺名称

3.3.6　列表排序

在实际开发时，经常需要对列表进行排序。Python 中提供了两种常用的列表排序方法，下面分别进行介绍。

1. 使用列表对象的 sort()方法排序

使用列表对象的 sort()方法，可对列表中的元素进行排序。排序后，原列表中的元素顺序将发生改变。sort()方法的语法格式如下：

```
listname.sort(key=None, reverse=False)
```

参数说明：

☑　listname：要进行排序的列表。

☑　key：在指定列表中选择一个用于比较的键。如果设置"key=str.lower"，表示在排序时不区分字母大小写。

☑　reverse：可选参数。其值为 True，表示降序排列；为 False，则表示升序排列。默认为升序排列。

例如，定义一个保存 10 名学生语文成绩的列表，然后应用 sort()方法对其进行排序，代码如下：

```
01    grade = [98,99,97,100,100,96,94,89,95,100]          #10 名学生语文成绩列表
02    print("原列表：",grade)
```

```
03    grade.sort()                              #进行升序排列
04    print("升　序： ",grade)
05    grade.sort(reverse=True)                  #进行降序排列
06    print("降　序： ",grade)
```

执行上面的代码，将显示以下内容。

```
原列表：  [98, 99, 97, 100, 100, 96, 94, 89, 95, 100]
升　序：  [89, 94, 95, 96, 97, 98, 99, 100, 100, 100]
降　序：  [100, 100, 100, 99, 98, 97, 96, 95, 94, 89]
```

使用 sort()方法对数值列表进行排序比较简单，但在对字符串列表进行排序时，采用的规则是先对大写字母进行排序，然后再对小写字母进行排序。如果不需要区分大小写字母，需要指定参数 key。例如，定义一个保存英文字符串的列表，然后应用 sort()方法对其进行升序排列，可以使用下面的代码。

```
01    char = ['cat','Tom','Angela','pet']
02    char.sort()                               #默认为区分大小写字母排序
03    print("区分字母大小写： ",char)
04    char.sort(key=str.lower)                  #不区分大小写字母排序
05    print("不区分字母大小写： ",char)
```

运行上面的代码，将显示以下内容。

```
区分字母大小写：    ['Angela', 'Tom', 'cat', 'pet']
不区分字母大小写：    ['Angela', 'cat', 'pet', 'Tom']
```

说明

sort()排序方法对于中文的支持不够友好，排序的结果与我们常用的按拼音或者按笔画排序都不一致。如果需要对中文内容的列表排序，还需要重新编写排序方法，不能直接使用 sort()方法。

2．使用内置的 sorted()函数排序

使用内置的 sorted()函数，也可以对列表进行排序。storted()函数的语法格式如下：

```
sorted(iterable, key=None, reverse=False)
```

参数说明：

☑　iterable：要进行排序的列表名称。

☑　key：在指定列表中选择一个用于比较的键。如果设置"key=str.lower"，表示在排序时不区分字母大小写。

☑　reverse：可选参数。其值为 True，表示降序排列；为 False，则表示升序排列。默认为升序排列。

例如，定义一个保存 10 名学生语文成绩的列表，然后应用 sorted()函数对其进行排序，代码如下：

```
01    grade = [98,99,97,100,100,96,94,89,95,100]      #10 名学生语文成绩列表
02    grade_as = sorted(grade)                        #进行升序排列
03    print("升序： ",grade_as)
04    grade_des = sorted(grade,reverse = True)        #进行降序排列
```

```
05    print("降序：",grade_des)
06    print("原序列：",grade)
```

执行上面的代码，将显示以下内容。

```
升序： [89, 94, 95, 96, 97, 98, 99, 100, 100, 100]
降序： [100, 100, 100, 99, 98, 97, 96, 95, 94, 89]
原序列： [98, 99, 97, 100, 100, 96, 94, 89, 95, 100]
```

说明

列表对象的 sort()方法和内置 sorted()函数的作用基本相同，不同的是：使用 sort()方法时，会改变原列表的元素排列顺序；使用 storted()函数时，会建立一个原列表的副本，该副本为排序后的列表。

3.3.7 元组

元组（tuple）是 Python 中另一个重要的序列结构。与列表类似，元组也由一系列按特定顺序排列的元素组成，但却是不可变序列。因此，元组也可以称为不可变的列表。

形式上，元组的所有元素都放在一对小括号"()"中，相邻元素间使用英文逗号","分隔。内容上，可以将整数、实数、字符串、列表、元组等任何类型的内容放入元组中，且同一个元组中元素的类型可以不同。通常情况下，元组用于保存程序中不可修改的内容。

1．元组的创建

在 Python 中提供了多种创建元组的方法，下面分别进行介绍。

1）使用赋值运算符直接创建元组

创建元组时，可以使用赋值运算符"="直接将一个元组赋值给变量。语法格式如下：

```
tuplename = (element 1,element 2,···,element n)
```

参数说明：

☑ tuplename：元组的名称，可以是任何符合 Python 命名规则的标识符。

☑ elemnet 1,elemnet 2,···, elemnet n：元组中的元素，个数没有限制，只要是 Python 支持的数据类型就可以。

注意

元组的创建格式与列表类似，只是创建列表使用的是中括号"[]"，而创建元组使用的是小括号"()"。

例如，下面定义的都是合法的元组。

```
num = (7,14,21,28,35,42,49,56,63)
ukguzheng = ("渔舟唱晚","高山流水","出水莲","汉宫秋月")
untitle = ('Python',28,("人生苦短","我用 Python"),["爬虫","自动化运维","云计算","Web 开发"])
python = ('优雅',"明确",'''简单''')
```

在 Python 中，虽然元组的标准格式是使用一对小括号将所有的元素括起来，但是实际上，小括号并不是必须的。只要将一组值用逗号分隔开来，就可以认为它是元组。例如，下面的代码定义的也是元组。

```
ukguzheng = "渔舟唱晚","高山流水","出水莲","汉宫秋月"
```

在 IDLE 中输出该元组后，将显示以下内容。

```
('渔舟唱晚', '高山流水', '出水莲', '汉宫秋月')
```

如果要创建的元组中只包括一个元素，则需要在定义元组时在元素的后面加一个逗号 "，"。例如，下面的代码定义的就是包括一个元素的元组。

```
verse = ("一片冰心在玉壶",)
```

在 IDLE 中输出 verse，将显示以下内容：

```
('一片冰心在玉壶',)
```

而下面的代码，则表示定义一个字符串：

```
verse = ("一片冰心在玉壶")
```

在 IDLE 中输出 verse，将显示以下内容：

```
一片冰心在玉壶
```

说明

在 Python 中，可以使用 type()函数测试变量的类型。例如，有下面的代码：

```
01   verse1 = ("一片冰心在玉壶",)
02   print("verse1 的类型为",type(verse1))
03   verse2 = ("一片冰心在玉壶")
04   print("verse2 的类型为",type(verse2))
```

在 IDLE 中执行上面的代码，将显示以下内容。

```
verse1 的类型为  <class 'tuple'>
verse2 的类型为  <class 'str'>
```

2）创建空元组

在 Python 中，也可以创建空元组，例如，要创建一个名称为 emptytuple 的空元组，代码如下：

```
emptytuple = ()
```

空元组可以应用在为函数传递一个空值或者返回空值时。例如，定义一个函数必须传递一个元组类型的值，而我们还不想为它传递一组数据，就可以创建一个空元组并传递给它。

3）创建数值元组

可以使用 tuple()函数将一组数据转换为元组，基本语法如下：

```
tuple(data)
```

其中，data 表示可以转换为元组的数据，其类型可以是 range 对象、字符串、元组或者其他可迭代类型的数据。

例如，创建一个 10～20（不包括 20）范围所有偶数的元组，可以使用下面的代码：

```
tuple(range(10, 20, 2))
```

运行上面的代码后，将得到下面的元组：

```
(10, 12, 14, 16, 18)
```

说明

使用 tuple()函数不仅能通过 range 对象创建元组，还可以通过其他对象创建元组。

2. 访问元组元素

在 Python 中，可以直接使用 print()函数输出元组的内容。例如，要想打印前面创建的 untitle 元组，可以使用下面的代码：

```
print(untitle)
```

执行结果如下：

```
('Python', 28, ('人生苦短', '我用 Python'), ['爬虫', '自动化运维', '云计算', 'Web 开发'])
```

从执行结果可以看出，输出元组时包括左右两侧的小括号。如果不想输出全部的元素，可通过元组索引来获取指定的元素。例如，要获取元组 untitle 中索引为 0 的元素，可以使用下面的代码：

```
print(untitle[0])
```

执行结果如下：

```
Python
```

从执行结果可以看出，输出单个元组元素时不包括小括号；如果是字符串，不包括左右的引号。

另外，对于元组也可以采用切片方式获取指定的元素。例如，要访问元组 untitle 中前 3 个元素，可以使用下面的代码：

```
print(untitle[:3])
```

执行结果如下：

```
('Python', 28, ('人生苦短', '我用 Python'))
```

同列表一样，元组也可以使用 for 循环进行遍历，方法不再赘述。

3.4　字典与集合

字典是 Python 中的一种数据结构，它无序、可变，保存的内容以键-值对的形式存放。Python 中的字典类似于我们日常生活中的新华字典，它把拼音和汉字关联起来，通过音节表我们可以快速找到想要的汉字。其中，新华字典里的音节表相当于键（key），对应的汉字相当于值（value）。键是唯一的，值可以有多个。字典在定义一个包含多个命名字段的对象时很有用。

说明
　Python 中的字典相当于 Java 或者 C++ 中的 Map 对象。

字典的主要特征如下：
- ☑ 通过键而不是通过索引来读取。字典有时也称为关联数组或者散列表（hash），它通过键将一系列的值联系起来，这样就可以通过键从字典中获取指定项，但不能通过索引来获取。
- ☑ 字典是任意对象的无序集合。字典是无序的，各项是从左到右随机排序的，即保存在字典中的项没有特定的顺序。这样可以提高查找顺序。
- ☑ 字典是可变的，且可以任意嵌套。字典可以在原处增长或者缩短（无须生成一份备份），且支持任意深度的嵌套（即其值可以是列表或其他字典）。
- ☑ 字典中的键必须唯一。不允许同一个键出现两次，如果出现两次，则后一个值会被记住。
- ☑ 字典中的键不可变。可以使用数字、字符串或者元组，但不能使用列表。

3.4.1　字典的定义

定义字典时，每个元素都必须包含两部分——键和值。例如，一个保存水果信息的字典，键可以是水果名称，值可以是水果价格，如图 3.45 所示。

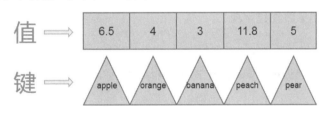

图 3.45　字典示意图

创建字典时，在键和值之间使用冒号分隔，相邻两个元素使用逗号分隔，所有元素放在一对大括号 "{}" 中。语法格式如下：

```
dictionary = {'key1':'value1', 'key2':'value2', …, 'keyn':'valuen',}
```

参数说明：
- ☑ dictionary：字典名称。
- ☑ key1,key2,…,keyn：元素的键。必须是唯一的，并且不可变。可以是字符串、数字或者元组。
- ☑ value1,value2,…,valuen：元素的值。可以是任何数据类型，不要求唯一性。

例如，创建一个保存通讯录信息的字典，可以使用下面的代码：

```
dictionary = {'qq':'84978981','明日科技':'84978982','无语':'0431-84978981'}
print(dictionary)
```

执行结果如下：

```
{'qq': '84978981', 'mr': '84978982', '无语': '0431-84978981'}
```

同列表和元组一样，也可以创建空字典。在 Python 中，可以使用下面两种方法创建空字典。

```
dictionary = {}
dictionary = dict()
```

dict()方法除了可以创建一个空字典外，还可以通过已有数据快速创建字典，主要形式有以下 3 种。

1. 通过映射函数创建字典

语法格式如下：

```
dictionary = dict(zip(list1,list2))
```

参数说明：

☑ dictionary：字典名称。

☑ zip()函数：用于将多个列表或元组对应位置的元素重新"打包"，组合为新的元组，并返回包含这些内容的 zip 对象。如果想得到元组，可以将 zip 对象使用 tuple()函数进行转换；如果想得到列表，则可以使用 list()函数进行转换。

☑ list1：一个列表，用于指定待生成字典的键。

☑ list2：一个列表，用于指定待生成字典的值。如果 list1 和 list2 的长度不同，则与最短的列表长度相同。

2. 通过给定的关键字参数创建字典

语法格式如下：

```
dictionary = dict(key1=value1,key2=value2,…,keyn=valuen)
```

参数说明：

☑ dictionary：字典名称。

☑ key1,key2,…,keyn：表示参数名，必须是唯一的，并且符合 Python 标识符的命名规则。该参数将被转换为字典的键。

☑ value1,value2,…,valuen：表示参数值，可以是任何数据类型，不要求必须唯一。该参数将被转换为字典的值。

例如，将名字和星座以关键字参数的形式创建一个字典，可以使用下面的代码：

```
dictionary =dict(绮梦 = '水瓶座', 冷伊一 = '射手座', 香凝 = '双鱼座', 黛兰 = '双子座')
print(dictionary)
```

执行结果如下：

```
{'绮梦': '水瓶座', '冷伊一': '射手座', '香凝': '双鱼座', '黛兰': '双子座'}
```

3. 通过 fromkeys()方法创建

还可以使用 dict 对象的 fromkeys()方法创建值为空的字典，语法如下：

```
dictionary = dict.fromkeys(list1)
```

参数说明：

☑   dictionary：字典名称。

☑   list1：作为字典的键的列表。

例如，创建一个只包括名字的字典，可以使用下面的代码。

```
01   name_list = ['绮梦','冷伊一','香凝','黛兰']          #作为键的列表
02   dictionary = dict.fromkeys(name_list)
03   print(dictionary)
```

执行结果如下：

```
{'绮梦': None, '冷伊一': None, '香凝': None, '黛兰': None}
```

另外，还可以通过已经存在的元组和列表创建字典。例如，创建一个保存名字的元组和保存星座的列表，通过它们创建一个字典，可以使用下面的代码：

```
01   name_tuple = ('绮梦','冷伊一', '香凝', '黛兰')        #作为键的元组
02   sign = ['水瓶座','射手座','双鱼座','双子座']          #作为值的列表
03   dict1 = {name_tuple:sign}                        #创建字典
04   print(dict1)
```

执行结果如下：

```
{('绮梦', '冷伊一', '香凝', '黛兰'): ['水瓶座', '射手座', '双鱼座', '双子座']}
```

如果将作为键的元组修改为列表，再创建一个字典，代码如下：

```
01   name_list = ['绮梦','冷伊一', '香凝', '黛兰']         #作为键的列表
02   sign = ['水瓶座','射手座','双鱼座','双子座']          #作为值的列表
03   dict1 = {name_list:sign}                         #创建字典
04   print(dict1)
```

执行结果如图 3.46 所示。可见，错误出现在代码的第 3 行，用列表作为字典的键值时产生了异常。

```
Traceback (most recent call last):
  File "H:/untitled/hello.py", line 3, in <module>
    dict1 = {name_list:sign}                    # 创建字典
TypeError: unhashable type: 'list'
```

图 3.46   将列表作为字典的键时产生的异常

3.4.2   遍历字典

字典是以键-值对的形式存储数据的。Python 提供了遍历字典的方法，通过遍历可以获取字典中的全部键-值对。

使用字典对象的 items()方法可以获取字典的键-值对列表。其语法格式如下：

```
dictionary.items()
```

其中，dictionary 为字典对象；返回值为可遍历的（键-值对）的元组列表。

要想获取到具体的键-值对，可以通过 for 循环遍历该元组列表。例如，定义一个字典，通过 items() 方法获取键-值对的元组列表，并输出全部键-值对，代码如下：

```
01    dictionary = {'qq':'84978981','明日科技':'84978982','无语':'0431-84978981'}      #创建字典
02    for item in dictionary.items():                                                 #遍历字典
03          print(item)                                                               #输出字典内容
```

执行结果如下：

```
('qq', '84978981')
('明日科技', '84978982')
('无语', '0431-84978981')
```

上面的示例得到的是元组中的各个元素。如果想获取到具体的键和值，可以使用下面的代码进行遍历：

```
01    dictionary = {'qq':'4006751066','明日科技':'0431-84978982','无语':'0431-84978981'}
02    for key,value in dictionary.items():
03          print(key,"的联系电话是",value)
```

执行结果如下：

```
qq 的联系电话是 4006751066
明日科技 的联系电话是 0431-84978982
无语 的联系电话是 0431-84978981
```

 说明

　　Python 中，字典对象还提供了 values()和 keys()方法，用于返回字典的值和键列表。其使用方法同 items()方法类似，需要通过 for 循环遍历该字典列表，获取对应的值和键。

3.4.3　集合简介

Python 提供了两种创建集合的方法，一种是直接使用{ }创建；另一种是通过 set()函数将列表、元组等可迭代对象转换为集合。

1. 使用赋值运算符直接创建集合

在 Python 中，创建 set 集合可以像创建列表、元组和字典一样，通过直接将集合赋值给变量来实现。语法格式如下：

```
setname = {element 1,element 2,…,element n}
```

参数说明：

☑　　setname：集合名称，可以是任何符合 Python 命名规则的标识符。

☑　elemnet 1,elemnet 2,…,elemnet n：集合中的元素。个数没有限制，只要是 Python 支持的数据类型就可以。

注意

　　创建集合时，使用的也是大括号 "{}"。如果输入了重复的元素，Python 会自动只保留一个。

例如，下面的代码将创建 3 个集合并打印输出。

```
01    set1 = {'水瓶座','射手座','双鱼座','双子座'}
02    set2 = {3,1,4,1,5,9,2,6}
03    set3 = {'Python', 28, ('人生苦短', '我用 Python')}
04    print(set1)
05    print(set2)
06    print(set3)
```

执行结果如下：

```
{'水瓶座', '双子座', '双鱼座', '射手座'}
{1, 2, 3, 4, 5, 6, 9}
{'Python', ('人生苦短', '我用 Python'), 28}
```

说明

　　Python 中的 set 集合是无序的，每次输出时元素的排列顺序可能都有所不同，不必在意。

2. 使用 set() 函数创建集合

也可以使用 set() 函数将列表、元组等其他可迭代对象转换为集合。set() 函数的语法格式如下：

```
setname = set(iteration)
```

参数说明：

☑　setname：集合名称。

☑　iteration：表示要转换为集合的可迭代对象，可以是列表、元组、range 对象等。另外，也可以是字符串，如果是字符串，返回的集合将是包含全部不重复字符的集合。

例如，下面的代码将创建 3 个集合并打印输出。

```
01    set1 = set("命运给予我们的不是失望之酒，而是机会之杯。")
02    set2 = set([1.414,1.732,3.14159,3.236])
03    set3 = set(('人生苦短', '我用 Python'))
04    print(set1)
05    print(set2)
06    print(set3)
```

执行结果如下：

```
{'不', '的', '望', '是', '给', ',', ' ', '我', '。', '酒', '会', '杯', '运', '们', '予', '而', '失', '机', '命', '之'}
{1.414, 3.236, 3.14159, 1.732}
{'人生苦短', '我用 Python'}
```

可见，在创建集合时如果出现重复元素，将只保留一个。这里，第一个集合中的"是"和"之"都只保留了一个。

注意

> 在 Python 中，创建集合时推荐采用 set()函数。另外，创建空集合只能使用 set()函数，而不能使用大括号"{}"。这是因为 Python 中直接使用一对大括号"{}"表示创建一个空字典。

3.5 函 数

提到函数，大家首先会想到数学函数。数学中，函数是非常重要的知识点，贯穿整个数学的学习过程。Python 中，函数的应用同样非常广泛，地位也非常重要。

前面我们已经多次接触过函数，如用于输出的 print()函数、用于输入的 input()函数，以及用于生成一系列整数的 range()函数等。这些都是 Python 内置的标准函数，可以直接使用。除了这些标准库函数外，Python 还支持用户自定义函数，即用户可将一段有规律、重复的代码定义为函数，实现一次编写、多次调用的目的。使用函数可以提高代码的重复利用率。

3.5.1 函数的定义

创建函数的过程就是定义函数的过程，Python 中使用 def 关键字来实现。具体的语法格式如下：

```
def functionname([parameterlist]):
    ['''comments''']
    [functionbody]
```

参数说明：

☑ functionname：函数名称，在调用函数时使用。

☑ parameterlist：可选参数，用于指定向函数中传递的参数。如果有多个参数，各参数间使用逗号","分隔。如果不指定，表示该函数没有参数，调用时同样不用指定参数。

☑ '''comments'''：可选参数，表示为函数指定注释，注释的内容通常是说明该函数的功能、要传递的参数的作用等，可以为用户提供友好提示和帮助的内容。

☑ functionbody：可选参数，用于指定函数体，即该函数被调用后要执行的功能代码。如果函数有返回值，可以使用 return 语句返回。

注意

> ① 即使函数没有参数，也必须保留一对空的小括号"()"，否则将提示如图 3.47 所示的错误。
>
> ② 函数体"functionbody"和注释'''comments'''相对于 def 关键字，必须保持一定的缩进。

图 3.47 语法错误对话框

说明

定义函数时如果指定了"'comments'"参数,调用函数时输入函数名称及左侧的小括号,将显示该函数的帮助信息,如图 3.48 所示。这些帮助信息是通过定义的注释提供的。如果没有显示友好提示,需要检查函数是否有误,检查方法如下:调用该方法前,先按 F5 键执行一遍代码。

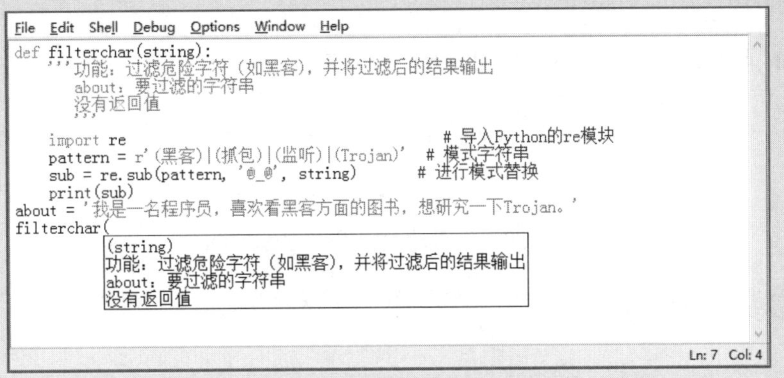

```
File  Edit  Shell  Debug  Options  Window  Help
def filterchar(string):
    '''功能:过滤危险字符 (如黑客),并将过滤后的结果输出
       about:要过滤的字符串
       没有返回值
    '''
    import re                                        # 导入Python的re模块
    pattern = r'(黑客)|(抓包)|(监听)|(Trojan)'       # 模式字符串
    sub = re.sub(pattern, '@_@', string)             # 进行模式替换
    print(sub)
about = '我是一名程序员,喜欢看黑客方面的图书,想研究一下Trojan。'
filterchar(
           (string)
           功能:过滤危险字符 (如黑客),并将过滤后的结果输出
           about:要过滤的字符串
           没有返回值

                                                                    Ln: 7  Col: 4
```

图 3.48　调用函数时显示友好提示

例如,定义一个过滤危险字符的函数 filterchar(),代码如下:

```
01   def filterchar(string):
02       '''功能:过滤危险字符 (如黑客),并将过滤后的结果输出
03          about:要过滤的字符串
04          没有返回值
05       '''
06       import re                                #导入 Python 的 re 模块
07       pattern = r'(黑客)|(抓包)|(监听)|(Trojan)'   #模式字符串
08       sub = re.sub(pattern, '@_@', string)     #进行模式替换
09       print(sub)
```

运行上面的代码,将不显示任何内容,也不会抛出异常,因为 filterchar()函数还没有被调用。

说明

如果想定义一个什么也不做的空函数,可以使用 pass 语句作为占位符。

3.5.2　函数的调用

调用函数的过程就是执行函数的过程。如果把创建函数理解为创建一个具有某种用途的工具,那么调用函数就相当于使用该工具。调用函数的基本语法格式如下:

```
functionname([parametersvalue])
```

参数说明:

☑　functionname:要调用的函数名称。必须是已经创建好的函数。

☑ parametersvalue：可选参数，用于指定各个参数的值。如果需要传递多个参数值，则各参数值间使用逗号","分隔。如果该函数没有参数，则直接写一对小括号即可。

例如，调用在 3.5.1 节创建的 filterchar() 函数，可以使用下面的代码：

```
01    about = '我是一名程序员，喜欢看黑客方面的图书，想研究一下 Trojan。'
02    filterchar(about)
```

调用 filterchar() 函数后，将显示如图 3.49 所示的结果。

图 3.49　调用 filterchar() 函数的结果

3.5.3　函数参数的传递

调用函数时，多数情况下主调函数和被调函数之间存在一定的数据传递关系，这种数据传递是通过函数参数来实现的。函数参数包括形式参数和实际参数两种，下面来详细讲解。

1. 形式参数和实际参数

定义函数时，函数名后面括号中的参数称为形式参数，简称形参。

如图 3.50 所示，这里 person、height 和 weight 是 fun_bmi() 函数的 3 个形参，这里并没有给出具体的数值，而只是简单对参数数量、含义进行了说明。

图 3.50　函数形参

调用函数时，函数名后面括号中的参数称为实际参数，简称实参。简而言之，实参就是函数调用者提供给函数参与实际运算的参数，有着具体的值或意义。例如，函数调用语句"fun_bmi("路人甲"，1.83, 60)"中，"路人甲"、1.83 和 60 就是给出的 3 个需要参与实际运算的参数，这就是实参。

形参和实参的关系可以通过图 3.51 更好地理解。

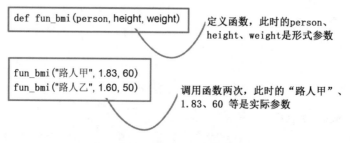

图 3.51　形式参数与实际参数

【**实例 3.18**】　输出某个人的 BMI 指数。（**实例位置：资源包\Code\03\18**）

在 IDLE 中创建 function_bmi.py 文件，然后在该文件中创建一个名称为 function_tips 的函数，该函数包含 3 个参数，分别用于指定姓名、身高和体重，再根据公式"BMI =体重/(身高×身高)"，计算人的 BMI 指数，并输出计算结果。

具体代码如下：

```
01  def fun_bmi(person,height,weight):
02      ''' 功能：根据身高和体重计算 BMI 指数
03          person：姓名
04          height：身高，单位：米
05          weight：体重，单位：千克
06      '''
07      print(person + "的身高" + str(height)+"米 \t 体重: " + str(weight) + "千克")
08      bmi=weight/(height*height)                  #计算 BMI 指数公式
09      print(person+"的 BMI 指数为：",str(bmi))         #输出 BMI 指数
10      #判断身材是否合理
11      if bmi<18.5:
12          print("您的体重过轻  ~@_@~")
13      if bmi>=18.5 and bmi<24.9:
14          print("正常范围，注意保持 (-_-)")
15      if bmi>=24.9 and bmi<29.9:
16          print("您的体重过重  ~@_@~")
17      if bmi>=29.9:
18          print("肥胖 ^@_@^")
19  fun_bmi("张三",1.76,50)                          #调用 fun_bmi()函数
```

运行结果如图 3.52 所示。

从该实例代码和运行结果可以看出：

（1）定义一个根据身高、体重计算 BMI 指数的函数 fun_bmi()，在定义函数时指定的变量 person、height 和 weight 称为形式参数。

图 3.52　调用函数输出励志文字

（2）在函数 fun_bmi()中根据形式参数的值计算 BMI 指数，并输出相应的信息。

（3）调用 fun_bmi()函数时，指定的"路人甲"1.83 和 60 都是实际参数，函数执行时这些值将被传递给对应的形式参数。

2．值传递和引用传递

函数调用时，实参将传递数据给形参，传递的可能是实参的值，也可能是实参的引用。具体来说，当实参为不可变对象时，进行的是值传递；当实参为可变对象时，进行的是引用传递。

值传递和引用传递的基本区别在于：进行值传递后，改变形参的值，实参的值不受影响；进行引用传递后，改变形参的值，实参的值也将一同被改变。

例如，定义一个名称为 demo 的函数，然后为 demo()函数传递一个字符串类型的变量作为参数（代表值传递），并在函数调用前后分别输出该字符串变量；再为 demo()函数传递一个列表类型的变量作为参数（代表引用传递），并在函数调用前后分别输出该列表。代码如下：

67

```
01  #定义函数
02  def demo(obj):
03      print("原值：",obj)
04      obj += obj
05  #调用函数
06  print("========值传递========")
07  mot = "唯有在被追赶的时候，你才能真正地奔跑。"
08  print("函数调用前：",mot)
09  demo(mot)                           #采用不可变对象（字符串）做参数
10  print("函数调用后：",mot)
11  print("========引用传递 ========")
12  list1 = ['绮梦','冷伊一','香凝','黛兰']
13  print("函数调用前：",list1)
14  demo(list1)                         #采用可变对象（列表）做参数
15  print("函数调用后：",list1)
```

上面代码的执行结果如下：

```
========值传递========
函数调用前：  唯有在被追赶的时候，你才能真正地奔跑。
原值：  唯有在被追赶的时候，你才能真正地奔跑。
函数调用后：  唯有在被追赶的时候，你才能真正地奔跑。
========引用传递 ========
函数调用前：  ['绮梦', '冷伊一', '香凝', '黛兰']
原值：  ['绮梦', '冷伊一', '香凝', '黛兰']
函数调用后：  ['绮梦', '冷伊一', '香凝', '黛兰', '绮梦', '冷伊一', '香凝', '黛兰']
```

从运行结果可以看出，进行值传递时，改变形参的值后，实参的值未发生改变；进行引用传递时，改变形参的值后，实参的值也发生了改变。

3．位置参数

在函数定义（或调用）阶段，按照从左到右的顺序定义（或调用）的参数，称为位置参数。位置参数又称为必备参数，凡是按位置定义的形参都必须被传值，多一个不行，少一个也不行，否则将产生错误。

1）数量必须与定义时一致

调用函数时，指定的实参数量必须与形参数量一致，否则将抛出 TypeError 异常，提示缺少必要的位置参数。例如，调用实例 3.18 中编写的 BMI 指数函数 fun_bmi(person,height,weight)，将参数少传一个，即只传递两个参数，代码如下：

```
fun_bmi("路人甲",1.83)                  #计算路人甲的 BMI 指数
```

函数调用后，将显示如图 3.53 的错误提示。抛出的异常类型为 TypeError，具体提示信息为"fun_bmi()方法缺少一个必要的位置参数 weight"。

2）位置必须与定义时一致

在调用函数时，指定的实参位置必须与形参位置一致，否则将抛出 TypeError 异常或得到错误结果。

图 3.53　缺少必要的参数时抛出的异常

（1）抛出 TypeError 异常。调用函数时，当实参类型与形参类型不一致，且两种类型间无法自动转换时，将抛出 TypeError 异常。例如，调用实例 3.18 中编写的 fun_bmi(person,height,weight)函数，将第 1 个参数和第 2 个参数位置调换，代码如下：

```
fun_bmi(60,"路人甲",1.83)                          #计算路人甲的 BMI 指数
```

函数调用后，将显示如图 3.54 所示的异常信息。这是因为传递的整型数值不能与字符串进行连接操作。

图 3.54　提示不支持的操作数类型

（2）产生的结果与预期不符。调用函数时，如果实参与形参位置不一致，但数据类型一致，则不会抛出异常，而是产生与预期不符的结果。例如，仍然调用 fun_bmi(person,height,weight)函数，将第 2 个参数和第 3 个参数位置调换，代码如下：

```
fun_bmi("路人甲",60,1.83)                          #计算路人甲的 BMI 指数
```

函数调用后，结果如图 3.55 所示。这里虽然未抛出异常，但得到的结果并不是我们想要的。

图 3.55　结果与预期不符

说明

　　当传递的实参位置与形参位置不一致时，并不总会抛出异常，所以在调用函数时一定要确定好位置，否则容易产生 Bug，而且很不容易发现。

4．关键字参数

关键字参数是指使用形参的名字来确定输入的参数值。通过该方式指定实参时，不再需要与形参的位置完全一致。只要将参数名写正确即可。这样可以避免用户需要牢记参数位置的麻烦，使得函数的调用和参数传递更加灵活方便。

例如，调用 fun_bmi(person,height,weight)函数时，通过关键字参数指定各个实际参数，代码如下：

```
fun_bmi( height = 1.83, weight = 60, person = "路人甲")        #计算路人甲的 BMI 指数
```

函数调用后，将显示以下结果：

```
路人甲的身高：1.83 米  体重：60 千克
路人甲的 BMI 指数为：17.916330735465376
您的体重过轻 ~@_@~
```

从结果可以看出，虽然指定的实参顺序与函数定义中不一致，但运行结果与预期是一致的。

3.6　面向对象基础

20 世纪 60 年代，人们首次提出面向对象（Object Oriented，OO）的概念，发展至今已成为一种成熟的编程思想，并逐步成为软件开发领域的主流技术。面向对象编程（Object Oriented Programming，OOP）主要针对大型软件开发，可以使软件设计更加灵活，并且能更好地进行代码复用。

面向对象中的对象（Object）通常是指客观世界中存在的对象，具有唯一性，对象之间各不相同，各有各的特点，每一个对象都有自己的运动规律和内部状态；对象与对象之间可以相互联系，相互作用。另外，对象也可以是一个抽象的事物，例如，可以从圆形、正方形、三角形等图形抽象出一个简单图形，简单图形就是一个对象，它有自己的属性和行为，图形中边的个数是它的属性，图形的面积也是它的属性，输出图形的面积就是它的行为。概括地讲，面向对象技术是一种从组织结构上模拟客观世界的方法。

3.6.1　面向对象概述

1. 对象

世间万物皆对象，现实世界中的任意一个事物都是对象。对象是事物存在的实体，如一个人，如图 3.56 所示。

通常将对象划分为两个部分，即静态部分与动态部分。静态部分被称为"属性"，任何对象都具备自身属性，这些属性不仅是客观存在的，而且是不能被忽视的，如人的性别，如图 3.57 所示；动态部分指的是对象的行为，即对象可执行的动作，如人可以跑步，如图 3.58 所示。

图 3.56　对象"人"的示意图　　图 3.57　静态属性"性别"示意图　　图 3.58　动态属性"跑步"示意图

 说明

　　Python 中一切皆为对象，不仅具体的事物是对象，字符串、函数等也都是对象。这说明 Python 天生就是为面向对象而开发出来的程序语言。

2．类

类是封装对象的属性和行为的载体，反过来说具有相同属性和行为的一类实体被称为类。例如，把雁群比作大雁类，那么大雁类就具备了喙、翅膀和爪等属性，觅食、飞行和睡觉等行为，而一只要从北方飞往南方的大雁则被视为大雁类的一个对象。大雁类和大雁对象的关系如图 3.59 所示。

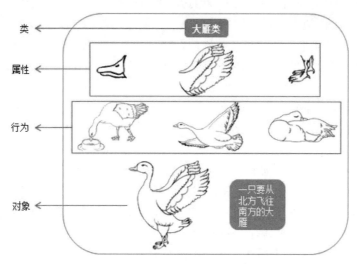

图 3.59　大雁类和大雁对象的关系图

在 Python 语言中，类是一种抽象概念。如定义一个大雁类（Geese），在该类中可以定义每个对象共有的属性和方法；而一只要从北方飞往南方的大雁则是大雁类的一个对象（wildGeese），对象是类的实例。有关类的具体实现将在 3.6.2 节中详细介绍。

3．面向对象程序设计的特点

面向对象程序设计具有三大基本特征：封装、继承和多态。

1）封装

封装是面向对象编程的核心思想，将对象的属性和行为封装起来，其载体就是类。类通常会对客户隐藏其实现细节，这就是封装的思想。例如，用户使用计算机时，只需要使用手指敲击键盘就可以实现一些功能，并不需要知道计算机内部是如何工作的。

采用封装思想可保证类内部数据结构的完整性，使用该类的用户不能直接看到类中的数据结构，而只能执行类允许公开的数据，这样就避免了外部对内部数据的影响，提高了程序的可维护性。

使用类实现封装特性如图 3.60 所示。

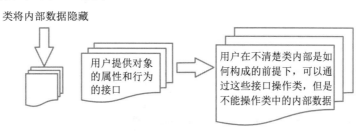

图 3.60　封装特性示意图

2）继承

矩形、菱形、平行四边形和梯形都是四边形，它们具有共同的特征——拥有 4 条边。

只要将四边形适当地延伸，就会得到矩形、菱形、平行四边形和梯形 4 种图形。以平行四边形为例，如果把平行四边形看作四边形的延伸，那么平行四边形就复用了四边形的属性和行为，同时添加了平行四边形特有的属性和行为，如平行四边形的对边平行且相等的特性。在 Python 中，可以把平行四边形类看作是继承四边形类后产生的类，其中，四边形类称为父类或超类，平行四边形类称为子类。值得注意的是，可以说平行四边形是特殊的四边形，但不能说四边形是平行四边形。同理，Python 中可以说子类的实例都是父类的实例，但不能说父类的实例是子类的实例。四边形类层次结构示意图如图 3.61 所示。

综上所述，继承是实现重复利用的重要手段，子类通过继承复用了父类的属性和行为，同时又添加了子类特有的属性和行为。

3）多态

各个子类在继承父类特征的基础上，增加自己独有的新特征，将各自区别开来的状态，就称为多态。比如创建一个螺丝类，螺丝类有两个属性：粗细和螺纹密度；然后再创建了两个类，一个是长螺丝类，一个是短螺丝类，并且它们都继承了螺丝类。这样长螺丝类和短螺丝类不仅具有相同的特征（粗细相同，且螺纹密度也相同），还具有不同的特征（一个长，一个短，长的可以用来固定大型支架，短的可以固定生活中的家具）。综上所述，一个螺丝类衍生出不同的子类，子类继承父类特征的同时也具备了自己的特征，并且能够实现不同的效果，这就是多态。螺丝类层次结构示意图如图 3.62 所示。

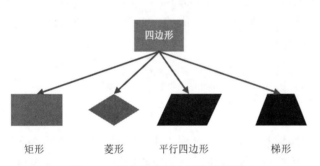

图 3.61　四边形类层次结构示意图

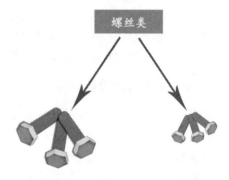

图 3.62　螺丝类层次结构示意图

3.6.2　类的定义和使用

在 Python 中，类表示具有相同属性和方法的对象的集合。在使用类时，需要先定义类，然后再创建类的实例，通过类的实例就可以访问类中的属性和方法。

1．定义类

Python 中，类的定义使用 class 关键字来实现，语法如下：

```
class ClassName:
    '''类的帮助信息'''              #类文档字符串
    statement                       #类体
```

参数说明：

☑　ClassName：用于指定类名，一般使用大写字母开头。如果类名中包括两个单词，第二个单词的首字母也大写，这种命名方法也称为"驼峰式命名法"。当然，也可根据自己的习惯命名，但是一般推荐按照惯例来命名。

☑　'''类的帮助信息'''：用于指定类的文档字符串，定义该字符串后，在创建类的对象时，输入类名和左侧的括号"（"后，将显示该信息。

☑　statement：类体，主要由类变量（或类成员）、方法和属性等定义语句组成。如果在定义类时，没想好类的具体功能，也可以在类体中直接使用 pass 语句代替。

例如，下面以大雁为例声明一个类，代码如下：

```
class Geese:
'''大雁类'''
    pass
```

2．创建类的实例

定义完类后，并不会真正创建一个实例。类的定义有点像汽车的设计图纸，可以告诉你汽车长什么样，但它本身并不是一个汽车，你不能驾驶它，却可以用它来建造真正的汽车，而且可以用来制造很多汽车。

如何创建实例呢？class 语句本身并不创建该类的任何实例。所以在类定义完成以后，可以创建类的实例，即实例化该类的对象。创建类的实例的语法如下：

```
ClassName(parameterlist)
```

其中，ClassName 是必选参数，用于指定具体的类；parameterlist 是可选参数，当创建一个类时，没有创建__init__()方法，或者__init__()方法只有一个 self 参数时，parameterlist 可以省略。

例如，创建上文定义的 Geese 类的实例，可以使用下面的代码：

```
wildGoose = Geese()                    #创建大雁类的实例
print(wildGoose)
```

执行上面的代码，将显示类似下面的内容：

```
<__main__.Geese object at 0x0000000002F47AC8>
```

从上面的执行结果中可以看出，wildGoose 是 Geese 类的实例。

3．创建__init__()方法

创建完一个类后，需要为其创建__init__()方法。该方法类似于 Java 语言中的构造方法，每当创建类的新实例时，Python 都会自动执行它。__init__()方法必须包含一个 self 参数，并且必须是第 1 个参数。self 参数是一个指向实例本身的引用，用于访问类中的属性和方法。在方法调用时会自动传递实际参数 self，因此当__init__()方法只有一个参数时，创建类的实例时将不再需要指定实际参数。

📝 **说明**

在__init__()方法的名称中，开头和结尾处是两个下画线（中间没有空格），这是一种约定，旨在区分 Python 的默认方法和普通的方法。

下面仍然以大雁为例，声明一个 Geese 类，并且创建__init__()方法，代码如下：

```
01  class Geese:
02      '''大雁类'''
03      def __init__(self):                          #构造方法
04          print("我是大雁类！")
05  wildGoose = Geese()                              #创建大雁类的实例
```

运行上面的代码，将输出以下内容：

我是大雁类！

从运行结果可以看出，创建大雁类实例时虽然没有为__init__()方法指定参数，该方法仍会自动执行。

在__init__()方法中，除 self 参数外，还可以自定义一些参数，参数间使用逗号"，"进行分隔。例如，下面的代码将在创建__init__()方法时再指定 3 个参数，分别是 beak、wing 和 claw。

```
01  class Geese:
02      '''大雁类'''
03      def __init__(self,beak,wing,claw):          #构造方法
04          print("我是大雁类！我有以下特征：")
05          print(beak)                             #输出喙的特征
06          print(wing)                             #输出翅膀的特征
07          print(claw)                             #输出爪子的特征
08  beak_1 = "喙的基部较高，长度和头部的长度几乎相等"   #喙的特征
09  wing_1 = "翅膀长而尖"                             #翅膀的特征
10  claw_1 = "爪子是蹼状的"                           #爪子的特征
11  wildGoose = Geese(beak_1,wing_1,claw_1)         #创建大雁类的实例
```

执行上面的代码，将显示如图 3.63 所示的运行结果。

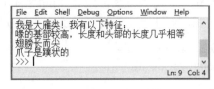

图 3.63　创建__init__()方法时指定 4 个参数

4．创建类的成员并访问

类的成员主要由实例方法和数据成员组成。在类中创建了类成员后，可以通过类的实例进行访问。

1）创建实例方法并访问

所谓实例方法，就是在类中定义的函数，该函数需要在类的实例上操作。同__init__()方法一样，实例方法的第 1 个参数必须是 self，并且必须包含一个 self 参数。创建实例方法的语法格式如下：

```
def functionName(self,parameterlist):
    block
```

参数说明：

- ☑　functionName：用于指定方法名，一般使用小写字母开头。
- ☑　self：必要参数，表示类的实例，其名称可以是 self 以外的单词。
- ☑　parameterlist：用于指定除 self 参数外的参数，各参数间使用逗号"，"进行分隔。
- ☑　block：方法体，表示要实现的具体功能。

说明

　　实例方法和 Python 中函数的主要区别就是：函数实现的是某个独立的功能，而实例方法用于实现类中的某个行为，是类的一部分。

　　实例方法创建完成后，可以通过类的实例名称和点操作符（.）进行访问，语法格式如下：

instanceName.functionName(parametervalue)

参数说明：
- ☑　instanceName：类的实例名称。
- ☑　functionName：要调用的方法名称。
- ☑　parametervalue：对应的实际参数，其数量比 parameterlist 的个数少 1。

【实例 3.19】　创建大雁类并定义飞行方法。（实例位置：资源包\Code\03\19）

具体代码如下：

```
01  class Geese:                                      #创建大雁类
02    '''大雁类'''
03    def __init__(self, beak, wing, claw):            #构造方法
04        print("我是大雁类！我有以下特征：")
05        print(beak)                                  #输出喙的特征
06        print(wing)                                  #输出翅膀的特征
07        print(claw)                                  #输出爪子的特征
08    def fly(self, state):                            #定义飞行方法
09        print(state)
10    '''***************调用方法*********************'''
11  beak_1 = "喙的基部较高，长度和头部的长度几乎相等"        #喙的特征
12  wing_1 = "翅膀长而尖"                               #翅膀的特征
13  claw_1 = "爪子是蹼状的"                             #爪子的特征
14  wildGoose = Geese(beak_1, wing_1, claw_1)         #创建大雁类的实例
15  wildGoose.fly("我飞行的时候，一会儿排成人字，一会儿排成一字")  #调用实例方法
```

运行结果如图 3.64 所示。

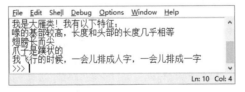

图 3.64　创建大雁类并定义飞行方法

多学两招

　　在创建实例方法时，也可以像创建函数一样为参数设置默认值。但是被设置了默认值的参数必须位于所有参数的最后面（即最右侧）。例如，可以将实例 3.19 的第 8 行代码修改为以下内容：

　　def fly(self, state = "我会飞行"):

　　此时再调用该方法，就可以不再指定参数值，第 15 行代码可修改为 "wildGoose.fly()"。

2）创建数据成员并访问

数据成员是指在类中定义的变量，即属性。根据定义位置，又可以分为类属性和实例属性。

☑ 类属性：定义在类中，并且在函数体外的属性。类属性可以在类的所有实例之间共享值，也就是在所有实例化的对象中公用。类属性可以通过类名或者实例名进行访问。

例如，定义一个大雁类 Geese，在该类中定义 3 个类属性，用于记录雁类的特征，代码如下：

```
01    class Geese:
02        '''雁类'''
03        neck = "脖子较长"                          #定义类属性（脖子）
04        wing = "振翅频率高"                        #定义类属性（翅膀）
05        leg = "腿位于身体的中心支点，行走自如"      #定义类属性（腿）
06        def __init__(self):                        #实例方法（相当于构造方法）
07            print("我属于雁类！我有以下特征：")
08            print(Geese.neck)                      #输出脖子的特征
09            print(Geese.wing)                      #输出翅膀的特征
10            print(Geese.leg)                       #输出腿的特征
```

创建上面的类 Geese，然后创建该类的实例，代码如下：

```
geese = Geese()                                      #实例化一个雁类的对象
```

应用上面的代码创建完 Geese 类的实例后，将显示以下内容：

```
我属于雁类！我有以下特征：
脖子较长
振翅频率高
腿位于身体的中心支点，行走自如
```

下面通过一个具体的实例演示类属性在类的所有实例之间共享值的应用。

【实例 3.20】 创建大雁类并共享类属性。（实例位置：资源包\Code\03\20）

定义一个大雁类 Geese，并在该类中定义 4 个类属性，前 3 个用于记录大雁类的特征，第 4 个用于记录实例编号，然后定义一个构造方法，在该构造方法中将记录实例编号的类属性进行加 1 操作，并输出 4 个类属性的值，最后通过 for 循环创建 4 个大雁类的实例，代码如下：

```
01    class Geese:
02        neck = "脖子较长"                          #类属性（脖子）
03        wing = "振翅频率高"                        #类属性（翅膀）
04        leg = "腿位于身体的中心支点，行走自如"      #类属性（腿）
05        number = 0                                 #编号
06        def __init__(self):                        #构造方法
07            Geese.number += 1                      #将编号加 1
08            print("\n 我是第"+str(Geese.number)+"只大雁，我属于雁类！我有以下特征：")
09            print(Geese.neck)                      #输出脖子的特征
10            print(Geese.wing)                      #输出翅膀的特征
11            print(Geese.leg)                       #输出腿的特征
12    #创建 4 个雁类的对象（相当于有 4 只大雁）
13    list1 = []
14    for i in range(4):                             #循环 4 次
```

```
15            list1.append(Geese())                                    #创建一个雁类的实例
16      print("一共有"+str(Geese.number)+"只大雁")
```

运行结果如图 3.65 所示。

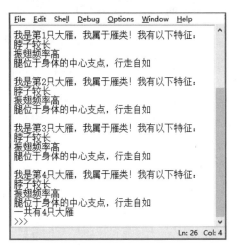

图 3.65　通过类属性统计类的实例个数

Python 中除了可以通过类名称访问类属性，还可以动态地为类和对象添加属性。例如，在实例 3.20 的基础上为雁类添加一个 beak 属性，并通过类的实例访问该属性，可以在上面代码的后面再添加以下代码：

```
01      Geese.beak = "喙的基部较高，长度和头部的长度几乎相等"      #添加类属性
02      print("第 2 只大雁的喙：",list1[1].beak)                   #访问类属性
```

说明

上面的代码只是以第 2 只大雁为例进行演示，读者也可以换成其他的大雁试试。运行后，将在原来的结果后面再显示以下内容：

第 2 只大雁的喙：　喙的基部较高，长度和头部的长度几乎相等

除了可以动态地为类和对象添加属性外，也可以修改类属性，修改结果将作用于该类的所有实例。

☑　实例属性：指定义在类的方法中的属性，只作用于当前实例。

例如，定义一个雁类 Geese，在该类的 __init__()方法中定义 3 个实例属性，用于记录雁类的特征，代码如下：

```
01      class Geese:
02        '''雁类'''
03          def __init__(self):                                      #实例方法（相当于构造方法）
04              self.neck = "脖子较长"                               #定义实例属性（脖子）
05              self.wing = "振翅频率高"                             #定义实例属性（翅膀）
06              self.leg = "腿位于身体的中心支点，行走自如"           #定义实例属性（腿）
07              print("我属于雁类！我有以下特征：")
```

```
08        print(self.neck)                          #输出脖子的特征
09        print(self.wing)                          #输出翅膀的特征
10        print(self.leg)                           #输出腿的特征
```

创建上面的类 Geese，然后创建该类的实例，代码如下：

```
geese = Geese()                                   #实例化一个雁类的对象
```

应用上面的代码创建 Geese 类的实例后，将显示以下内容：

```
我属于雁类！我有以下特征：
脖子较长
振翅频率高
腿位于身体的中心支点，行走自如
```

对于实例属性也可以通过实例名称修改，与类属性不同，通过实例名称修改实例属性后，并不影响该类的另一个实例中相应的实例属性的值。例如，定义一个雁类，并在__init__()方法中定义一个实例属性，然后创建两个 Geese 类的实例，并且修改第一个实例的实例属性，最后分别输出这两个实例的实例属性，代码如下：

```
01  class Geese:
02      def __init__(self):                        #实例方法（相当于构造方法）
03          self.neck = "脖子较长"                    #定义实例属性（脖子）
04          print(self.neck)                        #输出脖子的特征
05  goose1 = Geese()                               #创建 Geese 类的实例 1
06  goose2 = Geese()                               #创建 Geese 类的实例 2
07  goose1.neck = "脖子没有天鹅的长"                   #修改实例属性
08  print("goose1 的 neck 属性：",goose1.neck)
09  print("goose2 的 neck 属性：",goose2.neck)
```

运行上面的代码，将显示以下内容：

```
脖子较长
脖子较长
goose1 的 neck 属性： 脖子没有天鹅的长
goose2 的 neck 属性： 脖子较长
```

5. 访问限制

在类内定义的属性和方法，在类外可以直接调用，从而隐藏类内部的复杂逻辑。Python 并没有对属性和方法的访问权限进行限制。为了保证类内部的某些属性或方法不被外部所访问，可以在属性或方法名前面添加单下画线（_foo）、双下画线（__foo）或首尾加双下画线（__foo__），从而限制访问权限。

☑ 首尾双下画线表示定义特殊方法，一般是系统定义名字，如__init__()。

☑ 以单下画线开头的表示 protected（保护）类型的成员，只允许类本身和子类进行访问，但不能使用"from module import *"语句导入。

例如，创建一个 Swan 类，定义保护属性_neck_swan，并使用__init__()方法访问该属性，然后创建 Swan 类的实例，并通过实例名输出保护属性_neck_swan，代码如下：

78

```
01  class Swan:
02      '''天鹅类'''
03      _neck_swan = '天鹅的脖子很长'                  #定义私有属性
04      def __init__(self):
05          print("__init__():", Swan._neck_swan)       #在实例方法中访问私有属性
06  swan = Swan()                                        #创建 Swan 类的实例
07  print("直接访问:" , swan._neck_swan)                #保护属性可以通过实例名访问
```

执行上面的代码，将显示以下内容：

```
__init__(): 天鹅的脖子很长
直接访问: 天鹅的脖子很长
```

从上面的运行结果可以看出，保护属性可以通过实例名访问。

☑　双下画线表示 private（私有）类型的成员，只允许定义该方法的类本身进行访问，而且也不能通过类的实例进行访问，但是可以通过"类的实例名._类名__xxx"方式访问。

例如，创建一个 Swan 类，定义私有属性__neck_swan，并使用__init__()方法访问该属性，然后创建 Swan 类的实例，并通过实例名输出私有属性__neck_swan，代码如下：

```
01  class Swan:
02      '''天鹅类'''
03      __neck_swan = '天鹅的脖子很长'                 #定义私有属性
04      def __init__(self):
05          print("__init__():", Swan.__neck_swan)      #在实例方法中访问私有属性
06  swan = Swan()                                        #创建 Swan 类的实例
07  print("加入类名:" , swan._Swan__neck_swan)          #私有属性，以实例名._类名__xxx 方式访问
08  print("直接访问:" , swan.__neck_swan)               #私有属性不能通过实例名访问，出错
```

执行上面的代码后，将输出如图 3.66 所示的结果。

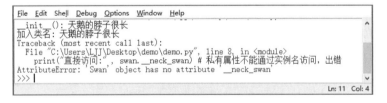

图 3.66　访问私有属性

从上面的运行结果可以看出，私有属性不能直接通过实例名+属性名访问，可以在类的实例方法中访问，也可以通过"实例名._类名__xxx"的方式访问。

3.7　小　　结

本章主要介绍学习算法避不掉的 Python 基础语法，包含变量的类型、计算、条件分支结构、循环结构、列表与元组、字典与集合、函数的定义与调用以及面向对象等。这些知识都需要掌握，为接下来学习算法奠定基础。

第 2 篇　算法篇

本篇介绍了一些流行算法，也是面试常见的算法。不仅包含排序算法和四大经典算法（递归算法、动态规划算法、贪心算法和回溯算法），还包含分治算法以及 K 最近邻算法等高级算法。全篇利用图文结合以及实例讲解每个算法，让读者轻松掌握每种算法。

第 4 章

排序算法

排序算法在程序中应用的最多，功能是将一串不规则的数据按照递增或递减的方式重新排序。生活中有很多需要对数据进行排序的情况，如考试成绩排名、游戏积分排名、热点新闻排名等。在计算机中实现这些排序，都需要用到排序算法。无论是 Java、C 还是 Python，其排序算法的基本实现原理都是相同的。

4.1 选择排序算法

选择排序法就是反复从未排序的数列中取出最小（或最大）的值，加入另一个数列中，最后的结果即为已排序好的数列。选择排序法包括两类，即递增排序和递减排序。

☑ 递增排序：在未排序数列中取最小值，与数列第一个位置交换；然后再从未排序的数列中取最小值，与数列的第二个位置交换；如此重复，直到数列中的所有数据均已按照从小到大的顺序完成排序。

☑ 递减排序：在未排序数列中取最大值，与数列中第一个位置交换；然后再从未排序的数列中取最大值，与数列的第二个位置交换；如此重复，直到数列中的所有数据均已按照从小到大的顺序完成排序。

例如，有这样一组数据：56, 18, 49, 84, 72，如图 4.1 所示。采用选择排序算法对其递增排序，步骤如下。

（1）找到数列中的最小值 18，与数列中的第一个元素 56 交换，如图 4.2 所示。

图 4.1　原始值

图 4.2　第一次排序结果

（2）从第二个值开始，找到余下数列（56, 49, 84, 72）中的最小值 49，和第二个值 56 交换，如图 4.3 所示。

（3）从第 3 个值开始，找到余下数列（56, 84, 72）中的最小值 56，和第 3 个值交换。由于 56 本来就在第三个位置，因此位置不变，如图 4.4 所示。

第二次排序结果： 18 49 56 84 72

图 4.3 第二次排序结果

第三次排序结果： 18 49 56 84 72

图 4.4 第三次排序结果

（4）从第 4 个值开始，找到余下数列（72，84）中的最小值 72，和第 4 个值 84 交换，如图 4.5 所示。

（5）5 个数全部排完，最终排序结果如图 4.6 所示。

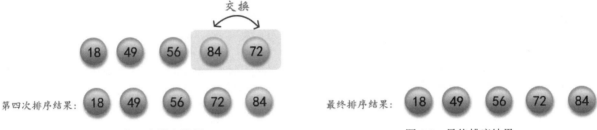

第四次排序结果： 18 49 56 72 84

图 4.5 第四次排序结果

最终排序结果： 18 49 56 72 84

图 4.6 最终排序结果

接下来用 Python 代码实现上述选择排序过程。

【实例 4.1】 使用选择排序法将列表中的数字递增排序。（**实例位置：资源包\Code\04\01**）

具体代码如下：

```
01    def choose(data):                              #自定义选择排序函数
02        for i in range(4):                          #遍历新数据
03            for j in range(i+1,5):                  #遍历新数据
04                if data[j]<data[i]:                 #如果数据小于原来的数据
05                    data[i],data[j]=data[j],data[i] #需要交换位置
06            print('第 %d 次排序之后的结果是'%(i+1),end='') #提示
07            for j in range(5):                      #遍历每次排序的结果
08                print('%3d'%data[j],end='')         #输出结果
09            print()                                 #输出空行
10
11
12    data=[56,18,49,84,72]                           #创建数列并初始化
13    print("原始数据为：")                             #提示
14    for i in range(5):                              #遍历原有数据
15        print('%3d'%data[i],end='')                 #输出结果
16    print('\n------------------------')             #输出分界符
17    choose(data)                                    #调用选择排序函数
18    print('\n------------------------')             #输出分界符
19    print("排序之后的数据为：")                       #提示
20    for i in range(5):                              #遍历排好序的新数列
21        print('%3d'%data[i],end='')                 #输出结果
22    print('')                                       #输出空行
```

运行结果如图 4.7 所示，排序的步骤和前面的分析完全吻合。

【**实例 4.2**】 京东商场 24 小时图书销量排行榜。（**实例位置：资源包\Code\04\02**）

根据京东商城计算机类图书的 24 小时销量数据，采用选择排序法生成图书销量排行榜。具体代码如下：

```
01   def choose(data:list,key):                     #自定义选择排序函数，参数为列表和键
02      for i in range(len(data)-1):                #遍历字典的长度为 i（从键为 0 开始遍历）
03          for j in range(i+1,len(data)):          #遍历字典的长度为 j（从键为 i 的后一个键开始遍历）
04              if key(data[j])>key(data[i]):       #如果键 j 对应的值大于键 i 对应的值
05                  data[i],data[j]=data[j],data[i]  #交换键对应的值位置
06   def key(x):
07      #这里用 value 排序
08      return x[1]
09
10   print("5 本计算机图书 24 小时的销售情况如下：")   #提示
11   print("")
12   data = {'python 编程锦囊':561,'python 项目开发案例集锦':350,'python 从入门到项目实践':496,'零基础学
python':892,'零基础学 C 语言':299}                    #定义字典
13   data2 = list(data.items())                      #将字典改为列表
14   for j in data2:                                 #输出原列表
15      print(j,'\n')
16   choose(data2, key)                              #调用选择排序函数
17   print('-------------------------------------')
18   print("京东 24 小时图书销售量排名如下：")          #提示
19   print("")
20   for index,i in enumerate(data2):                #遍历排序后的列表
21      print("第", index + 1,'名：',i,'\n')          #输出排名及列表值
```

运行结果如图 4.8 所示。

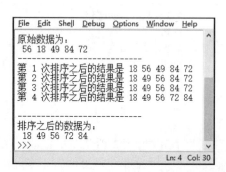

图 4.7　选择排序法

图 4.8　运行结果

4.2　冒泡排序算法

冒泡排序法是模仿水中气泡上浮过程而创造的排序方法。以递增排序为例,其基本思想是:从第一个数开始,依次比较相邻的两个数,将小数放在前面,大数放在后面,经过一轮比较后,最大的数将位于最后一个位置。然后继续从第一个数开始,依次比较相邻数,直到将倒数第二大的数置于倒数第二位置。如此重复,直到所有数都完成排序。这个过程就好像一个个气泡逐渐从水底浮到了水面上。

例如,有这样一组数据:56, 20, 84, 66, 13,如图 4.9 所示。按照递增顺序进行排序,步骤如下。

原始值: ⑤⑥ ②⓪ ⑧④ ⑥⑥ ①③

图 4.9　原始值

(1)第一次排序。首先用第一个位置的 56 与第二个位置的 20 进行比较,因为 56 大于 20,所以进行交换;然后再用第二个位置的 56 与第三个位置的 84 进行比较,因为 56 小于 84,所以不用交换;再用第三个位置的 84 与第四个位置的 66 进行比较,因为 84 大于 66,所以进行交换;最后用第四个位置 84 与第五个位置 13 进行比较,因为 84 大于 13,所以进行交换。这样就完成了第一次排序,排序过程如图 4.10 所示。

经过第一次排序,最大值 84 被放在了最后的位置。因此在第二次排序时,只需要从第一个数开始,比较到倒数第二个数,也就是 13 即可。

为了便于表述,将前面未完成排序的数列称为新数列。后续的相邻数比较将在此数列中进行。

(2)第二次排序。依然从第一个位置开始比较,即 20 与 56 比较,20 小于 56,不用交换位置;然后 56 与 66 比较,56 小于 66,不用交换位置;最后 66 与 13 比较,66 大于 13,交换位置。这样就完成了第二次排序,排序过程如图 4.11 所示。

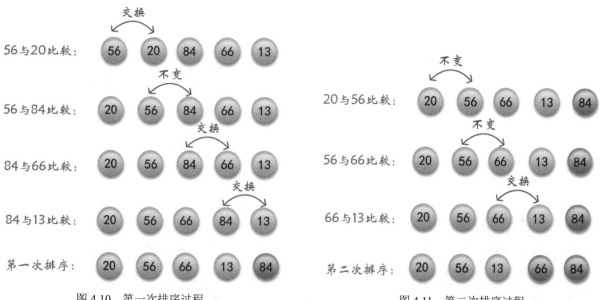

图 4.10　第一次排序过程　　　　　　　　　图 4.11　第二次排序过程

经过第二次排序，已经将新数列（20, 56, 66, 13）中的最大值 66，也就是原数列的第二大值，放在了倒数第二的位置。因此，在进行第三次排序时，只需要从第一个数开始，比较到倒数第三个数，也就是 13 即可。

（3）第三次排序。依然从第一个位置开始比较，即 20 与 56 比较，20 小于 56，不用交换位置；再用 56 与 13 比较，56 大于 13，交换位置。这样就完成了第三次排序，排序过程如图 4.12 所示。

经过第三次排序，已经将新数列（20, 56, 13）中的最大值 56，也就是原数列的第三大值，放在了倒数第三的位置。因此，在进行第四次排序时，只需要从第一个数开始，比较到 13 即可。

（4）第四次排序。依然从第一个位置开始比较，即 20 与 13 比较，20 大于 13，交换位置。因为只有两个数，第四次排序完成。

（5）第五次排序。此时新数列中只剩下 13，13 小于 20，表明已经是最小的数了。至此，整个冒泡排序完成。第四、五次排序过程如图 4.13 所示。

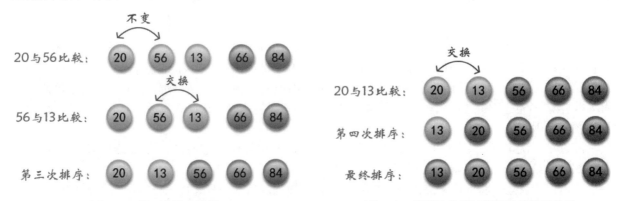

图 4.12　第三次排序过程　　　　　　　　图 4.13　第四次排序过程及最终排序结果

接下来用 Python 代码实现上述冒泡排序算法。

【实例 4.3】　使用冒泡排序法将列表中的数字递增排序。（实例位置：资源包\Code\04\03）

用 Python 代码实现上方示例中的冒泡排序算法，具体代码如下：

```
01   def bubble(data):                              #自定义冒泡排序函数
02       for i in range(4,-1,-1):                   #遍历排序次数
03           for j in range(i):                     #遍历新数据
04               if data[j+1]<data[j]:              #如果数据小于原来的数据
05                   data[j],data[j+1]=data[j+1],data[j]    #需要交换位置
06           print('第 %d 次排序之后的结果是'%(5-i),end='')  #提示
07           for j in range(5):                     #遍历每次排序的结果
08               print('%3d'%data[j],end='')        #输出结果
09           print()                                #输出空行
10
11
12   data=[56,20,84,66,13]                          #创建数列并初始化
13   print("原始数据为：")                          #提示
14   for i in range(5):                             #遍历原有数据
15       print('%3d'%data[i],end='')               #输出结果
16   print('\n-------------------------')           #输出分界符
17   bubble(data)                                   #调用冒泡排序函数
```

```
18    print('\n-------------------------')                        #输出分界符
19    print("排序之后的数据为：")                                  #提示
20    for i in range(5):                                          #遍历排好序的新数列
21        print('%3d'%data[i],end="")                             #输出结果
22    print("")                                                   #输出空行
```

运行结果如图 4.14 所示，排序的步骤和上述介绍的冒泡排序法步骤完全吻合。

【实例 4.4】 黄金档各综艺节目收视率排名。（**实例位置：资源包\Code\04\04**）

如今各电视台在周五的黄金档都会有独播的综艺节目。例如，某周的电视台黄金档综艺节目收视率数据如下：14、27、28、10、21，用冒泡排序法把此收视率按照从高到低的顺序递减排序。用 Python 实现具体代码如下：

```
01    def bubble(data:list,key):                                  #自定义冒泡排序函数
02        for i in range(len(data)-1,-1,-1):                      #遍历排序次数
03            for j in range(i):                                  #遍历新数据
04                if key(data[j+1])> key(data[j]):                #如果数据小于原来的数据
05                    data[j],data[j+1]=data[j+1],data[j]         #需要交换位置
06
07    def key(x):                                                 
08        #这里用 value 排序
09        return x[1]
10    print("电视台黄金档综艺的收视率如下：")                        #提示
11    print("")
12    data = {'巧手神探':14,'极限挑战':27,'向往的生活':28,'笑起来真好看':10,'奔跑吧':21}    #定义字典
13    data2 = list(data.items())                                  #将字典改为列表
14    for j in data2:                                             #输出原列表
15        print(j)
16    bubble(data2, key)                                          #调用冒泡排序函数
17    print('-------------------------')
18    print("排序之后的综艺的收视率如下：")                          #提示
19    print("")
20    for index,i in enumerate(data2):                            #遍历排序后的列表
21        print("第", index + 1,'名：',i)                          #输出排名及列表值
```

运行结果如图 4.15 所示。

图 4.14 冒泡排序法

图 4.15 运行结果

87

4.3 插入排序算法

插入排序法是将数列中的元素逐一与已排序好的数据进行比较，进而找到合适的位置并插入。例如，在排好顺序的两个元素中插入第三个元素，就需要将其与其他两个元素做比较，插入合适的位置。也就是说，将第三个元素插入数列后，得到的新数列依然是排好序的。接着将第四个元素插入，以此类推，直至排序完成。直接插入排序法最后的结果也有两种形式，即递增数列和递减数列。

例如，有这样一组数据：58, 29, 86, 69, 10, 如图 4.16 所示。采用插入排序算法使其递增排序，步骤如下。

（1）第一次排序。先用第一个位置的数据占位，放在新数列的第一个位置，如图 4.17 所示。

图 4.16　原始值　　　　　　　　　　　　图 4.17　第一次插入

（2）第二次排序。取原数列第二个位置上的数 29 与 58 进行比较，29 小于 58，所以将其插入 58 前面的位置，将 58 向后移一位，如图 4.18 所示。

（3）第三次排序。取原数列第三个位置上的数 86 与 29 和 58 进行比较，86 大于 29 和 58，因此直接将 86 插入新数列的第三个位置上，如图 4.19 所示。

图 4.18　第二次插入　　　　　　　　　　图 4.19　第三次排序过程

（4）第四次排序。取原数列第四个位置上的数 69 与 29、58 和 86 比较，69 大于 29 和 58，小于 86，因此直接将 69 插入 86 前面的位置上，将 86 后移一位，如图 4.20 所示。

图 4.20　第四步排序过程

（5）第五次排序。取原数列第五个位置上的数 10 分别与 29、58、69 和 86 比较，10 小于 29、58、69 和 86，因此直接将 10 插入 29 前面的位置上，将 29、58、69、86 依次后移一位，如图 4.21 所示。

图 4.21　第五次排序过程

直接插入排序的最终排序结果如图 4.22 所示。至此，排序完成。

最终结果：⑩ ㉙ ㊺ ㊾ ㊿

图 4.22　最终的排序结果

【实例 4.5】　使用插入排序法将列表中的数字递增排序。（实例位置：资源包\Code\04\05）

用 Python 代码实现上方示例中的插入排序算法，具体代码如下：

```
01  def insert(data):                           #自定义插入排序函数
02      for i in range(5):                      #遍历新数据
03          temp = data[i]                      #temp 用来暂存数据
04          j = i – 1
05          #循环排序，判断条件是数据的下标值要大于等于 0 且暂存数据小于原数据
06          while j >= 0 and temp < data[j]:
07              data[j + 1] = data[j]           #把所有元素往后移一位
08              j -= 1                          #下标减 1
09          data[j + 1] = temp                  #最小的数据插入最前一个位置
10          print('第 %d 次排序之后的结果是' % (i + 1), end='')   #提示
11          for j in range(5):                  #遍历每次排序的结果
12              print('%3d' % data[j], end='')  #输出结果
13          print()                             #输出空行
14
15  data = [58, 29, 86, 69, 10]                 #创建数列并初始化
16  print("原始数据为：")                        #提示
17  for i in range(5):                          #遍历原有数据
18      print('%3d' % data[i], end='')          #输出结果
19  print('\n-------------------------')        #输出分界符
20  insert(data)                                #调用插入排序函数
21  print('\n-------------------------')        #输出分界符
22  print("排序之后的数据为：")                  #提示
23  for i in range(5):                          #遍历排好序的新数列
24      print('%3d' % data[i], end='')          #输出结果
25  print('')                                   #输出空行
```

运行结果如图 4.23 所示。

【实例 4.6】　跳绳比赛排名。（实例位置：资源包\Code\04\06）

某校体育考试，利用插入排序算法将这 3 位考生的跳绳成绩从高到低排序，并输出冠军、亚军、季军的名单。具体代码如下：

```
01  def insert(data:list,key):                                  #自定义插入排序函数
02      for i in range(len(data)):                              #遍历新数据
03          temp = data[i]                                      #temp 用来暂存数据
04          j = i – 1
05          #循环排序，判断条件是数据的下标值要大于等于 0 且暂存数据小于原数据
06          while j>= 0 and key(temp)> key(data[j]):
07              data[j + 1]= data[j]                            #把所有元素往后移一位
08              j -= 1                                          #下标减 1
09          data[j + 1]= temp                                  #最小的数据插入最前一个位置
10
11  def key(x):
12      #这里用 value 排序
13      return x[1]
14  print("--------跳绳比赛角逐冠亚季军--------")                      #提示
15  print("三名同学的姓名及一分钟跳绳成绩如下：")
16  print("")
17  data = {'金靖元':149,'冯浩宇':170,'迟远熙':156}                    #定义字典
18  data2 = list(data.items())                                  #将字典改为列表
19  for j in data2:                                             #输出原列表
20      print(j)
21  insert(data2, key)                                          #调用插入排序函数
22  print('-------------------------------')
23  print("排序之名后的跳绳成绩如下：")                                #提示
24  print("")
25  print('冠军是：',data2[0])
26  print('亚军是：',data2[1])
27  print('季军是：',data2[2])
```

运行结果如图 4.24 所示。

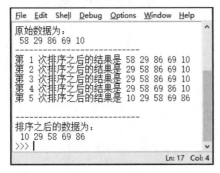

图 4.23　插入排序法

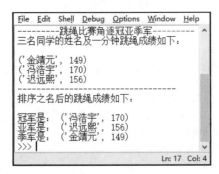

图 4.24　运行结果

4.4　合并排序算法

合并排序法是针对已经排好序的两个或两个以上的数列，通过合并的方式，将其组合成一个有序的大数列。使用合并排序法为一个数列排序时，首先将无序的数列分成若干小份，分若干份的规则就

是不断把每段长度除以 2（对半分），直到分到不能再分为止（当数列中最多只有两个元素时视为不可再分），然后对最小份进行排序，最后再逐步合并成一个有序的大数列，如图 4.25 所示。

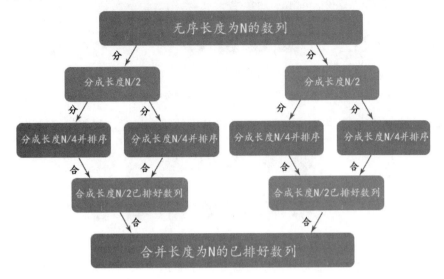

图 4.25　合并排序法工作原理

例如，有这样一组数据：33, 10, 49, 78, 57, 96, 66, 21，如图 4.26 所示。对其递增排序，步骤如下。

图 4.26　无序的原始值

（1）将原始数列一分为二，得到两个数列，即数列 1 和数列 2，数列 1 为 33, 10, 49, 78；数列 2 为 57, 96, 66, 21，如图 4.27 所示。

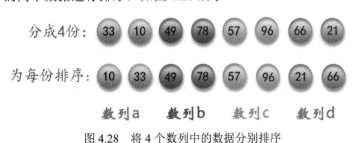

图 4.27　将数列分为两个数列

（2）将数列 1 和数列 2 再一分为二，得到数列 a、数列 b、数列 c 和数列 d，即每个数列中包含两个数据，并将每份中的两个数据进行排序，如图 4.28 所示。

图 4.28　将 4 个数列中的数据分别排序

（3）合并排好序的数列元素。将数列 a 与数列 b 合并为数列 A，数列 c 与数列 d 合并为数列 B，再对数列 A 和数列 B 中的元素分别进行排序，如图 4.29 所示。

图 4.29　将数列合并为两个数列并排序

（4）将数列 A 与数列 B 合并为一个数列，并对其中的元素排序，最终排序结果如图 4.30 所示。

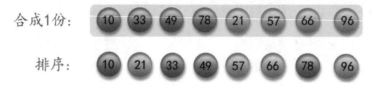

图 4.30　将数列合并为一个数列并排序

【实例 4.7】　　使用合并排序法将列表中的数字递增排序。（实例位置：资源包\Code\04\07）

用 Python 代码实现上方示例中的合并排序算法，具体代码如下：

```
01   def merge_sort(data):                              #自定义合并排序函数
02       if len(data) <= 1:                             #判断列表元素是否小于等于1
03           return data                                #当列表元素只有一个的时候，直接返回
04       mid = len(data) // 2                           #数列分割长度计算，整个数列的长度除以2取整
05       left = data[:mid]                              #左半边数据
06       right = data[mid:]                             #右半边数据
07
08       left = merge_sort(left)                        #调用 merge_sort()函数分割左半边并排序
09       right = merge_sort(right)                      #调用 merge_sort()函数分割右半边并排序
10       #递归的进行排序
11       result = []                                    #用来存储结果值
12       while left and right:                          #循环合并，判断条件是：左下标和右下标是否为真
13           if left[0] <= right[0]:                    #判断左边数小于右边数
14               result.append(left.pop(0))             #结果增加 left[0]的值
15           else:
16               result.append(right.pop(0))            #结果增加 right[0]的值
17       if left:                                       #如果 left 的值为真
18           result += left                             #结果显示左侧数据
19       if right:                                      #如果 right 的值为真
20           result += right                            #结果显示右侧数据
21       return result                                  #返回排序后的结果
22
23   data = [33, 10, 49, 78, 57, 96, 66, 21]            #创建数列并初始化
24   print("原始数据为： ", data)                         #输出原始数据
25   print('----------------------------------------')  #输出分界符
26   print("排序之后的数据为： ", merge_sort(data))        #调用合并排序函数，输出数据
27   print('----------------------------------------')  #输出分界符
```

运行结果如图 4.31 所示。

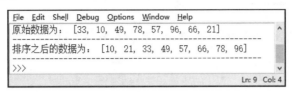

图 4.31 合并排序法

【实例 4.8】 争夺十二生肖。（**实例位置：资源包\Code\04\08**）

很久以前，玉帝决定在人间选拔 12 种动物作为生肖，他定好一个日子，动物们都来报名，先到的 12 种动物将成为十二生肖。利用合并排序法根据 12 种动物到达的时间（如数字 6.25 代表 6:25 到达），对十二生肖顺序进行排序。具体代码如下：

```
01  def merge_sort(data):                    #自定义合并排序函数
02      if len(data) <= 1:                   #判断列表元素是否小于等于 1
03          return data                      #当列表元素只有一个的时候，直接返回
04      mid = len(data) // 2                 #数列分割长度计算，整个数列的长度除以 2 取整
05      left = data[:mid]                    #左半边数据
06      right = data[mid:]                   #右半边数据
07
08      left = merge_sort(left)              #调用 merge_sort()函数分割左半边并排序
09      right = merge_sort(right)            #调用 merge_sort()函数分割右半边并排序
10      #递归排序
11      result = []                          #用来存储结果值
12      while left and right:                #循环合并，判断条件是：左下标和右下标是否为真
13          if left[0] <= right[0]:          #判断左边数小于右边数
14              result.append(left.pop(0))   #结果增加 left[0]的值
15          else:
16              result.append(right.pop(0))  #结果增加 right[0]的值
17      if left:                             #如果 left 的值为真
18          result += left                   #结果显示左侧数据
19      if right:                            #如果 right 的值为真
20          result += right                  #结果显示右侧数据
21      return result                        #返回排序后的结果
22
23  data = [6.01, 7.55, 7.30, 6.55, 6.25, 6.13, 8.15, 8.30,6.00,7.15,7.00,7.20]
24                                           #创建数列并初始化
25  data2=['牛','鸡','猴','龙','兔','虎','狗','猪','鼠','马','蛇','羊']
26  print("各个动物到达时间分别是：")
27  for datas2 in data2:
28      print(datas2, end='    ')
29  print(' ')
30  for datas in data:
31      print("%2.2f"%datas, end='   ')
32  print('\n-----------------------------------------------')
33                                           #输出分界符
34  print("十二生肖排序结果如下：", )
35  data4=merge_sort(data)                   #调用合并排序函数
```

93

```
36    for datas4 in data4:
37        print("%2.f"%datas4, end='  ')
38    print(' ')
39    data3 = ['鼠','牛', '虎', '兔', '龙', '蛇', '马', '羊','猴','鸡', '狗', '猪']
40    for datas3 in data3:
41        print(datas3, end='    ')
42    print(' ')
```

运行结果如图 4.32 所示。

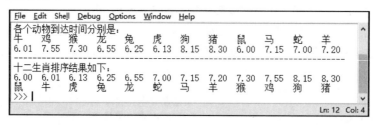

图 4.32　运行结果

4.5　希尔排序算法

希尔排序法是插入排序法的一种高级改进版本。希尔排序法可以减少插入排序法中数据移动的次数，加快排序进程，因此又被称为缩小增量排序法。

希尔排序法的基本思想是：将原始数据分成特定间隔的几组数据，然后使用插入排序法对每组数据进行排序，排序后再减小间隔距离，重复插入法对每组数据排序，直到所有数据完成排序为止。

例如，有一组数据：60, 82, 17, 35, 52, 73, 54, 9，如图 4.33 所示。采用希尔排序算法对其递增排序，步骤如下。

图 4.33　原始值

（1）原数列中有 8 个数据，将间隔数设置为 8/2=4 位，即每间隔 4 位的数据为一组，共分为 4 组，数列 1 为 60, 52，数列 2 为 82, 73，数列 3 为 17, 54，数列 4 为 35, 9，图 4.34 所示。

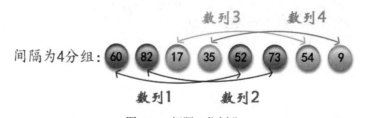

图 4.34　间隔 4 位划分

说明

间隔位数可以根据需求而定，不一定非要除以 2。

（2）将每个数列内的元素按照左小右大的原则进行排序，最后得到的数列 1 为 52, 60，数列 2 为 73, 82，数列 3 为 17, 54，数列 4 为 9, 35。第一次排序结果如图 4.35 所示。

图 4.35　第一次排序结果

（3）缩小间隔数为 2 位，即将原数列间隔 2 位的数据为一组，共分为两组数列，数列 1 为 52, 17, 60, 54，数列 2 为 73, 9, 82, 35，如图 4.36 所示。

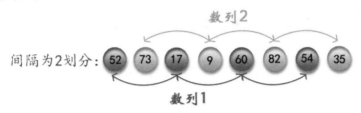

图 4.36　间隔两位分组

（4）对每个数列内的元素从小到大进行排序，位置错误的元素进行交换，最后得到的数列 1 为 17, 52, 54, 60，数列 2 为 9, 35, 73, 82。第二次排序结果如图 4.37 所示。

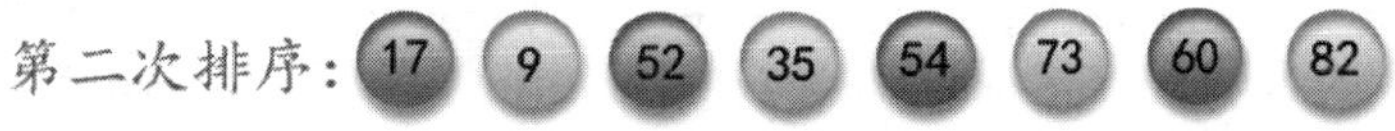

图 4.37　第二次排序结果

（5）继续缩小间隔数为 1 位，对图 4.37 中的元素进行排序，最后的排序结果如图 4.38 所示。

最 终 排 序：　9　17　35　52　54　60　73　82

图 4.38　排序结果

【实例 4.9】　使用希尔排序法将列表中的数字递增排序。（实例位置：资源包\Code\04\09）

用 Python 代码实现上方示例中的希尔排序算法，具体代码如下：

```
01   def hill(data):                          #自定义希尔排序函数
02       n = len(data)                        #获取数据长度
03       step = n // 2                        #步长从大变小，最后一步必须是 1，获取间隔的偏移值
04       while step >= 1:                      #只要间隔在合理范围内，就一直分组下去
05           #按照步长把数据分为两半，从步长的位置遍历后面所有的数据，指定 j 下标的取值范围
06           for j in range(step, n):
07               while j - step >= 0:          #当前位置的数据跟"当前位置-间隔位置"的数据进行比较
08                   if data[j] < data[j - step]:   #如果两元素顺序颠倒，则进行交换操作
09                       data[j], data[j - step] = data[j - step], data[j]
10                       j -= step             #更新迁移元素的下标值为最新值
11                   else:                     #否则的话，不进行交换
12                       break
13           step //= 2                        #每执行完毕一次分组内的插入排序，对间隔数进行 1/2 细分
14
```

```
15
16    data = [60,82,17,35,52,73,54,9]              #定义列表并初始化
17    print("原始数据：")
18    print(data)                                   #输出原数据
19    print("------------------------------")
20    hill(data)                                    #调用希尔排序函数
21    print("排序之后的数据：")
22    print(data)                                   #输出排序之后的数据
23    print("------------------------------")
```

运行结果如图 4.39 所示。

【实例 4.10】 　新闻头条。（**实例位置：资源包\Code\04\10**）

每天都会有各种各样的新闻发生，点击率较高的新闻就会成为新闻头条。编写程序，利用希尔排序法，根据新闻的点击率对新闻标题进行排序。具体的 Python 代码如下：

```
01    def hill(data:list,key):                      #自定义希尔排序函数
02        n = len(data)                             #获取数据长度
03        step = n // 2                             #让步长从大变小，最后一步必须是 1，获取间隔的偏移值
04        while step >= 1:                          #只要间隔在合理范围内，就一直分组下去
05            #按照步长把数据分两半，从步长的位置遍历后面所有的数据，指定 j 下标的取值范围
06            for j in range(step, n):
07                while j - step >= 0:              #当前位置的数据，跟"当前位置–间隔位置"的数据进行比较
08                    if key(data[j]) > key(data[j - step]):        #组内大小元素进行交换操作
09                        data[j], data[j - step] = data[j - step], data[j]
10                        j -= step                 #更新迁移元素的下标值为最新值
11                    else:                         #否则的话，不进行交换
12                        break
13            step //= 2                            #每执行完毕一次分组内的插入排序，对间隔进行 1/2 细分
14
15    def key(x):
16        #这里用 value 排序
17        return x[1]
18    print("\033[0;34m 今日新闻标题名以及对应的点击率：（单位：万次）")    #提示
19    data = {'宝藏湖北有多美':406,'建议高铁票改签允许两次':470,'珠峰高程测量登山队登顶成功':421}
20                                                  #定义字典
21    data2 = list(data.items())                    #将字典改为列表
22    for j in data2:                               #输出原列表
23        print("\033[0;34m",j)
24    hill(data2, key)                              #调用希尔排序函数
25    print('\033[0;34m------------------------------------------------')
26    print("排序之后今日新闻信息如下：")              #提示
27    for index,i in enumerate(data2):              #遍历排序后的列表
28        print("\033[0;34m 热点", index + 1,'： ',i)   #输出排名及列表值
29    print('\033[0;34m------------------------------------------------')
30    print("\033[1;30m 今日新闻头条：",data2[0],'\033[1;31m 爆')
```

运行结果如图 4.40 所示。

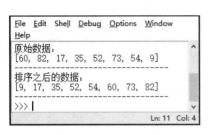

图 4.39 希尔排序法	图 4.40 运行结果

4.6 快速排序算法

快速排序法又称为分割交换法，是对冒泡排序法的一种改进。其基本思想是：先在数据中找一个虚拟的中间值，并按此中间值将打算排序的数据分为两部分。其中，小于中间值的数据放在左边，大于中间值的数据放在右边；再用同样的方式处理左右两边的数据，直到排序完成为止。

例如，有 n 项数据，数据值用 $K_1, K_2, \cdots, K_n$ 来表示。其快速排序法操作步骤如下：

（1）先在数据中假设一个虚拟中间值 K（为了方便，一般取第一个位置上的数）。

（2）从左向右查找数据 K_i，使得 $K_i > K$，K_i 的位置数记为 i。

（3）从右向左查找数据 K_j，使得 $K_j < K$，K_j 的位置数记为 j。

（4）若 $i<j$，数据 K_i 与 K_j 交换，并回到步骤（2）。

（5）若 $i \geq j$，数据 K 与 K_j 交换，并以 j 为基准点分割成左右两部分，然后针对左右两部分再进行步骤（1）～步骤（5），直到左半边数据等于右半边数据为止。

例如，有这样一组数据：6, 1, 2, 7, 9, 3, 4, 5, 10, 8，如图 4.41 所示。采用快速排序法递增排序，步骤如下。

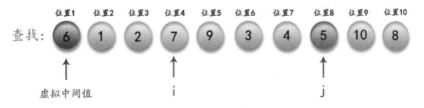

图 4.41 原始数列

（1）取原始数列的第一个数 6 为虚拟中间值，即 $K=6$；然后从左向右查找大于 6 的数，得到数字 7，位置 $i=4$；再从右向左查找小于 6 的数，得到数字 5，位置 $j=8$，如图 4.42 所示。

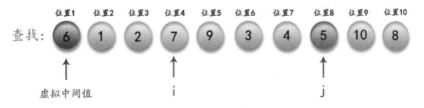

图 4.42 步骤（1）排序过程

（2）$i<j$，因此交换 K_i（数字 7）和 K_j（数字 5）的位置，完成第一次排序。继续从左向右查找值大于 6 的数，即数字 9，位置 i=5；再从右向左查找值小于 6 的数，即数字 4，位置 j=7，如图 4.43 所示。

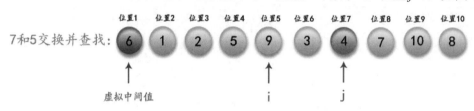

图 4.43　步骤（2）排序过程

（3）$i<j$，因此交换 K_i（数字 9）和 K_j（数字 4）的位置，完成第二次排序。继续从左向右查找值大于 6 的数，即数字 9，位置 i=7；再从右向左查找值小于 6 的数，即数字 3，位置 j=6，如图 4.44 所示。

图 4.44　步骤（3）排序过程

（4）$i>j$，因此交换虚拟中间值 K（数字 6）和 K_j（数字 3）的位置，完成第三次排序。此时，发现 6 的左半边都是小于 6 的数，右半边都是大于 6 的数，虚拟中间值 6 变成了真正的中间值，如图 4.45 所示。

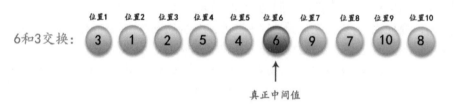

图 4.45　步骤（4）排序过程

（5）对中间值 6 左半边的数据排序，中间值和右半边数据暂时可以忽略。在左半边取第一个位置的数为虚拟中间值，即 K=3，从左向右查找大于 3 的值，即数字 5，位置 i=4；再从右向左查找小于 3 的值，即数字 2，位置 j=3，如图 4.46 所示。

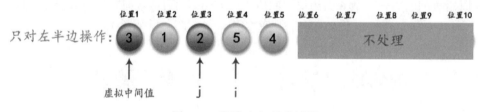

图 4.46　步骤（5）排序过程

（6）$i>j$，因此需要交换虚拟中间值 K（数字 3）和 K_j（数字 2）的值，如图 4.47 所示。此时虚拟中间值变成了真正的中间值。小于 3 的都在中间值 3 的左半边，大于 3 的都在中间值 3 的右半边。

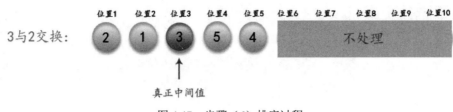

图 4.47 步骤（6）排序过程

（7）接下来对中间值 3 的左、右两侧排序，排序后的结果如图 4.48 所示。

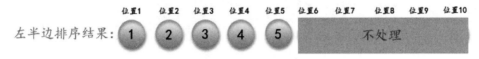

图 4.48 步骤（7）排序过程

（8）此时，整组数据的左半边已经完成排序，接下来需要忽略已排序好的左半边和中间值 6，对右半边进行排序。取右半边第一个位置的数为虚拟中间值，即 $K=9$，然后从左向右找大于 9 的值，即数字 10，位置 $i=9$；再从右向左找小于 9 的值，即数字 8，位置 $j=10$，如图 4.49 所示。

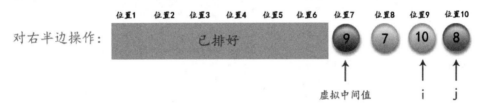

图 4.49 步骤（8）排序过程

（9）$i<j$，因此交换 K_i（数字 10）和 K_j（数字 8）。然后再从左向右查找大于 9 的值，即为数字 10，位置 $i=10$；再从右向左找小于 9 的值，即为数字 8，位置 $j=9$，如图 4.50 所示。

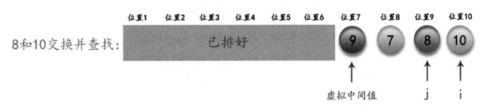

图 4.50 步骤（9）排序过程

（10）$i>j$，因此交换虚拟中间值 K（数字 9）和 K_j（数字 8）的值，此时，虚拟中间值变成为真正的中间值，如图 4.51 所示。

图 4.51 步骤（10）排序过程

（11）以中间值 9 为界，分为左右两侧，再进行排序，最后完成右半边排序，如图 4.52 所示。

图 4.52　步骤（11）排序过程

（12）结合左半边排序和右半边排序，最终的排序结果如图 4.53 所示。

图 4.53　最终排序结果

【实例 4.11】　使用快速排序法将列表中的数字递增排序。（**实例位置：资源包\Code\04\11**）

用 Python 代码实现上方示例中的快速排序算法，具体代码如下：

```
01  def quick(data,start,end):                      #定义快速排序函数
02      if start>end:                               #如果开始值大于结束值
03          return                                  #直接退出程序
04      i,j=start,end
05      result=data[start]                          #取虚拟中间值
06      while True:                                 #循环
07          while j>i and data[j]>=result:          #从右向左找，找到的数比虚拟中间值小，停止循环
08              j=j-1                               #从右向左找，位置每次递减 1
09          while i<j and data[i]<=result:          #从左向右找，找到的数比虚拟中间值大，停止循环
10              i+=1                                #从左向右找，位置每次递增 1
11          if i<j:                                 #i 和 j 都停止，找到对应的位置，判断如果 i<j
12              data[i],data[j]=data[j],data[i]     #交换位置 i 和 j 对应的数字
13          elif i>=j:                              #如果 i>=j
14              #交换虚拟中间值和 j 位置上的数，此时虚拟中间值变成真正中间值
15              data[start],data[j]=data[j],data[start]
16              Break                               #完成第一次排序，此时以中间值为界分左右两侧
17      quick(data,start,i-1)                       #调用快速排序函数，对左半边数据快速排序
18      quick(data,  i + 1,end)                     #调用快速排序函数，对右半边数据快速排序
19
20  data=[6,1,2,7,9,3,4,5,10,8]                     #定义列表并初始化
21  print("原始数据为：")
22  print(data)                                     #输出原始数据
23  print("-----------------------------")
24  #调用快速排序函数，数据从位置 0 开始，到数据长度-1 为止
25  quick(data,0,(len(data)-1))
26  print("排序之后的数据为：")
27  print(data)                                     #输出排序后数据
28  print("-----------------------------")
```

运行结果如图 4.54 所示。

【实例 4.12】　入职年限排名。（**实例位置：资源包\Code\04\12**）

例如，某公司的 6 名职员入职年限分别是 1、3、15、20、5、4。利用快速排序法给这些职员入职

年限从高到低顺序排序，用 Python 实现具体代码如下：

```
01  def quick(data,start,end):                    #定义快速排序法函数
02      i f start>end:                            #如果开始值大于结束值
03          return                                #直接退出程序
04      i,j=start,end
05      result=data[start]                        #取虚拟中间值
06      while True:                               #循环
07          while j>i and data[j]<=result:       #从右向左找，找到的数虚拟中间值大，就停止循环
08              j=j-1                             #从右向左找，位置每次递减 1
09          while i<j and data[i]>=result:       #从左向右找，找到的数虚拟中间值小，就停止循环
10              i+=1                              #从左向右找，位置每次递增 1
11          if i<j:                              #i 和 j 都停止，找到对应的位置，判断如果 i<j
12              data[i],data[j]=data[j],data[i]   #交换位置 i 和 j 对应的数值
13          elif i>=j:                            #如果 i>=j
14              #交换虚拟中间值和 j 对应的数，虚拟中间值变成真正中间值
15              data[start],data[j]=data[j],data[start]
16              break                             #完成第一次排序，此时以中间值分左右两侧
17      quick(data,start,i-1)                     #调用快速排序函数，再快速排序左半边数据
18      quick(data,  i + 1,end)                   #调用快速排序函数，再快速排序右半边数据
19
20  data=[1,3,15,20,5,4]                          #定义列表并初始化
21  print("六名职员入职年限如下：")
22  print(data)                                   #输出原始数据
23  print("→→→→→→→→→→→→→→→→→→→→→→")
24  quick(data,0,(len(data)-1))                   #调用快速排序，数据从位置 0 开始，到数据长度-1 为止
25  print("从高到低排序之后的入职年限如下：")
26  print(data)                                   #输出排序后的数据
27  print("→→→→→→→→→→→→→→→→→→→→→→")
```

运行结果如图 4.55 所示。

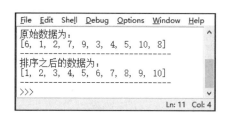

图 4.54　快速排序法

图 4.55　运行结果

4.7　堆排序算法

4.7.1　堆的概念

堆排序是指利用堆这种数据结构设计的一种排序算法。堆是一个近似完全二叉树的结构，同时满

足堆积的性质，即子结点的键值或索引总是小于（或者大于）它的父结点。从这句话来看，堆必须满足以下两个条件：

（1）是一个完全二叉树。

（2）子结点的键值或索引总是小于（或者大于）它的父结点。

首先来介绍一下什么是完全二叉树（第 8 章中将详细讲解）。完全二叉树的每个结点都只有两个叉，从上到下、从左到右依次生成。如图 4.56 所示就是一个完全二叉树。其中，a 是 b 和 c 的父结点，b 是 d 和 e 的父结点。反过来说，b 和 c 是 a 的子结点，d 和 e 是 b 的子结点。如果要为其添加一个结点，添加到 q 的位置就是错的，不满足完全二叉树的特点；只有添加 w 的位置才满足完全二叉树的条件，如图 4.57 所示。

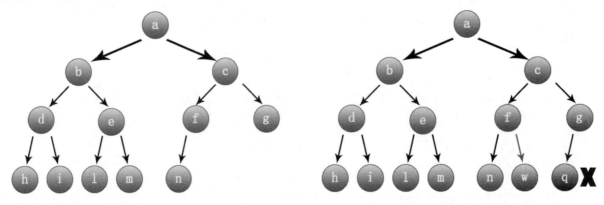

图 4.56　完全二叉树　　　　　　　　图 4.57　完全二叉树示例

接下来看堆的第二个条件：子结点的键值或索引总是小于（或者大于）它的父结点。例如，有如图 4.58 这样一棵完全二叉树。从图中可知，父结点 10 比子结点 5、8 大，父结点 5 比子结点 3、4 大，父结点 8 比子结点 6 大。因此，它不但是一个完全二叉树，还满足子结点小于父结点的要求，这样的结构就称为堆。

堆结构中，我们可以通过公式确定某个结点的父结点和子结点的位置。假设该结点的位置为 i，则其父结点位置=$(i-1)/2$，左子结点位置=$2*i+1$，右子结点位置=$2*i+2$。

下面来验证一下。为图 4.58 中的堆结构编号，如图 4.59 所示。

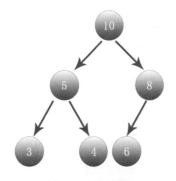
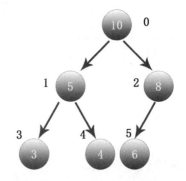

图 4.58　堆结构　　　　　　　　图 4.59　给堆结构的每个结点编号

选定结点 5（编号 $i=1$），则其父结点的位置计算如下：

父结点位置=(1-1)/2=0	#位置 0 的数据是 10

两个子结点的位置计算如下：

左子结点=2*1+1=3	#位置 3 的数据是 3
右子结点=2*1+2=4	#位置 4 的数据是 4

4.7.1　使用堆进行排序

通过前面的学习，可以发现：无论哪种排序算法，都离不开数据交换，堆排序算法也一样。同样，堆排序也有两种排序方式，递增排序和递减排序。

☑　递增排序：每个结点的值都大于或等于其子结点的值。

☑　递减排序：每个结点的值都小于或等于其子结点的值。

例如，有这样一组数据：96, 54, 88, 5, 10, 12，如图 4.60 所示。按照递增顺序进行排序，步骤如下。

原始值：

图 4.60　原始数据

（1）将原始数据放在一个完全二叉树结构中，如图 4.61 所示。

（2）按照堆的特性（父结点要大于子结点）交换数据。从图 4.61 来看，每个父结点的数据都比其子结点大，因此，父结点 96 就是数据的最大值。此时需要将此完全二叉树最底层且最右侧的数据与父结点进行交换，即数据 12 与 96 进行交换，如图 4.62 所示。

（3）将数据 96 分支砍掉，放到排序后的数列里，如图 4.63 所示。

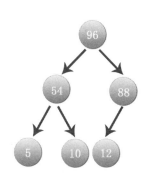

图 4.61　将数据放在完全二叉树内

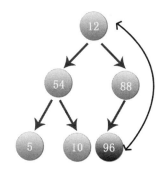

图 4.62　12 和 96 交换

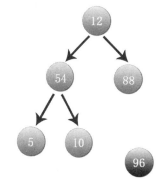

图 4.63　将 96 分支砍掉

（4）比较父结点 12 与其子结点 54、88。先比较左结点，54 大于 12，两者交换位置，如图 4.64 所示。交换后再来看以数据 12 为父结点的分支，子结点 5、10 都比 12 小，位置不需要再交换。

（5）比较父结点 54 与其子结点 12、88。88 比 54 大，交换 54 与 88，如图 4.65 所示。

（6）交换完之后，88 为父结点，是当前二叉树中最大的数字。将 88 与此二叉树最底层最右侧的数据 10 进行交换。交换完之后，将 88 分支砍掉，放在 96 前，如图 4.66 所示。

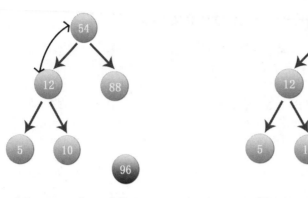

图 4.64　12 与 54 交换　　　　　图 4.65　88 与 54 交换

（7）此时数据 10 为父结点，将其与子结点 12、54 比较。先比较左子结点，12 比 10 大，交换位置，如图 4.67 所示。交换后再比较以 10 为父结点的分支，其子结点 5 小于 10，因此不需要交换位置。

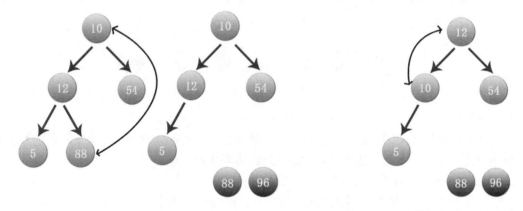

图 4.66　10 与 88 交换并砍掉 88 分支　　　　　图 4.67　数据 10 与 12 进行交换

（8）再与右结点比较，54 大于 12，交换位置，如图 4.68 所示。

（9）54 是当前二叉树的最大值，将数据 54 与完全二叉树最底层最右侧的数据 5 交换，并砍掉 54 分支，放到数据 88 前，如图 4.69 所示。

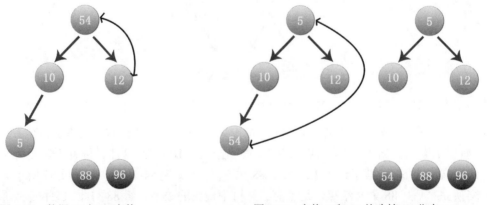

图 4.68　数据 12 与 54 交换　　　　　图 4.69　交换 5 和 54 并砍掉 54 分支

（10）此时的二叉树以 5 为父结点，小于其子结点 10 和 12，先来交换左子结点，即交换数据 10 和 5，如图 4.70 所示。

（11）再来比较当前父结点 10 和右子结点 12，12 大于 10，交换位置，如图 4.71 所示。

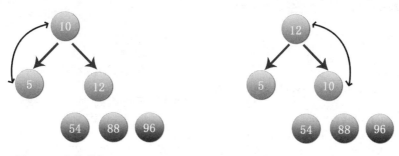

图 4.70　交换数据 10 和 5　　　　　　图 4.71　交换数据 12 和 10

（12）此时数据 12 是最大值，将 12 与当前二叉树最底层最右侧的数据 10 进行交换，并砍掉数据 12 分支，放到数据 54 前，如图 4.72 所示。

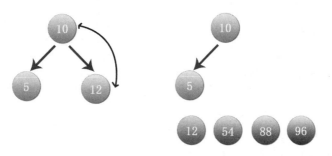

图 4.72　数据 12 与 10 交换并砍掉 12 分支

（13）此时只剩数据 10 和 5，图 4.72 的二叉树也满足堆，因此直接将 10 放到数据 12 前，5 放到数据 10 之前，最后的排序结果如图 4.73 所示。

图 4.73　排序结果

从步骤上看，堆排序算法中，每次都需要用父结点和子结点进行比较，并交换。接下来用 Python 代码实现上述堆排序过程。

【实例 4.13】　使用堆排序法将列表中的数字递增排序。（**实例位置：资源包\Code\04\13**）

具体代码如下：

```
01  '''
02  函数名称：heapify
03  功能：调整列表中的元素，保证是以 i 为父结点的堆，并保证 i 是最大值
04  参数说明：heap：表示堆
05          heap_len：表示堆的长度
06          i：表示父结点的位置
07  '''
08  def heapify(heap,heap_len,i):
```

```
09      '''
10          给定某个结点的下标 i，则其父结点、左子结点、右子结点的下标都可以计算出来。
11          父结点：(i-1)//2
12          左子结点：2*i + 1
13          右子结点：2*i + 2    即左子结点 + 1
14      '''
15          left = 2*i + 1                              #左子结点位置
16          right = 2*i + 2                             #右子结点位置
17          larger = i                                 #每次最大值赋给变量 larger
18          if left < heap_len and heap[larger] < heap[left]:
19                                  #如果左子结点位置小于堆长度，同时堆的最大值小于左子结点的值
20              larger = left                          #将左子结点位置给 larger
21          if right < heap_len and heap[larger] < heap[right]:
22                                  #如果右子结点位置小于堆长度，同时堆的最大值小于右子结点的值
23              larger = right                         #将右子结点位置给 larger
24          if larger != i:                #如果做了堆调整，则 larger 的值等于左子结点或右子结点的值
25              heap[larger], heap[i] = heap[i], heap[larger]    #做堆调整操作
26              heapify(heap, heap_len, larger)        #递归调用，对各分支做调整
27
28      def build_heap(heap):                          #定义堆构造函数，将堆中所有数据重新排序
29          heap_len = len(heap)                       #heapSize 是堆的长度
30          for i in range((heap_len -2)//2,-1,-1):    #自底向上建堆
31              heapify(heap, heap_len, i)
32      #定义堆排序函数。将根结点取出，与最后一位对调。对前面 len-1 个结点继续进行堆调整过程
33      def heap_sort(heap):
34          build_heap(heap)                           #调用函数创建堆
35          #调整后列表的第一个元素就是最大的元素，与最后一个元素交换，然后将剩余列表递归调整为最大堆
36          for i in range(len(heap)-1, -1, -1):
37              heap[0], heap[i] = heap[i], heap[0]
38              heapify(heap, i, 0)
39
40      data = [96,54,88,5,10,12]
41      print("原始数据为：")
42      for k in range(6):                             #遍历原有数据
43          print('%4d'%data[k],end="")                #输出结果
44      print('\n-----------------------')
45      print("排序之后的结果为：")
46      heap_sort(data)                                #调用堆排序函数
47      for k in range(6):                             #遍历排序后的数据
48          print('%4d'%data[k],end="")                #输出结果
```

运行结果如图 4.74 所示。

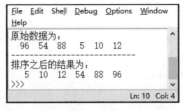

图 4.74　堆排序结果

【**实例 4.14**】 姓氏排名。(**实例位置:资源包\Code\04\14**)

赵钱孙李,周吴郑王……这是我们从小就熟知的百家姓歌谣。但时过境迁,当前的中国姓氏排名情况并已不是《百家姓》产生时的顺序。编写程序,根据人口的数量对姓氏进行递减排序。具体代码如下:

```
01  '''
02  函数名称: heapify
03  功能: 调整列表中的元素,保证是以 i 为父结点的堆,并保证 i 是最小值
04  参数说明: heap: 表示堆
05           heap_len: 表示堆的长度
06           i: 表示父结点的位置
07  '''
08  def heapify(heap,heap_len,i):
09      '''
10      给定某个结点的下标 i,则其父结点、左子结点、右子结点的下标可以计算出来。
11      父结点: (i-1)//2
12      左子结点: 2*i + 1
13      右子结点: 2*i + 2   即等于左子结点 + 1
14      '''
15      left = 2*i + 1                                  #左子结点位置
16      right = 2*i + 2                                 #右子结点位置
17      minimum = i                                     #每次最小值赋给变量 minimum
18      #如果左子结点位置小于堆长度,同时堆的最小值大于左子结点的值
19      if left < heap_len and heap[minimum] > heap[left]:
20          minimum = left                             #将左子结点位置给 minimum
21      #如果右子结点位置小于堆长度,同时堆的最小值大于右子结点的值
22      if right < heap_len and heap[minimum] > heap[right]:
23          minimum = right                            #将右子结点位置给 minimum
24      if minimum != i:               #如果做了堆调整,则 minimum 的值等于左子结点或者右子结点的值
25          heap[minimum], heap[i] = heap[i], heap[minimum]        #做堆调整操作
26          #递归调用,对各分支做调整
27          heapify(heap, heap_len, minimum)
28
29  def build_heap(heap):              #定义堆构造函数,将堆中所有数据重新排序
30
31      heap_len = len(heap)                           #heapSize 是堆的长度
32      for i in range((heap_len -2)//2,-1,-1):        #自底向上建堆
33          heapify(heap, heap_len, i)
34
35  #定义堆排序函数,将根结点取出,与最后一位做对调。对前面 len-1 个结点继续进行堆调整过程
36  def heap_sort(heap):
37      build_heap(heap)                               #调用函数创建堆
38      #调整后列表第一个元素就是最大元素,将其与最后一个元素交换,剩余的列表再递归调整为最小堆
39      for i in range(len(heap)-1, -1, -1):
40          heap[0], heap[i] = heap[i], heap[0]
41          heapify(heap, i, 0)
42
43  data = [6460,8890,5540,9530,8480]
44  data2=['刘','王','陈','李','张']
```

```
45      print("姓氏以及人口数量（单位：万人）: ")
46      for datas2 in data2:
47              print(" ",datas2, end='   ')
48      print()
49      for k in range(5):                                          #遍历原有数据
50          print('%6d'%data[k],end='')                             #输出结果
51      print('\n-------------------------')
52      print("排序之后姓氏以及对应人口数量如下: ")
53      heap_sort(data)
54      for k in range(5):                                          #遍历排序后数据
55          print('%6d'%data[k],end='')                             #输出结果
56      print()
57      data3=['李','王','张','刘','陈']
58      for datas3 in data3:
59          print(" ", datas3, end='   ')
```

运行结果如图 4.75 所示。

图 4.75　百家姓排名

4.8　计数排序算法

前面介绍的 7 种排序算法都是基于数据之间先比较再交换的思路，但并不是所有排序都必须进行交换。例如，计数排序算法和基数排序算法就是非交换的排序算法。

计数排序的基本思想是：将待排序数据值转换为键，存储在额外开辟的数组空间中。计数排序要求输入的数据必须是有确定范围的整数，因此计数排序法适用于量大、范围小的数据，如员工入职年限问题、年龄问题、高考排名问题等。

例如，有这样一组数据：1, 2, 4, 1, 3, 5, 2, 2, 7, 3, 4，如图 4.76 所示。

图 4.76　原始值

采用计数排序算法对其递增排序，步骤如下。

（1）查看原始数据的最大值和最小值，确定范围。这里，最大值是 7，因此范围是 0～7，需要准备 8 个桶，并给桶编号，如图 4.77 所示。

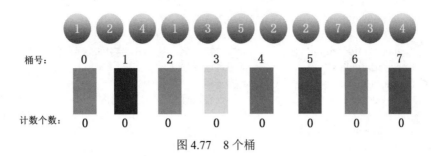

图 4.77　8 个桶

（2）将对应的数字依次放到各个桶中，并开始计数。第一个数字是 1，放到 1 号桶中，计数个数是 1。第二个数字是 2，放到 2 号桶中，计数个数是 1。第三个是数字 4，放在 4 号桶中，计数个数 1。第四个数字也是 1，放到 1 号桶中，计数个数变为 2，如图 4.78 所示。

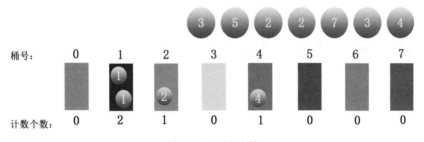

图 4.78　开始计数

（3）将后续的数字依次放入各桶中，并统计计数个数。7 个桶最终放入的数据情况和计数个数如图 4.79 所示。

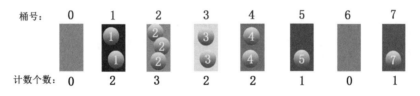

图 4.79　数字全部放入桶中

（4）从 1～7 号桶中依次取出数据。先取 1 号桶中的两个数字 1，然后取出 2 号桶中的 3 个数字 2……照此规律将全部数据取出后，会发现已将所有数据排好序，如图 4.80 所示。

图 4.80　数据全部取出

【实例 4.15】　使用计数排序法将列表中的数字递增排序。（实例位置：**资源包\Code\04\15**）

用 Python 代码实现上方示例中的计数排序算法，具体代码如下：

```
01    def countSort(data, maxValue):        #定义计数排序函数，data 是列表数据，maxValue 表示最大值
02        bucketLen = maxValue+1            #定义桶的长度是最大值加 1，桶号从 0 开始编号
03        bucket = [0]*bucketLen            #初始化桶
04        cout = 0                          #计数个数
05        arrLen = len(data)                #列表长度
```

```
06          for i in range(arrLen):              #遍历列表
07              if not bucket[data[i]]:          #列表数据不为桶号
08                  bucket[data[i]]=0            #这时初始化，从 0 开始将列表序号作为桶号
09              bucket[data[i]]+=1               #桶号依次加 1
10          for j in range(bucketLen):           #遍历桶
11              while bucket[j]>0:               #将列表数据放在对应桶号内
12                  data[cout] = j
13                  cout+=1                      #计数个数加 1
14                  bucket[j]-=1                  #个数减一，下一个相同的元素往前排
15          return data                          #返回排序后的列表
16
17   data=[1,2,4,1,3,5,2,2,7,3,4]
18   print("排序前列表数据：")
19   for i in range(11):
20       print("%2d"%data[i],end='')
21   print()
22   data2=countSort(data,7)                      #调用计数排序函数
23   print("排序后列表数据：")
24   for j in range(11):
25       print("%2d" % data2[j], end='')
```

运行结果如图 4.81 所示。

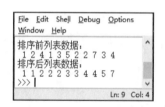

图 4.81　计数排序结果

4.9　基数排序算法

基数排序法和计数排序法一样，都是非交换排序算法。基数排序过程和计数排序过程都需要借助桶来进行。基数排序的主要思想是设置若干个桶，将关键字为 k 的记录放入第 k 个桶，然后按序号将非空的数据连接。关键字 k 就是将每个数据按个位、十位、百位……进行分割而产生的。基数排序不仅可以应用于数字之间的排序，还可以应用于字符串排序（按 26 个字母顺序）等。

例如，有这样一组数据：410, 265, 52, 530, 116, 789, 110，如图 4.82 所示。

图 4.82　原始值

采用基数排序算法对此数据递增排序，步骤如下。

（1）无论个位、十位、百位，都是由数字 0～9 组成的，因此桶号也应该按 0～9 编号，如图 4.83 所示。

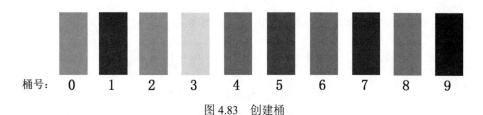

图 4.83 创建桶

（2）将原始数据按个位数字分类。数字 410 的个位是 0，数字 256 的个位是 6……则原始数据的个位数字分别是 0, 5, 2, 0, 6, 9, 0，将其放在对应的桶中，如图 4.84 所示。

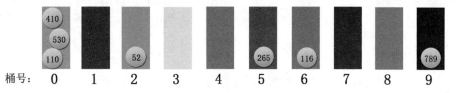

图 4.84 按个位数字放入对应桶中

（3）按照桶号顺序，将数据从各个桶中取出来。取出的数据顺序如图 4.85 所示。

图 4.85 按个位数从桶中取出数据

（4）将原始数据按十位数字分类。其十位数字分别是 1, 3, 1, 5, 6, 1, 8，将其放在对应的桶中，如图 4.86 所示。

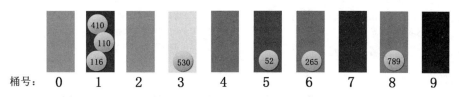

图 4.86 按十位数字放入对应桶中

（5）按照桶号顺序，将数据从各个桶中取出来。取出的数据顺序如图 4.87 所示。

图 4.87 按照十位数从桶中取出数据

（6）将原始数据按百位数字分类。其百位数字分别是 4, 1, 1, 5, 0, 2, 7，将其放在对应的桶中，如图 4.88 所示。

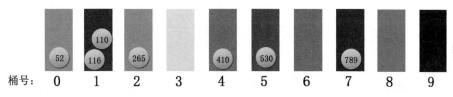

图 4.88 按百位数字放入对应桶中

（7）按照桶号顺序，将数据从各个桶中取出来。此时数据已经被排好序了，如图 4.89 所示。

图 4.89　按照百位数从桶中取出数据

【实例 4.16】　使用基数排序法将列表中的数字递增排序。（**实例位置：资源包\Code\04\16**）

使用 Python 代码实现上方示例中的基数排序算法，具体代码如下：

```
01  def radix_sort(data):                               #定义基数排序函数，参数 data 表示待排序数列
02      i = 0                                           #记录当前正在排哪一位，最低位为 1
03      max_num = max(data)                             #最大值
04      j = len(str(max_num))                           #记录最大值的位数
05      while i < j:
06          #初始化桶数组。因为每一位数字都是 0~9，故建立 10 个桶，列表中包含 10 个列表元素
07          bucket_list = [[] for x in range(10)]
08          for x in data:                              #找数据 s
09              bucket_list[int(x / (10 ** i)) % 10].append(x)  #找到位置放入桶数组
10          print(bucket_list)                          #打印每次的桶情况
11          data.clear()                                #将原 data 置空
12          for x in bucket_list:                       #放回原 data 序列
13              for y in x:                             #遍历排序后的结果
14                  data.append(y)                      #放数据
15          i += 1                                      #执行一次，向后继续拿数据执行循环
16
17
18  data = [410,265,52,530,116,789,110]                 #待排序列表
19  radix_sort(data)                                    #调用基数排序函数
20  print(data)                                         #输出排序结果
```

运行结果如图 4.90 所示。

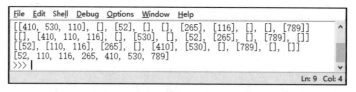

图 4.90　基数排序运行结果

从结果上看，每行有 10 个列表，表示 0~9 号桶，每个列表包含的数据就是上述步骤放入桶中的数据，完全符合我们的分析过程。

4.10　各种排序算法间的比较

本章共介绍了 9 种排序算法，本节就来总结一下不同算法的复杂度以及稳定情况。

假设需要排序的数列长度为 n，各种排序算法的时间、空间复杂度如表 4.1 所示。

表 4.1 各种排序算法比较

排 序 算 法	平均时间复杂度	最坏时间复杂度	空间复杂度
选择排序法	$O(n^2)$	$O(n^2)$	$O(1)$
冒泡排序法	$O(n^2)$	$O(n^2)$	$O(1)$
插入排序法	$O(n^2)$	$O(n^2)$	$O(1)$
合并排序法	$O(n \log n)$	$O(n \log n)$	$O(n)$
希尔排序法	$O(n \log n)$	$O(n^8)$	$O(1)$
快速排序法	$O(n \log n)$	$O(n^2)$	$O(\log n)$
堆排序法	$O(n \log n)$	$O(n \log n)$	$O(1)$
计数排序法	$O(n+k)$	$O(n+k)$	$O(k)$
基数排序法	$O(n*k)$	$O(n*k)$	$O(n+k)$

多学两招

冒泡、选择、插入 3 种排序方式，各需要两个 for 循环，每次只关注一个元素，平均时间复杂度为 $O(n^2)$，即一遍找元素 $O(n)$，一遍找位置 $O(n)$。

快速、合并、希尔 3 种排序算法，是基于二分思想的，平均时间复杂度为 $O(n \log(n))$，即一遍找元素 $O(n)$，一遍找位置 $O(\log n)$。

计数、基数两种排序算法是线性阶($O(n)$)排序算法。

4.11 小　　结

本章讲解了 9 种排序法，前 7 种排序法是数据之间进行比较交换，最终将无序数据变成有序数据。而后两种排序是非交换排序法，借助了桶进行排序，每次找到对应的关键字 k，将数据放入对应的桶中，再进行排序，最终也将无序数据变成有序数据。本章利用图文结合方式讲解每种排序算法，并且每种算法提供了对应的 python 实现的代码，做到边学边写的目的，让读者快速掌握每种排序算法。

第 5 章

四大经典算法

本章将介绍一些经典的算法，包括递归算法、动态规划算法、贪心算法和回溯算法。每种算法都会用 Python 语言给出一个经典实现案例，如汉诺塔问题（递归算法）、背包问题（动态规划算法）、找零钱问题（贪心算法）、四皇后问题（回溯算法）等。这 4 种算法都是常见的面试题型，希望读者能够认真学习，仔细掌握。

5.1 递 归 算 法

无论学习哪种开发语言，不管是 C、C++，还是 Java、Python，都离不开递归算法。

5.1.1 什么是递归算法

在学习递归算法前，先来了解一下什么是递归调用。

1. 递归调用

递归调用分为两类：直接递归调用和间接递归调用。直接递归调用非常简单，就是自己直接调用自己。如图 5.1 所示的回旋图，通过调用自身，可无限生成一个个蓝色长方形。

间接递归调用则是先调用其他函数，通过其他函数的调用再回到自身上来。例如，你买了两本书，报销费用需要找经理签字盖章。于是你找到张经理。

图 5.1　回旋图

张经理说："这事不归我管，去找王经理。"于是你找到王经理。

王经理说："这事不归我管，去找张经理。"于是你又回到了张经理处。

这里，张经理并没有直接让你找他，而是经过了王经理，但最终还是回到了他这里。整段事情你的走位如图 5.2 所示。

当你始终听话，并且两个经理的说辞不变，你将会永远往返于这两个经理之间，就变成了一个无限递归。这时，就需要一个递归条件来结束递归。

经过几次"弹棉花"的说辞之后，张经理终于松口，说："那我给你签字盖章吧"，这时你才终止递归。

总结来看，递归调用有几个关键词：无限、调用、自身。

2. 递归算法

递归算法就是利用递归调用来解决问题的算法。其核心思想是：原始问题可以分解为数据规模更小的子问题，子问题又可以继续分解为数据规模更小的子问题，一层层分解下去，在一定的递归终止条件下求解出最内层的子问题，再一层层返回，最终实现原始问题的解决。

第 4 章中我们已经接触过递归算法，在快速排序算法中，首先是将整个数列的虚拟中间值变成真正的中间值。然后以中间值为分割点，将数列分成左右两侧，忽略右侧，对左侧和中间值数列进行排序，依然采用找虚拟中间值变成真正的中间值排序。左侧排序好，再排右侧，依然采用找虚拟中间值变成真正的中间值排序。

从描述上来看，这一步骤"找虚拟中间值后，将其真正的中间值排序"就是重复算法。那么，把这个算法定义成一个函数，需要使用该算法时直接调用它就可以了。快速排序法最后实现左半边排序和右半边排序就直接调用了该递归函数（此函数实现的功能是：将虚拟中间值变成真正的中间值排序），如图 5.3 所示。

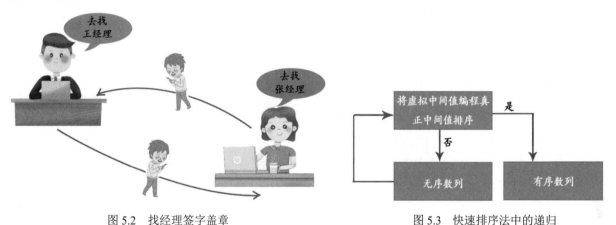

图 5.2 找经理签字盖章   图 5.3 快速排序法中的递归

实现这一功能的函数如下：

```
01   def quick(data,start,end):          #定义快速排序函数 quick()
02       if start>end:                    #如果开始值大于结束值
03           return                       #直接退出程序
04       i,j=start,end
05       result=data[start]               #取虚拟中间值
06       （...此处省略部分代码）
07       quick(data,start,i-1)            #调用自己，对左半边数据排序，此处为递归调用
08       quick(data,  i + 1,end)          #调用自己，对右半边数据排序，此处为递归调用
```

3. 递归终止条件

递归调用中，如果缺少能结束递归的限制性条件，将无终止地调用自身，从而变成一个死循环。

例如，定义一个递归函数 pr()，代码如下：

```
01   def pr(i):                           #自定义 pf()函数
02       print(i)                         #输出 i
03       pr(i - 1)                         #递归调用 pr()函数，输出 i-1 的值
```

```
04
05   pr(5)                                  #调用 pr()函数
```

运行程序会发现，程序将不停地运行，是一个死循环。这是因为编写 pr()函数时，并没有判断当 i 处于什么情况下递归调用会结束，即缺少递归条件，所以造成了死循环，如图 5.4 所示。

在实际编程中，应避免死循环的发生。可在上述代码中添加一个递归终止条件，代码如下：

```
01   def pr(i):                             #自定义 pf()函数
02       print(i)                           #输出 i
03       if i<=1:                            #如果 i<=1
04           return 1                        #返回 1，结束程序
05       else:                              #如果 i>1
06           pr(i - 1)                       #递归调用 pr()函数，输出 i-1 的值
07
08   pr(5)                                  #调用函数
```

程序运行流程如图 5.5 所示。

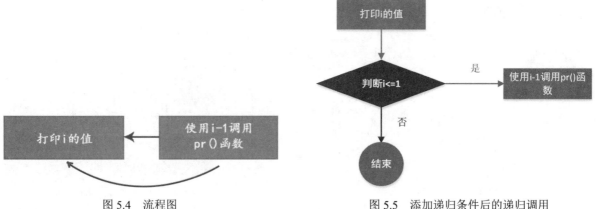

图 5.4　流程图　　　　　　　　　　　图 5.5　添加递归条件后的递归调用

5.1.2　详解递归算法

根据前面的学习，我们知道，递归算法需要满足 3 个条件：

☑　一个问题的解可以分解为几个子问题的解。这里，子问题指的是数据规模更小的问题。

☑　这个问题与分解之后的子问题，除了数据规模不同，求解思路完全一样。

☑　存在递归终止条件。

递归算法应用非常广泛，如求取阶乘、计算斐波纳契数列等。下面来看一个实例。

【实例 5.1】　求 n!。（实例位置：资源包\Code\05\01）

n!表示 n 的阶乘，一个正整数的阶乘等于所有小于等于该数的正整数的乘积，即 $n!=1×2×3×\cdots×n$。注意，0 的阶乘为 1。利用阶乘公式计算 n!，具体代码如下：

```
01   def factorial(n):                      #自定义求阶乘函数 factorial()
02       if n == 1:                          #如果 n=1
03           return 1                        #返回 1，结束程序
04       else:                              #如果 n!=1，此处为递归条件
```

```
05              return n * factorial(n - 1)        #递归求阶乘
06
07
08  number = int(input("请输入一个正整数:"))     #输入 n 的值
09  result = factorial(number)                    #调用阶乘函数 factorial()
10  print("%d 的阶乘是 %d" % (number, result))     #输出结果
```

运行结果如图 5.6 所示。

图 5.6　递归求阶乘

实例 5.1 的递归计算过程如图 5.7 所示。

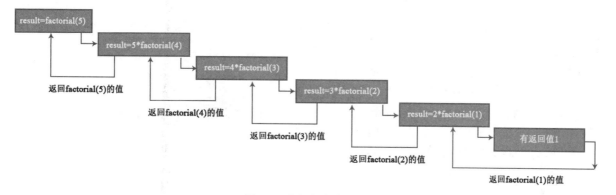

图 5.7　递归求阶乘过程

递归算法在计算机中的存储情况如图 5.8 所示。整个递归计算从 factorial(1)开始压入，然后依次压入其他递归计算。要想将数据弹出，需要先弹出最上面的 5* factorial(4)，然后依次弹出下方的递归，如图 5.9 所示。

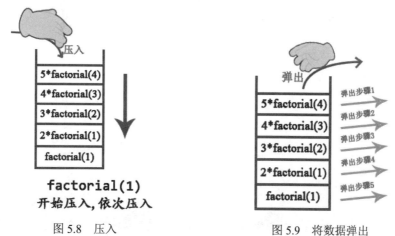

图 5.8　压入　　　　　　　　　图 5.9　将数据弹出

这种数据结构称为栈，其数据存取过程是"后进先出"的压入弹出式。递归函数在计算机的存储

方式就是使用栈存储。将递归函数放入栈中，它会自动包含所有未完成的函数调用，使用栈结构，我们就不需要追踪每步的递归调用。

注意

栈结构虽然方便，但由于每个函数调用都需要使用一定的内存，因此整体需要占用较大的内存空间。如果栈使用的空间很大，就说明有很多函数需要调用，这时候可以重新编写代码，将递归结构换成循环结构，或者使用尾递归方法（本书不讲解，读者可自行查阅资料）。

5.1.3 递归算法应用——汉诺塔问题

汉诺塔是经典的递归算法应用问题，下面就来看看怎么使用递归算法来求解汉诺塔问题。

1. 问题描述

汉诺塔（又称河内塔）是一款源于印度古老传说的益智玩具，如图 5.10 所示。大梵天创造世界的时候做了 3 根金刚石柱子，其中一根柱子上按照大小顺序摞着 n 片黄金圆盘。大梵天命令婆罗门把圆盘按同样的顺序转移到另一根柱子上，移动条件为：小圆盘只能放在大圆盘上，反之则不行；同时，3 根柱子之间一次只能移动一个圆盘。问婆罗门应怎样移动，才能将这些圆盘按要求全部移动到另一根柱子上？

图 5.10　汉诺塔

2. 解析问题

很显然，圆盘越少，越容易移动。这里只讨论圆盘数量较少（$n=1\sim3$）时的移动情况。为便于表述，将 3 根柱子分别标记为 A 柱、B 柱和 C 柱，将圆盘按照从小到大的顺序依次标记为圆盘 1、圆盘 2 和圆盘 3。

（1）当 $n=1$，即只有一层圆盘时，直接将圆盘从 A 柱移动到 C 柱上，就完成了任务，如图 5.11 所示。

（2）当 $n=2$ 时，有两层圆盘，需要 3 步才能将 A 柱上两层圆盘移动到 C 柱上。

① 将 A 柱上的圆盘 2 移动到 B 柱上，如图 5.12 所示。

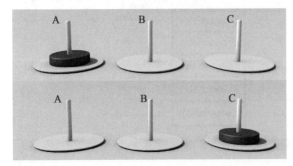

图 5.11　只有一个圆盘

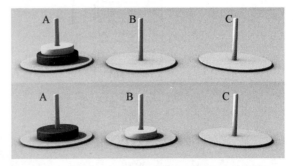

图 5.12　将圆盘 2 移动到 B 柱上

② 将 A 柱上的圆盘 3 移动到 C 柱上，如图 5.13 所示。

③ 将 B 柱上的圆盘 2 移动到 C 柱上，放在圆盘 3 之上，如图 5.14 所示。

图 5.13　将圆盘 3 移动到 C 柱上

图 5.14　将圆盘 2 移动到 C 柱上

（3）当 $n=3$ 时，有 3 层圆盘（见图 5.15），需要 7 步才能将圆盘移动到另一根柱子上。

① 将 A 柱上的圆盘 1 移动到 C 柱上，如图 5.16 所示。

图 5.15　3 层圆盘的情况

图 5.16　将圆盘 1 移动到 C 柱上

② 将 A 柱上的圆盘 2 移动到 B 柱上，如图 5.17 所示。

③ 将 C 柱上的圆盘 1 移动到 B 柱的圆盘 2 上，如图 5.18 所示。

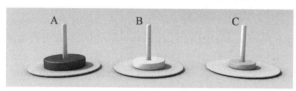

图 5.17　将圆盘 2 移动到 B 柱上

图 5.18　将圆盘 1 移动到 B 柱上

④ 将 A 柱上的圆盘 3 移动到 C 柱上，如图 5.19 所示。

⑤ 将 B 柱上的圆盘 1 移动到 A 柱上，如图 5.20 所示。

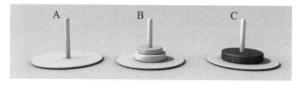

图 5.19　将圆盘 3 移动到 C 柱上

图 5.20　将圆盘 1 移动到 A 柱上

⑥ 将 B 柱上的圆盘 2 移动到 C 柱上，如图 5.21 所示。

⑦ 将 A 柱上的圆盘 1 移动到 C 柱上，如图 5.22 所示。

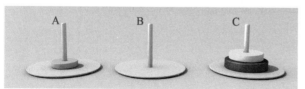

图 5.21　将圆盘 2 移动到 C 柱上

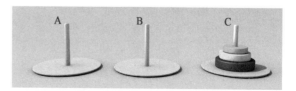

图 5.22　将圆盘 1 移动到 C 柱上

这就是将 3 层圆盘按照规定移动到另一根柱上的整个过程。

虽然上面只讨论了 1～3 层圆盘时的移动过程，但不论是 4 层、5 层圆盘，还是 *n* 层圆盘，移动的算法都是类似的：首先将 A 柱最上方的 *n*–1 个圆盘移动到 B 柱上，然后将此时 A 柱上的最小圆盘移动到 C 柱上，最后将 B 柱上的 *n*–1 个圆盘移动到 C 柱上。

3．代码实现

【实例 5.2】 汉诺塔问题。（**实例位置：资源包\Code\05\02**）

根据解析，将圆盘从小到大标记为 1、2、3，完整的汉诺塔算法实现代码如下：

```
01   def hanoi(n,A,B,C):                 #定义 hanoi()函数，n 表示圆盘数量，A、B、C 表示 3 根柱子
02       if n==1:                        #判断圆盘数量，如果等于 1，此处是递归条件
03           print(A,'-->',C,' ',n)      #直接将 A 柱上的圆盘移动到 C 柱上
04       else:                           #否则，进行递归调用
05           hanoi(n-1,A,C,B)            #递归调用，将 A 柱最上方的第 n-1 个盘子移动到 B 柱
06           print(A,'-->',C,' ',n)      #输出，将 A 柱圆盘移动到 C 柱，即将 A 柱最小的盘子落在 C 柱
07           hanoi(n-1,B,A,C)            #递归调用，将 B 柱上的第 n-1 个盘子移动到 C 柱
08
09   hanoi(3,'A','B','C')               #调用 hanoi()函数
```

运行结果如图 5.23 所示。可以看出，当 A 柱有 3 层圆盘时，全部移动到 C 柱上需要 7 步，与我们前面的分析过程一模一样。

加大一些难度。当 *n*=4，也就是 A 柱上有 4 层圆盘时，需要移动多少步呢？一起来分析下。

（1）同理，最上面 3 个盘子需要移动 7 次才能到达 B 柱。注意，这里是移动到 B 柱上。

（2）将 A 柱最下面第 4 个圆盘移动 1 次，到达 C 柱上。

（3）B 柱子上的 3 个圆盘，同理，需要移动 7 次才能到达 C 柱。至此，任务结束。

因此，当 A 柱上有 4 层圆盘时，移动次数= "3 个圆盘摞在一起的次数" +1 次+ "3 个圆盘摞在一起的次数"，一共是 15 次。

圆盘越多，移动过程就越复杂，人类单靠大脑来解决就越来越不可能。但用计算机算法来实现，只需要调用 hanoi()函数时传入的参数 *n* 不同就行，整个过程简单、高效。这就是用算法来解决实际问题时的最大价值。

当 *n*=5，即 A 柱上有 5 层圆盘时，程序代码的运行结果如图 5.24 所示。数一数，一共是移动了 31 次。

再来总结一下，当 *n* 为不同值时，完成汉诺塔任务需要移动的步数：

☑ *n*=1 时，移动步数为 $2^1-1=1$。

☑ *n*=2 时，移动步数为 $2^2-1=3$。

☑ *n*=3 时，移动步数为 $2^3-1=7$。

☑ *n*=4 时，移动步数为 $2^4-1=15$。

☑ *n*=5 时，移动步数为 $2^5-1=31$。

图 5.23 汉诺塔移动过程

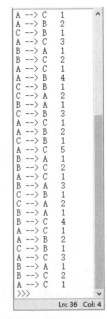

图 5.24 5 层圆盘

得出结论：当 A 柱上有 n 层圆盘时，全部移动到 C 柱上需要移动 2^n-1 步。

5.2 动态规划算法

动态规划是一种用途很广的问题求解方法。与其他算法相比，减少了计算量，丰富了计算结果，不仅可求出当前状态到目标状态的最优值，还能同步求出到中间状态的最优值。这对很多实际问题来说是很有用的。

5.2.1 什么是动态规划算法

动态规划算法是将待解决的问题拆分成一系列相互交叠的子问题。其基本思想与合并排序算法思想类似，也是将待求解问题分解为若干个子问题（阶段），如图 5.25 所示。动态规划算法需要按顺序求解子问题，前一子问题的解为后一子问题的求解提供了有用信息。在求解任一子问题时，都要列出各种可能的局部解，通过决策保留那些有可能达到最优的局部解，丢弃其他局部解。依次解决各子问题后，最后一个子问题就是初始问题的解。简单来说，就是不让程序做重复的事情。

什么问题适合采用动态规划算法呢？能采用动态规划算法求解的问题一般具有如下 3 个特点。

- ☑ 有重叠的子问题：即子问题之间不是独立的，一个子问题在下一阶段决策中可能被多次使用。注意，有重叠子问题并不是动态规划算法适用的必要条件，但如果不满足这点，则动态规划算法同其他算法相比不具备优势。

- ☑ 最优化原理：如果问题的最优解包含的子问题的解也是最优的，就称该问题具有最优子结构，即满足最优化原理。

- ☑ 无后效性：即某阶段状态一旦确定，就不受这个状态以后决策的影响。也就是说，某状态以后的过程不会影响以前的状态，只与当前状态有关。

利用动态规划算法求解问题的最好方法是使用网格。如图 5.26 所示，每递推出一个结果，就将该结果填入网格中，即将所有结果都呈现在一个表格中，最终找到一个最优结果。

图 5.25 大问题拆成子问题

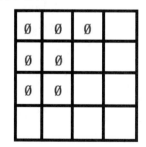

图 5.26 网格求解

5.2.2 详解动态规划算法

每个公司都有一定的组织架构，以开发部门为例，部门组织架构包括经理、总监、组长和开发人员，如图 5.27 所示。下面就以评选年度优秀员工为例，介绍一下如何使用动态规划算法解决问题。

假设要在部门中选出 3 名优秀员工，参加一年一度的公司优秀员工评选。一般经理会跟下级的总监交代：请将你们部门的 3 名优秀员工报给我。总监又会跟组长交代：请将你们组的优秀员工名单报给我。这其实就是动态规划思想！

一起来看下在优秀员工评选这个例子中，是否满足动态规则算法的 3 个特性。

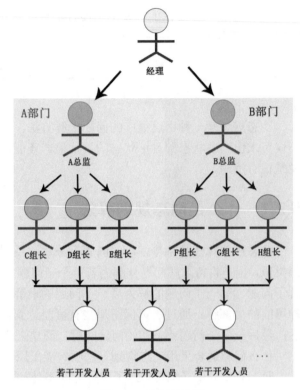

图 5.27　组织架构图

☑　有重叠的子问题。问题虽然看起来不同，但都拥有相同子问题的解。例如，经理想知道下属优秀员工是谁，必须知道 C、D、E、F、G、H 组的优秀员工是谁；A 总监想知道下属的优秀员工是谁，也必须知道 C、D、E 组的优秀员工是谁。这就存在子问题的重叠，即两个人都需要了解 C、D、E 3 个组的优秀员工是谁。

☑　最优子结构。最优解肯定是由最优子解转移、推导而来的，因此子解也必定是子问题的最优解。A 总监下属的 3 名优秀员工肯定是从 C、D、E 组提交的 3 份名单中选择的。例如，张三是 C 组下属第 5 名的优秀员工，那么他肯定不可能是 A 总监下属中最优秀的 3 名员工之一。

☑　无后效性，也就是已经求出来的子问题的解并不会因为后面的求解而发生改变。可以理解为：A 总监挑选出 3 个人，经理则需要在 A、B 两位总监提供的人员中选出 3 名组内优秀员工。对于 A 总监来说，无论经理最后选择谁，他选择的 3 名优秀员工都不会再发生任何改变。

仍以优秀员工评选为例，此动态规划问题可以通过以下 4 步来解决。

（1）划分状态，即划分子问题。我们可以认为各组、各部门评选 3 名优秀员工，都是全公司评选 3 名优秀员工的子问题。

（2）状态表示，即如何让计算机理解子问题。可以使用 f[i][3] 表示第 i 个人的下属中 3 名优秀员工是谁。

（3）状态转移，即父问题是如何由子问题推导出来的。每个上级选择的优秀员工都包含在他下属选择的优秀员工中。

（4）确定边界，这里包含初始状态、最小的子问题和最终状态。最小的子问题就是每个组长要在自己的组员中选出优秀的员工，最终状态是整个公司选出优秀员工，初始状态为每个领导下面设有优秀名单，每个组长拥有每名员工的评分。

5.2.3 动态规划算法应用——背包问题

1. 问题描述

有 n 件物品，它们各自有着不同的重量和价值，如图 5.28 所示。现有一个给定容量的背包，如何才能让背包里装入的物品具有最大价值。装包条件是每种商品只能装一个。

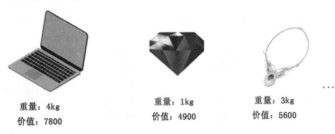

重量：4kg　　　　重量：1kg　　　　重量：3kg
价值：7800　　　　价值：4900　　　　价值：5600

选择几样装到背包里，使得总价最高，该如何装？

共计能装4kg物品的背包

图 5.28　背包及物品

2. 解析问题

南宫若（见图 5.29）想用值钱的物件做抵押，筹集徒步旅行的费用。家中有几件值钱的物件，分别是电脑、红宝石以及一条黄金项链，这几种物品的重量和价格如图 5.30 所示。由于他的背包只能装下 4kg 重量，因此他需要进行取舍，使得背包里的物品价值最高。我们来用动态规划算法帮他选择一下。

图 5.29　南宫若和背包

重量：4kg　　　　重量：1kg　　　　重量：3kg
价值：7800　　　　价值：4900　　　　价值：5600

图 5.30　物品重量及价值

最简单的方法就是尝试使用各种可能的物品组合，找出价值最高的组合，如图 5.31 所示。

这种排列所有组合的办法虽然可行，但效率非常低。这里只有 3 件物品，就有 8 种不同的排列组合方法。如果是 4 件及以上物品呢，就需要计算更多的组合。很显然，当物品数量赠多时，简单组合方法的速度会变慢，从最优算法角度考虑，这种算法不可行。

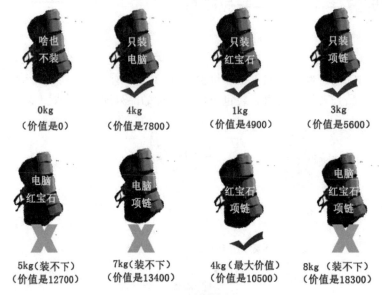

图 5.31 简单组合

动态规划算法的核心思想就是将大问题变成小问题，通过解决小问题，来逐步解决大问题。我们将大背包问题转换成小背包问题，按照物品的重量将其分成 1kg、2kg、3kg、4kg 的小背包，并创建一个网格来记录装载情况和物品价值，如图 5.32 所示。网格的各行代表物品，各列是不同容量的背包（背包已被拆分成 1~4kg 共 4 列）。网格最初是空的，等我们填满网格，就能找到最优答案了。

1）填写"红宝石"行

首先计算"红宝石"行的价值，忽略"电脑"行和"项链"行，如图 5.33 所示。这里，"忽略"的含义是背包中只考虑装红宝石，不考虑电脑和项链。

第一个单元格表示背包的容量为 1kg，红宝石的重量也是 1kg，这说明红宝石能装入背包里。此时背包的最大价值为 4900，填入表格中，如图 5.34 所示。

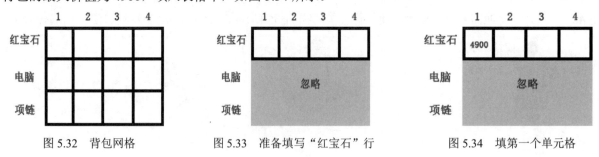

图 5.32 背包网格　　　　图 5.33 准备填写"红宝石"行　　　　图 5.34 填第一个单元格

第二个单元格表示背包的容量为 2kg，因为只有红宝石可以选择，因此第二个单元格的最大价值也是 4900，如图 5.35 所示。

第三个单元格表示背包的容量为 3kg，因为只有红宝石可以选择，因此第三个单元格的最大价值也是 4900，如图 5.36 所示。

第四个单元格表示背包的容量为 4kg，因为只有红宝石可以选择，因此第四个单元格的最大价值也是 4900，如图 5.37 所示。

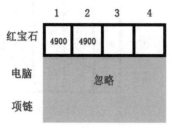

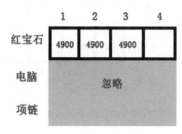

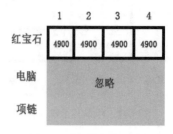

图 5.35　填第二个单元格　　　　　图 5.36　填第三个单元格　　　　　图 5.37　填第四个单元格

至此，"红宝石"行的 4 个网格已填满，且最大值是 4900。就表示容量为 4kg 的背包，如果背包中只装红宝石，那么可装入的最大价值是 4900。

2）填写"电脑"行

接下来填写"电脑"行，忽略"项链"行，如图 5.38 所示。本行考量的是背包在可以装电脑或红宝石的情况下，最大的价值是多少。

第一个单元格表示的背包容量为 1kg，电脑的重量是 4kg，因此装不下电脑。对比上一行，容量为 1kg 的背包可以装下价值 4900 的红宝石。因此，第一个单元格的最大价值保持不变，仍然是 4900，如图 5.39 所示。

第二个单元格表示的背包容量为 2kg，电脑的重量是 4kg，也装不下电脑。对比上一行，容量为 2kg 的背包可以装下价值 4900 的红宝石。因此，第二个单元格的最大价值保持不变，仍然是 4900，如图 5.40 所示。

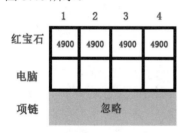

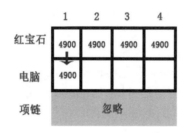

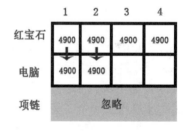

图 5.38　准备填写"电脑"行　　　　图 5.39　填第一个单元格　　　　　图 5.40　填第二个单元格

第三个单元格表示背包的容量为 3kg，电脑的重量是 4kg，也装不了电脑。对比上一行，容量为 3kg 的背包可以装下价值 4900 的红宝石。因此，第三个单元格的最大价值也保持不变，仍然是 4900，如图 5.41 所示。

第四个单元格表示背包的容量为 4kg，电脑的重量是 4kg，此时背包中可以装下电脑，价值 7800。对比上一行，很明显，7800>4900，所以第四个单元格的最大价值更新为 7800，如图 5.42 所示。

到这里，"电脑"行网格也填满了。从图 5.42 看来，此时已经更新了背包的最大价值为 7800。

3）填写"项链"行

最后计算"项链"行的最大价值，如图 5.43 所示。

第一个单元格表示背包的容量为 1kg，项链的重量是 3kg，因此装不下项链。对比上一行，容量为 1kg 的背包可以装下价值 4900 的红宝石。因此，第一个单元格的最大价值保持不变，仍然是 4900，如图 5.44 所示。

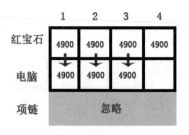
图 5.41　填第三个单元格

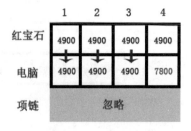
图 5.42　填第四个单元格

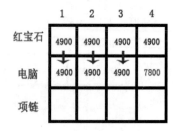
图 5.43　准备填写"项链"行

第二个单元格表示背包的容量为 2kg，项链的重量是 3kg，也装不了项链。对比上一行，容量为 2kg 的背包可以装下价值 4900 的红宝石。因此，第二个单元格的最大价值保持不变，仍然是 4900，如图 5.45 所示。

第三个单元格表示背包的容量为 3kg，项链的重量是 3kg，此时背包中可以装下项链，价值 5600；对比上一行，很明显，5600>4900，因此第三个单元格的最大价值更新为 5600，如图 5.46 所示。

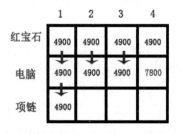
图 5.44　填"项链"行第一个单元格

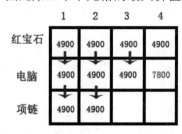
图 5.45　填"项链"行第二个单元格

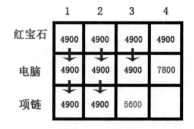
图 5.46　填"项链"行第三个单元格

第四个单元格表示背包的容量为 4kg，项链的重量为 3kg，此时背包中可以装下项链，也可以装下红宝石，还可以装下电脑。从网格上看，背包容量为 4kg 时，目前的最大价值是 7800，而项链的价值只有 5600，所以只装项链，不装电脑，显然不合适。

但项链的重量只有 3kg，装了项链后，背包中还剩余 1kg 容量。观察 1kg 背包这一列，可装载的最大价值是 4900，因此利于剩余的 1kg 容量还可以产生 4900 的价值。此时，背包中是先放入了一个项链，然后又放入了一个红宝石，价值是 5600+4900=10500。

很显然，10500>7800，如图 5.47 所示。也就是说，同时装载项链和红宝石，背包的价值将高于只装载电脑的情况。所以第四个单元格的最大价值为 10500，如图 5.48 所示。

$$7800 < (5600+4900)$$

图 5.47　价值对比

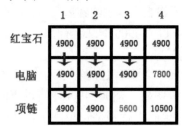
图 5.48　填第四个单元格

至此，整个背包问题的答案已经揭晓，当背包中同时装入项链和红宝石时，实现的价值最大，为 10500。

4）总结

上面讲述了只有 3 件物品可以携带的情况下，找到背包最大价值的方法。同样，当携带物品增加到 4 件、5 件甚至更多时，只需要增加网格的行列数，就可以求出最优解。

回顾下填写整个网格的过程，我们会发现，图 5.33～图 5.48 中计算单元格最大价值时使用的公式都是相同的，如图 5.49 所示。

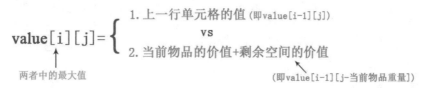

图 5.49　公式

利用公式计算出每个单元格的最大价值，并最终得到整个背包最大价值的过程，就是将大问题拆成小问题，最后再合并小问题，求出大问题的解的过程。这个解题过程就是动态规划算法，如图 5.50 所示。

小问题　＋　小问题　＝　大问题

图 5.50　动态规划过程

3．代码实现

【实例 5.3】　背包问题。（实例位置：资源包\Code\05\03）

背包问题的 Python 实现代码如下：

```
01    '''
02    功能：自定义背包函数，实现动态规划算法
03    参数说明：count：表示物品个数
04            TotalWeight：表示背包的总容量
05            weight：表示每个物品的重量
06            cost：表示每个物品的价值
07    '''
08    def bag(count, TotalWeight, weight, cost):
09    #置零，表示初始状态
10    value = [[0 for j in range(TotalWeight + 1)] for i in range(count +1)]
11        for i in range(1, count+1):                          #遍历物品个数，从第 1 个物品开始计算
12            for j in range(1, TotalWeight + 1):              #遍历背包容量，从重量为 1 开始计算
13                value[i][j] = value[i - 1][j]                #定义 value 数组，存储最大价值
14                #背包总容量够放当前物体，遍历前一个状态，考虑是否置换
15                if j >= weight[i-1] and value[i][j] < value[i-1][j-weight[i-1]] + cost[i-1]:
16                    #最大价值就是当前物品的价值+剩余空间的价值
17                    value[i][j] = value[i-1][j-weight[i-1]] +cost[i-1]
18        for x in value:                                      #遍历输出背包网格
19            print(x)
```

```
20        return value                                          #返回最大价值
21    '''
22    功能：自定义显示输出结果函数
23    参数说明：count：表示物品个数
24            TotalWeight：表示背包的总容量
25            weight：表示每个物品的重量
26            value：表示最大价值，即所求的结果
27    '''
28    def show(count, TotalWeight, weight, value):
29        x = [False for i in range(count)]                      #初始化 x，使得 x 为假
30        j = TotalWeight                                        #背包的容量赋给变量 j
31        for i in range(count, 0, -1):                          #遍历每个物品
32            #如果 value[i][j]单元格大于上一行同列的单元格的价值，进行更新
33            if value[i][j] > value[i - 1][j]:
34                x[i - 1] = True
35                j -= weight[i - 1]                             #总容量减去上一行同列的单元格的重量
36        print('最大价值为:', value[count][TotalWeight])        #输出最大价值
37        print('背包中所装物品为:')
38        for i in range(count):                                 #遍历物品数
39            if x[i]:                                           #判断最大价值的物品数
40                print('第', i + 1, '个 ', end='')              #输出是第几个物品
41
42    count = 3                                                  #一共有 3 个物品
43    TotalWeight = 4                                            #背包的总容量是 4
44    weight = [1, 4, 3]                                         #每个物品的重量
45    cost = [4900, 7800, 5600]                                 #每个物品的价值
46    value = bag(count, TotalWeight, weight, cost)             #调用动态规划算法函数 bag()
47    show(count, TotalWeight, weight, value)                   #调用 show()函数输出结果
```

运行结果如图 5.51 所示。

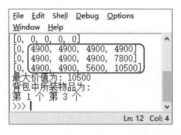

图 5.51 背包问题运行结果

从运行结果来看，方框内的数据和在图 5.50 中填写的网格数据一模一样，最后输出的物品也一样，是第 1 个和第 3 个，即红宝石和项链。

5.3 贪 心 算 法

贪心算法在解决问题时，不是从整体最优上加以考虑，而是追求某种意义上的局部最优解。贪心

128

算法比较简单，算法效率也很高，在一些问题的解决上有着明显的优势。

5.3.1　什么是贪心算法

贪心算法又称为贪婪算法，其在问题求解上考虑的不是整体意义上的最优解，而是当前看来的最优解。这就好比竭泽而渔（见图 5.52），把水放干之后捕鱼，不顾长远利益，只考量眼前的贪心行为。

从某种意义上说，贪心算法是动态规划算法的一种特例。两者的相似之处在于，最优解问题都可以拆分成若干个相似的子问题。不同之处在于，动态规划算法需要求解整个问题的最优解，每次选择的结果都会对最终的结果有影响；贪心算法中，每次选择的结果不会对最终结果有影响，只是考虑眼前的问题。

在解决问题的策略上，贪心算法目光比较短浅，仅依据当前已有信息就做出选择，且一旦做出选择。无论将来有什么结果，这个选择都不会再发生改变。

图 5.52　竭泽而渔

5.3.2　详解贪心算法

贪心算法解决问题的基本思路是从问题的某一个初始解出发，一步一步地进行，根据某个优化测度，每一步都要确保能获得局部最优解。每一步只考虑一个数据，其选取应满足局部最优化的条件。若下一个数据和部分最优解连在一起不再是可行解时，就不把该数据添加到部分解中，直到把所有数据全部列举完，或者不能再添加算法为止。

一起来看一个例子，为教室排课问题。有一间教室，有语文、数学、英语、生物、化学 5 门课程，其开始时间和结束时间如表 5.1 所示，尽可能多地为这间教室安排课程。

表 5.1　课程表

课 程 名 称	开 始 时 间	结 束 时 间
语文	8:00	9:30
数学	9:00	10:30
英语	10:00	11:30
生物	11:00	12:30
化学	12:00	13:30

从课表的开始时间和结束时间上看，我们按照课程表用图 5.53 表示每个课程的开始时间和结束时间。发现一些课程的上课时间冲突，根本没法在这间教室上课程表上的科目。

用贪心算法来为这间教室尽可能多地安排课程，具体步骤如下。

（1）安排第一堂课。选择结束时间最早的课，作为这间教室的第一堂课。很显然是语文课，其结束时间为 9:30，如图 5.54 所示。

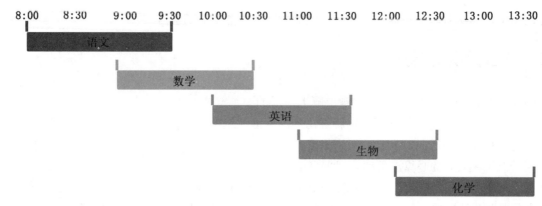

图 5.53　上课时间图

（2）安排第二堂课。寻找在 9:30 语文课结束之后开始，且结束时间最早的课。很显然是英语课，其开始时间 10:00，结束时间 11:30，如图 5.55 所示。

（3）安排第三堂课。寻找在 11:30 英语课结束之后开始，且结束时间最早的课。很显然是化学课，其开始时间 12:00，结束时间 13:30，如图 5.56 所示。

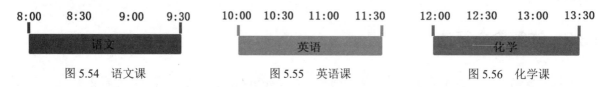

图 5.54　语文课　　　　图 5.55　英语课　　　　图 5.56　化学课

再来看看数学课和生物课能否安排。数学课与语文课、英语课时间存在冲突，生物课与英语课、化学课时间存在冲突，因此这两门课不可以安排到这间教室。

这就是贪心算法，其最大优点是简单易行。贪心算法每步都选择局部的最优解，然后将它们组合在一起，就是全局最优解。这里，教室排课每步的最优解就是那句"选择结束时间最早的课"。

从步骤上看，贪心算法也是将整个问题划分为多个子问题，如先安排第一堂课，再安排第二堂课……，然后去解决每个子问题的解。在解决每个问题时，都只考虑当前子问题的最优解，这些解相互独立，不会对求解的下一个子问题产生影响。

不像动态规划算法中的背包问题，"红宝石"行计算得到的 1kg 背包的最大价值，在计算"项链"行 1kg 背包最大价值时仍然存在，也就是说，该价值会对未来的结果行产生影响。这就是贪心算法和动态规划算法的重要区别。

5.3.3　贪心算法应用——超市找零问题

1. 问题描述

在超市购买东西时，我们经常需要准备零钱，收银员也经常需要给顾客找回多余金额的零钱。

如图 5.57 所示，硬币的面值有 1 分、2 分、5 分、1 角、2 角、5 角以及 1 元。找零钱的方案有 n 种，大家通常会选择硬币数目最少的方案。本节就来讨论一下，当需要找的零钱数固定时，怎么找到需要硬币数目最少的方案。

| 面值: 1分 | 面值: 2分 | 面值: 5分 | 面值: 1角 | 面值: 2角 | 面值: 5角 | 面值: 1元 |

图 5.57　硬币面值

2. 解析问题

假设我们去购物结账时，需要找回零钱 0.8 元。首先利用前面学过的知识，看看怎么用贪心算法来实现硬币数目最少这一找零钱方案。

（1）将零钱的面值由小到大存储到一个列表中，代码如下：

```
d = [0.01,0.02,0.05,0.1,0.2,0.5,1.0]          #从小到大存储不同硬币的面值，单位为元
```

（2）首先，尽可能多地使用面值最大（1 元）的硬币。用待找零钱总金额 0.8 除以面值列表中的最后一个面值 1，如图 5.58 所示，商的整数部分是 0，意味着不能找面值为 1 元的硬币。

（3）在剩下的面值中，尽可能多地使用面值最大（0.5 元）的硬币。用待找零钱总金额 0.8 除以面值列表中的 0.5，如图 5.59 所示，商的整数部分是 1，意味着最多可以找 1 个面值为 0.5 元的硬币。余数 0.3 表示新的待找零钱总金额为 0.3 元。

（4）继续在剩下的面值中，尽可能多地使用最大面值（0.2 元）的硬币。用待找零钱总金额 0.3 除以面值列表中的 0.2，如图 5.60 所示，商的整数部分是 1，意味着最多可以找 1 个面值为 0.2 元的硬币。余数 0.1 表示新的待找零钱总金额为 0.1 元。

（5）继续在剩下的面值中，尽可能多地使用最大面值（0.1 元）的硬币。用待找零钱总金额 0.1 除以面值列表中的 0.1，如图 5.61 所示，商的整数部分是 1，意味着还可以找 1 个面值为 0.1 元的硬币。此时，余数为 0，表示全部零钱已经找清。

$$
\begin{array}{r}
0 \\
1.0\ \overline{)\ 0.8} \\
0 \\
\hline
0.8
\end{array}
\qquad
\begin{array}{r}
1 \\
0.5\ \overline{)\ 0.8} \\
0.5 \\
\hline
0.3
\end{array}
\qquad
\begin{array}{r}
1 \\
0.2\ \overline{)\ 0.3} \\
0.2 \\
\hline
0.1
\end{array}
\qquad
\begin{array}{r}
1 \\
0.1\ \overline{)\ 0.1} \\
0.1 \\
\hline
0
\end{array}
$$

图 5.58　0.8 除以 1　　　图 5.59　0.8 除以 0.5　　　图 5.60　0.3 除以 0.2　　　图 5.61　0.1 除以 0.1

余数 0 此时小于面值列表中的所有数，因此不需要再用余数除以列表中的数了。此时，贪心算法已经完成。因此，零钱 0.8 元共需要一个 5 角硬币、一个 2 角硬币以及一个 1 角硬币。

说明

如果余数大于等于列表中的某个数，就继续用余数除以列表中的数，直到余数小于列表中每个数，贪心算法才结束。

3. 代码实现

【**实例 5.4**】 　找零钱问题。（**实例位置：资源包\Code\05\04**）

超市找零钱问题的 Python 实现代码如下：

```
01   def change():
02       d = [0.01,0.02,0.05,0.1,0.2,0.5,1.0]          #从小到大存储不同硬币的面值，单位为元
03       d_num = []                                    #存储各种硬币的数量
04       s = 0
05       #拥有的零钱总和
06       temp = input('请输入每种零钱的数量：')
07       d_num0 = temp.split(" ")                      #用空格将每种零钱的数量分隔开
08       for i in range(0, len(d_num0)):               #遍历每个空格
09           d_num.append(int(d_num0[i]))              #给存储硬币数量列表补充空格
10           s += d[i] * d_num[i]                      #计算收银员拥有多少钱
11       sum = float(input("请输入需要找的零钱:"))
12       #当输入的总金额比收银员的总金额多时，无法进行找零
13       if sum > s:
14           print("数据有错")
15           return 0
16       s = s – sum                                   #收银员的总金额减去输入的总金额
17       #要想硬币数量最少，应尽可能多地使用所有面值大的钱币，因此从列表中面值大的元素开始遍历，贪心
算法开始
18       i = 6                                         #列表最大坐标
19       while i >= 0:                                 #循环找零
20           #输入的总金额大于等于某个零钱面值数，才进行找零
21           if sum >= d[i]:
22               #用输入的总金额从列表的最后一个元素开始整除取商，计算出需找零的每种面值的硬币个数
23               n = int(sum / d[i])
24               if n >= d_num[i]:                     #如果 n 大于等于某个面值
25                   n = d_num[i]                      #更新 n
26               sum -= n * d[i]                       #贪心算法的关键步骤，令 sum 动态地改变
27               print("找了%d 个%.2f 元硬币"%(n, d[i]))  #输出需要找的每种面值的零钱情况
28           i -= 1                                    #改变 i 的值，用来结束循环
29
30   change()                                          #直接调用函数
```

运行结果如图 5.62 所示。

图 5.62　运行结果

从运行结果来看，第 1 行输入的是每种零钱的数量，第 2 行输入的是需要找的零钱总额 0.8，最后输出的结果和我们前面分析的结果一模一样。

5.4　回　溯　算　法

回溯算法是一个类似于枚举的搜索尝试过程，在搜索尝试中寻找问题的解。当发现已不满足求解条件时，就朝前回溯，尝试别的路径。本节就来详细介绍回溯算法。

5.4.1　什么是回溯算法

回溯算法又称为试探法，是一种系统地搜索和求解问题的算法。回溯法可以找出所有的解，同时可以避免不正确的解。一旦发现有不正确的数值，就不会再继续往下走，而是返回到上一层，调整后再走，这种方式可以很好地节省时间。

这就好比我们在京东商城中查询商品，例如我们搜索的是"Python"，就会出现如图 5.63 所示的界面，当我们想要了解某本书，就会点进去看其详情信息，如图 5.64 所示，如果发现不是自己想要的书，就会退回图 5.63 所示界面，继续看下一本书。这个过程使用的就是回溯算法。

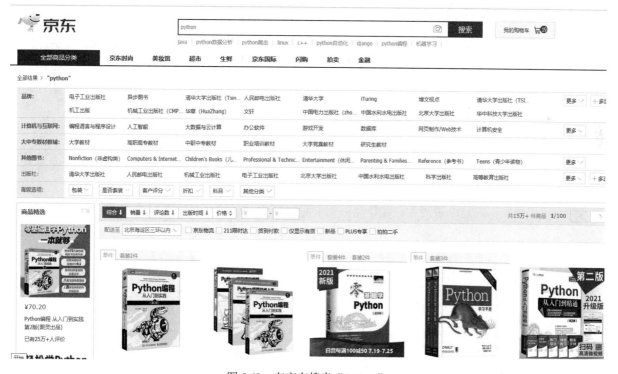

图 5.63　在京东搜索"Python"

回溯算法的特点主要是在搜索过程中寻找问题的解，当发现不满足求解条件时，就回溯（退回），尝试别的路径，避免做无效的搜索。简单来说，回溯算法就是遇到错误就退缩的一种算法。

图 5.64　查看《Python 从入门到精通》详情页面

5.4.2　详解回溯算法

回溯算法是按选优条件向前搜索，以达到目标，但当探索到某一步时，发现原先选择并不优或达不到目标，就退回重新选择。用通俗易懂的话语描述就是：出发地到目的地之间有着许多岔路口，在每个岔路口都需要尝试选择一条道路以到达目的地；如果发现这条路走错了，就要返回该岔路口，另选一条路走；这样一直尝试下去，直到到达目的地。

其实我们每个人在很小的时候就会使用回溯算法——玩迷宫游戏时我们使用的就是回溯算法。

如图 5.65 所示的迷宫图里，土拨鼠需要从入口走到迷宫的中心处。它可以朝东南西北任一方向走，不断尝试错误的路径，直到到达中心地带。开始他可能选择图 5.66 中的左侧路径，走着走着发现此路不通，就会返回开始处，走右侧的路径，再接着在下一个岔路口寻找前进的道路，如此反复，直到走出迷宫为止。当然，在这个过程中，走错路时需要记录下错误的路径，以免下次重走同样的路。

图 5.65　走迷宫

图 5.66　找路径前进

在土拨鼠走迷宫时，它无形中遵守了以下原则：

☑　一次只能走一条路径。

☑　遇到障碍无法往前走，就退回一步，尝试是否有其他的路可以走。

☑　走过的路不会重复再走。

回溯算法的主要思想和土拨鼠走迷宫相同，总结成一句话就是：遇到不正确的值，要迷途知返，回到上一层，继续寻找正确的值。

5.4.3　回溯算法应用——四皇后、八皇后问题

1．问题描述

皇上的后宫有佳丽三千，但却只有一个皇后。因为皇上深知，如果皇后太多，后宫就会难于管理，反而很乱。假设很不幸，皇帝真的有 4 个皇后，且每个皇后的攻击性都很强，任意两个皇后不能同处一室，否则就会闹得"头破血流"。我们来讨论一下该怎么安顿好这些皇后，以保持后宫的清净。

我们暂且把后宫分成一个 4×4 的网格，如图 5.67 所示，用网格位置表示每个皇后的位置。在这个网格中安置 4 个皇后，使得任意两个皇后都不能处于同一行、同一列或同一斜线上。

图 5.67　网格安置四皇后

2．解析问题

（1）首先来安置皇后 1。皇后 1 是随机放置的，这里先尝试在网格的第 1 行第 1 列位置放置皇后 1。则皇后 1 所在的行、列、对角线都不能再安排其他皇后，如图 5.68 所示。

说明

为简单易懂，在网格中用不同的颜色区分是否可以再安置其他皇后。这里，黑色的网格表示不可以再安置其他皇后，灰色的网格表示可以继续安置皇后。

（2）安置皇后 2。皇后 2 有 5 个位置可以放置，见图 5.68 中的 5 个灰色网格。这里先把皇后 2 安置在第 2 行第 3 列网格处，则其所在的行、列、同斜线对应网格全部变为黑色，如图 5.69 所示。

（3）安置皇后 3。此时皇后 3 只能被安置在第 4 行第 2 列的网格中，如图 5.70 所示。此时发现，皇后 4 没地方放了。

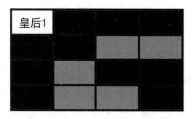

图 5.68　安置皇后 1

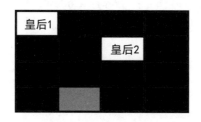

图 5.69　安置皇后 2

图 5.70　安置皇后 3

（4）回溯算法。拿走皇后3，发现没有其他位置可更改（见图5.69），那就再退一步，拿走皇后2，回到图5.68所示状态。可以看出，皇后2还可以被安置在第2行第4列的网格中，将皇后2安置于此，如图5.71所示。同样，其所在行、列、同斜线对应网格全部变为黑色。

（5）再次安置皇后3。将皇后3安置在第3行第2列中，如图5.72所示，此时发现没地方安置皇后4了。回溯算法，拿走皇后3，回到图5.71状态，发现皇后3放在第4行第3列结果一样，将没地方安置皇后4。

（6）再回溯一步，拿走皇后2，回到图5.68所示状态，试着将皇后2放在第3行第2列、第4行第2列、第4行第3列等位置上，会发现最终都行不通。换句话说，皇后2也没位置可换。

（7）再回溯一步，拿走皇后1，将其放置在第1行2列网格中，如图5.73所示。同样，其所在行、列、同斜线对应网格变为黑色。

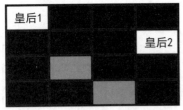

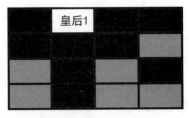

图5.71　将皇后2换位置　　　　　　图5.72　再次安置皇后3　　　　　　图5.73　将皇后1换格

（8）再来安置皇后2。把皇后2安置在第2行第4列的网格中，如图5.74所示。

（9）安置皇后3。皇后3可以安置在第3行第1列的网格中，如图5.75所示。

（10）安置皇后4。皇后4可以安置在第4行第3列的网格中，如图5.76所示。

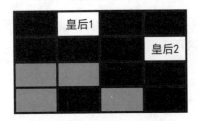
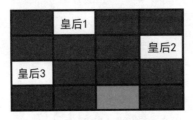

图5.74　再安置皇后2　　　　　　图5.75　再安置皇后4　　　　　　图5.76　再安置皇后4

至此，已经用4×4网格把4个皇后都安置妥当了。步骤（4）、步骤（6）和步骤（7）中使用了多次回溯算法。

3．代码实现

【实例5.5】　四皇后问题。（**实例位置：资源包\Code\05\05**）

四皇后问题的Python实现代码如下：

```
01  import random            #导入随机模块
02  import math              #导入数学模块
03  '''
04  功能：网格初始化
05  参数：d 表示矩阵的大小
06  '''
```

```
07  def InitGrid(d):
08      grid = [[(x + 1, y + 1) for y in range(d)] for x in range(d)]    #利用列表推导式初始化网格
09      return grid                                     #返回初始化的网格
10
11  '''
12  功能：指定行过滤出可选位置，随机选取一个，作为本行"皇后"的填入位置
13  参数：grid：网格矩阵
14      rowIndex：指定矩阵的某一行的序号
15      position：已被选的位置
16      backtracking：回溯时的排除项列表
17  '''
18  def fill(grid, rowIndex, position, backtracking):
19      row = grid[rowIndex]                             #取到某行
20      optional = []                                   #在后续过程中保存本行过滤完的可选位置
21      if len(position) != 0:                          #判断已被选择的位置不为 0，进行回溯
22          for column in row:                          #遍历本行的每一项
23              available = True                        #标志该位置是否可用，初始化时是 True，可用
24              for item in position:                   #遍历已被选的位置
25                  #只要有一个出现同行、同列、同斜线，或位于排除项列表中时，将 available 标记为不可用
26                  if column[1] == item[1] or column[0]+column[1] == item[0]+item[1] or \
27                      column[0]-column[1] == item[0]-item[1] or column in backtracking:
28                      available = False
29              if available:                           #该位置可用，添加进可用项列表里
30                  optional.append(column)
31      else:
32          optional = row                              #行保存到可选位置的列表中
33      if len(optional) == 0:                          #死解，返回 0，指示不成功
34          return 0
35      else:                                           #活解，随机挑选位置点，返回 1，指示成功
36          randomIndex = math.floor(len(optional) * random.random())        #随机位置点
37          pick = optional[randomIndex]                #挑选位置
38          position.append(pick)                       #把这个位置点添加到可选位置的列表中
39          return 1
40
41  '''
42  功能：将最终结果用网格显示出来
43  参数：positions：最终挑选的位置列表
44  '''
45  def show(positions):
46      figure = ''                                     #初始化
47      for row in range(4):                            #遍历行
48          for line in range(4):                       #遍历列
49              if (row + 1, line + 1) in positions:    #判断是否为最终位置的行、列
50                  figure += 'Q '                      #在网格中添加 Q（表示皇后）
51              else:                                   #否则
52                  figure += '■ '                      #在网格中添加方块■
53          figure += '\n'                              #遍历 4 列之后再换行遍历
54      return figure                                   #返回网格
55
```

```
56
57    gird = InitGrid(4)                                        #初始化 4×4 网格
58    position = []                                             #保存本行过滤完的可选位置的列表
59    backtracking = [[] for i in range(4)]                    #回溯 4×4 网格的列表
60    row = 0                                                   #行
61    while row < 4:                                            #循环 4 行
62        success = fill(gird, row, position, backtracking[row])   #调用 fill()函数填入皇后
63        if success == 1:
64            row += 1                                          #没有遇到死解，继续往下
65        else:
66            row -= 1             #遇到死解，回退到上一行，将死解的点存入排除项中，然后重新选点
67            backtracking[row].append(position.pop())
68            if row < 3:          #自上而下选点，上一行的点重新选取时，后一行的排除项已没意义，清空
69                backtracking[row + 1] = []
70    print(show(position))                                     #调用 show()函数，显示网格
```

运行结果如图 5.77 所示。

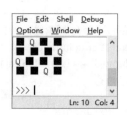

图 5.77　安置四皇后结果

可见，程序的运行结果和前面的分析结果一模一样。

【实例 5.6】　八皇后问题。(**实例位置：资源包\Code\05\06**)

将实例 5.5 的代码简单修改一下，把数字 4 改成数字 8，第 68 行的数字 3 改成数字 7，就变成了八皇后问题。具体代码如下：

```
01    import random                                            #导入随机模块
02    import math                                              #导入数学模块
03    '''
04    功能：网格初始化
05    参数：d 表示矩阵的大小
06    '''
07    def InitGrid(d):
08        grid = [[(x + 1, y + 1) for y in range(d)] for x in range(d)]   #利用列表推导式初始化网格
09        return grid                                          #返回初始化的网格
10
11    '''
12    功能：指定行过滤出可选位置，随机选取一个，作为本行"皇后"的填入位置
13    参数：grid：网格矩阵
14        rowIndex：指定矩阵的某一行的序号
15        position：已被选的位置
16        backtracking：回溯时的排除项列表
17    '''
18    def fill(grid, rowIndex, position, backtracking):
```

```
19      row = grid[rowIndex]                                #取到某行
20      optional = []                                       #在后续过程中保存本行过滤完的可选位置
21      if len(position) != 0:                              #判断已被选择的位置不为 0，进行回溯
22          for column in row:                              #遍历本行的每一项
23              available = True                            #标志该位置是否可用，初始化为 True，可用
24              for item in position:                       #遍历已被选的位置
25                  #只要有一个出现同行、同列、同斜线，或位于排除项列表中时，将 available 标记为不可用
26                  if column[1] == item[1] or column[0]+column[1] == item[0]+item[1] or \
27                      column[0]-column[1] == item[0]-item[1] or column in backtracking:
28                      available = False
29              if available:                               #该位置可用，添加进可用项列表里
30                  optional.append(column)
31      else:
32          optional = row                                  #行保存到可选位置的列表中
33      if len(optional) == 0:                              #死解，返回 0，指示不成功
34          return 0
35      else:                                               #活解，随机挑选位置点，返回 1，指示成功
36          randomIndex = math.floor(len(optional) * random.random())  #随机位置点
37          pick = optional[randomIndex]                    #挑选位置
38          position.append(pick)                           #把这个位置点添加到可选位置的列表中
39          return 1
40
41  '''
42  功能：将最终结果用网格显示出来
43  参数：positions：最终挑选的位置列表
44  '''
45  def show(positions):
46      figure = ''                                         #初始化
47      for row in range(8):                                #遍历行
48          for line in range(8):                           #遍历列
49              if (row + 1, line + 1) in positions:        #判断是否为最终位置的行、列
50                  figure += 'Q '                          #在网格中添加 Q（表示皇后）
51              else:                                       #否则
52                  figure += '■ '                          #在网格中添加方块■
53          figure += '\n'                                  #遍历 8 列之后再换行遍历
54      return figure                                       #返回网格
55
56
57  gird = InitGrid(8)                                      #初始化 8×8 网格
58  position = []                                           #保存本行过滤完的可选位置的列表
59  backtracking = [[] for i in range(8)]                   #回溯 8×8 网格的列表
60  row = 0                                                 #行
61  while row < 8:                                          #循环 8 行
62      success = fill(gird, row, position, backtracking[row])  #调用 fill()函数，填入皇后
63      if success == 1:
64          row += 1                                        #没有遇到死解，继续往下
65      else:
66          row -= 1                      #遇到死解，回退到上一行，将死解的点存入排除项中，然后重新选点
67          backtracking[row].append(position.pop())
```

68	**if** row < 7:	#自上而下选点，上一行的点重新选取时，后一行排除项已没意义，清空
69	backtracking[row + 1] = []	
70	print(show(position))	#调用 show()函数，显示网格

运行结果如图 5.78 所示。

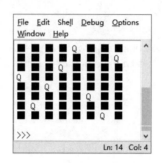

图 5.78　八皇后问题结果

5.5　小　　结

　　本章介绍了 4 种经典算法，包括递归算法、动态规划算法、贪心算法和回溯算法。递归算法的基本思想就是自己调用自己，应用比较广泛，如阶乘问题、累加问题等都可以使用递归算法。动态规划算法的基本思想是把大问题分割成小问题，从每个小问题中得到最优解，最终确定最优答案，通常用来解决爬楼梯问题、最长公共绪论问题等。贪心算法的基本思想是寻求当下的最优解，不管最后是否是最优解，通常用来解决活动安置问题、分糖果问题等。回溯算法的基思想是能进则进，不能进则退回到上一步，重新寻找出口，常用来解决迷宫问题、装载问题等。通过本章的学习，读者可熟练掌握这 4 种算法的核心思想，遇到问题能够根据需求，选择相应的算法解决问题。

第6章

其他算法

在 Python 中，还有一些能实现特定功能的算法。例如，把一个规模较大的问题分拆为多个规模较小问题的算法、对事物进行分类的算法等。本章主要介绍 Python 中的两个常用算法——分治算法和 K 最近邻算法。

6.1 分 治 算 法

分治算法也称为分而治之算法，通过分治算法可以将复杂的问题简单化。它的核心思想是将一个复杂的大问题分割为多个子问题，通过解决子问题来获得总问题的解。这些子问题虽然是独立的，但问题的本质是一样的。一个大问题可以通过分割的方式，使子问题的规模不断缩小，直到这些子问题都足够简单，最后再通过子问题的解来获得总问题的解。

假如有一个项目，分为 8 个模块。如果由项目负责人独立完成该项目，不仅耗费时间，而且有些模块内容也不是他的专长。可以将 8 个模块委派给两个项目成员去完成。为了进一步节省时间，还可以将模块继续分割，分派给更多的项目成员。这样，根据分治算法的核心思想，可以将项目的 8 个模块委派给 8 个项目成员去完成。每一位项目成员只需要负责其中的一个模块，达到分而治之的目的。这个例子的分治算法解决方案的示意图如图 6.1 所示。

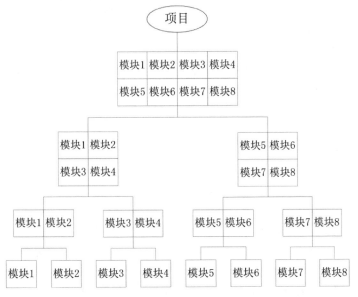

图 6.1 分治算法应用示例示意图

可以看出，通过分治算法可以使原本复杂的问题变成规则更简单、处理速度更快且更易解决的小问题。分治算法的应用也比较广泛，如递归排序法、迭代排序法、计算连续子列表最大和等。下面分别介绍这几种应用。

6.1.1　递归排序法

递归排序法的核心思想是将一个列表分解为多个子列表，单独排序子列表，再对各子列表进行合并。递归排序法可以借助二叉树来理解，如图 6.2 所示。初始待排序列表相当于根结点，子列表相当于子结点。首先对子列表进行排序，再一步一步地合并子列表，得到排序后的总列表。

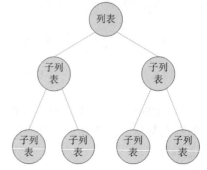

图 6.2　递归排序法示意图

下面通过一个例子来说明递归排序的过程。如图 6.3 所示是一个包含 8 个数字的数值列表。采用递归排序算法将其 8 个数字按照由小到大的顺序排序，具体步骤如下。

（1）把列表平均分为两个子列表，左边 4 个数字构成左子列表[7,3,6,1]，右边 4 个数字构成右子列表[5, 9, 8, 2]，如图 6.4 所示。

图 6.3　初始列表　　　　　　　　　　　　　　　图 6.4　将列表一分为二

（2）按照分治算法的思想，继续把左子列表平均分为两个子列表[7,3]和[6,1]，如图 6.5 所示。

（3）继续分割列表[7,3]，得到两个长度为 1 的列表[7]和[3]，如图 6.6 所示。

图 6.5　将左子列表一分为二　　　　　　　　　　图 6.6　将列表[7, 3]一分为二

（4）对两个长度为 1 的列表进行排序。定义两个指针 A 和 B，A 指针指向第一个列表的第一个元素 7，B 指针指向第二个列表的第一个元素 3。如果 A 指针指向的元素较小，就把这个元素放在第一位，否则就把 B 指针指向的元素放在第一位，如图 6.7 所示。

（5）以同样的方式，分割列表[6,1]，并对两个元素[6]和[1]进行排序，如图 6.8 所示。

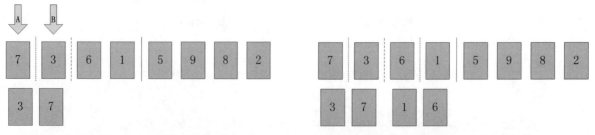

图 6.7　对两个长度为 1 的列表进行排序　　　　　图 6.8　将列表[6,1]一分为二并排序

（6）对排好序的左子列表中的 4 个元素进行排序。定义两个指针 A 和 B，A 指针指向列表[3,7]的第一个元素 3，B 指针指向列表[1,6]的第一个元素 1，比较这两个元素，因为 1 比较小，所以把 1 放在第一位。移动指针 B，使其指向元素 6，比较 3 和 6，因为 3 比较小，所以把 3 放在第二位。这时指针 B 已走到最后，需要移动指针 A，使其指向元素 7，比较 7 和 6，因为 6 比较小，所以把 6 放在第三位。这样，7 就排在第四位。整个排序过程如图 6.9 所示。

（7）对右子列表进行排序，排序过程和左子列表完全一样。如图 6.10 所示，左子列表排序后的结果是[1,3,6,7]，右子列表排序后的结果是[2,5,8,9]。再应用指针，获得最终排序后的完整列表[1,2,3,5,6,7,8,9]。

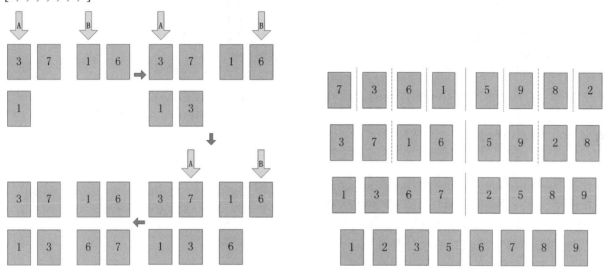

图 6.9　对排好序的左子列表进行排序　　　　　图 6.10　最终排序结果

【实例 6.1】　应用递归排序法对数值列表进行排序。（实例位置：资源包\Code\06\01）

定义一个数值列表[2,−2,5,3,−3,0,9,6]，应用递归排序法，按照由小到大的顺序对该数值列表中的元素进行排序。具体代码如下：

```
01  def dgSort(theList):                               #定义函数并传入参数 theList
02      if len(theList) < 2:                           #如果 theList 只有一个元素
03          return                                     #终止程序执行
04      sep = len(theList) // 2                        #将列表一分为二
05      listA = theList[:sep]                          #获取左子列表
06      listB = theList[sep:]                          #获取右子列表
07      dgSort(listA)                                  #对左子列表进行递归排序
08      dgSort(listB)                                  #对右子列表进行递归排序
09      index = 0                                      #定义列表索引
10      pointerA = 0                                   #定义指针 A
11      pointerB = 0                                   #定义指针 B
12      while(pointerA<len(listA) and pointerB < len(listB)):  #如果两个指针都没走到最后
13          if(listA[pointerA] < listB[pointerB]):     #比较指针指向的两个元素大小
14              theList[index] = listA[pointerA]       #把较小的元素作为当前索引的元素
15              pointerA += 1                          #向后移动指针 A
16          else:
```

17	theList[index] = listB[pointerB]	#把较大的元素作为当前索引的元素
18	pointerB += 1	#向后移动指针 B
19	index += 1	#当前索引加 1
20	**while**(pointerA < len(listA)):	#如果指针 B 走到最后，而指针 A 没有
21	theList[index] = listA[pointerA]	#把指针 A 指向的元素作为当前索引的元素
22	pointerA += 1	#向后移动指针 A
23	index += 1	#当前索引加 1
24	**while** (pointerB < len(listB)):	#如果指针 A 走到最后，而指针 B 没有
25	theList[index] = listB[pointerB]	#把指针 B 指向的元素作为当前索引的元素
26	pointerB += 1	#向后移动指针 B
27	index += 1	#当前索引加 1
28	sList = [2,-2,5,3,-3,0,9,6]	#定义数值列表
29	print("原数值列表：",sList)	#打印原数值列表
30	dgSort(sList)	#调用函数
31	print("排序后的数值列表：",sList)	#打印排序后的数值列表

最终运行的结果如图 6.11 所示。

6.1.2 迭代排序法

迭代排序法的核心思想是应用 for 循环将一个列表分解后的多个子列表成对进行排序，最后形成一个排序后的完整列表。假如有一个包含 *n* 个元素的列表，按照迭代排序法，可把列表看成 *n* 个长度为 1 的子列表，先应用 for 循环对相邻的两个子列表进行排序，得到 *n*/2 个长度为 2 的子列表。再应用 for 循环对相邻的两个子列表进行排序，得到 *n*/4 个长度为 4 的子列表。以此类推，最后可以得到一个排序后的完整列表。简而言之，在使用迭代法排序时，先对 2 个元素进行排序，然后对 4 个元素进行排序，再对 8 个元素进行排序，以此类推。迭代排序法可以借助倒二叉树来理解，如图 6.12 所示。对独立的子结点进行多次迭代，最后到达根结点。

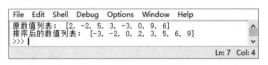

图 6.11　应用递归排序法对数值列表进行排序

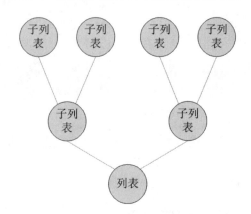

图 6.12　迭代排序法示意图

先来看一个示例。应用迭代排序法，按照由小到大的顺序对如图 6.13 所示列表中的 8 个数字进行排序，具体步骤如下。

（1）把列表分为 8 个长度为 1 的子列表，然后利用指针的方法，对 4 组两两相邻的子列表进行合并、排序，如图 6.14 所示。

图 6.13　列表

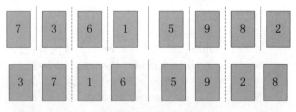

图 6.14　对 4 组两两相邻的子列表进行合并、排序

（2）把 4 个长度为 2 的子列表分为左右两组，并分别进行合并、排序，如图 6.15 所示。

（3）把 2 个长度为 4 的子列表进行合并、排序，最后得到排序后的完整列表，如图 6.16 所示。

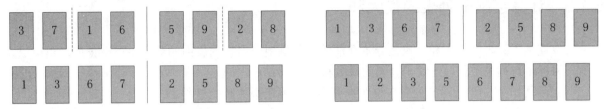

图 6.15　对 4 个长度为 2 的子列表进行合并、排序　　　　图 6.16　排序后的完整列表

下面来应用 Python 代码实现迭代排序法。

【实例 6.2】　应用迭代排序法对数值列表进行排序。（实例位置：资源包\Code\06\02）

定义一个数值列表[12,9,6,3,1,7,15,10]，应用迭代排序法对该数值列表中的元素按照由小到大的顺序进行排序。具体代码如下：

```
01  def ddSort(theList):                                      #定义函数并传入参数 theList
02      n = 1                                                 #子列表长度，初始值为 1
03      while n < len(theList):
04          for i in range(0,len(theList),n*2):
05              listA = theList[i:i+n]                        #获取长度为 n 的左子列表
06              listB = theList[i+n:i+n*2]                    #获取长度为 n 的右子列表
07              index = i                                     #定义列表索引
08              pointerA = 0                                  #定义指针 A
09              pointerB = 0                                  #定义指针 B
10              while(pointerA<len(listA) and pointerB<len(listB)): #如果两个指针都没走到最后
11                  if(listA[pointerA] < listB[pointerB]):    #比较指针指向的两个元素大小
12                      theList[index] = listA[pointerA]      #把较小的元素作为当前索引的元素
13                      pointerA += 1                         #向后移动指针 A
14                  else:
15                      theList[index] = listB[pointerB]      #把较大的元素作为当前索引的元素
16                      pointerB += 1                         #向后移动指针 B
17                  index += 1                                #当前索引加 1
18              while(pointerA < len(listA)):                 #如果指针 B 走到最后而指针 A 没有
19                  theList[index] = listA[pointerA]          #把指针 A 指向的元素作为当前索引的元素
20                  pointerA += 1                             #向后移动指针 A
21                  index += 1                                #当前索引加 1
22              while (pointerB < len(listB)):                #如果指针 A 走到最后而指针 B 没有
23                  theList[index] = listB[pointerB]          #把指针 B 指向的元素作为当前索引的元素
24                  pointerB += 1                             #向后移动指针 B
25                  index += 1                                #当前索引加 1
26          n = n * 2
27  sList = [12,9,6,3,1,7,15,10]                              #定义数值列表
28  print("原数值列表：",sList)                                #打印原数值列表
29  ddSort(sList)                                             #调用函数
30  print("排序后的数值列表：",sList)                           #打印排序后的数值列表
```

最终运行的结果如图 6.17 所示。

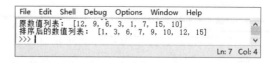

6.1.3　计算连续子列表的最大和

图 6.17　应用迭代排序法对数值列表进行排序

计算连续子列表的最大和，也是分治算法的一个典型应用。列表中的数字可以是正值，也可以是负值，目标是在列表中获取连续子列表的最大和。

下面通过如图 6.18 所示的列表来说明计算连续子列表最大和的过程。

最大和的子列表可能在列表的左子列表、右子列表或中间列表部分，如图 6.19 所示，所以需要找到左子列表的子列表的最大和、右子列表的子列表的最大和、中间列表部分的子列表的最大和，最后再对 3 个值进行比较，最大的那个值就是所求的值。

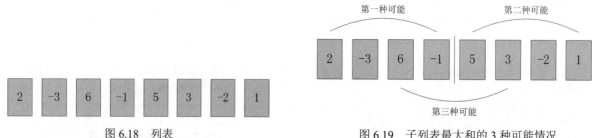

图 6.18　列表

图 6.19　子列表最大和的 3 种可能情况

左子列表与右子列表的子列表的最大和可以交给两个子列表来解决，现在需要找到第三种可能的值，也就是中间列表部分的子列表的最大和。具体方法是：为列表设置一个中点，先遍历中点左边的值，对数值按从右到左的顺序累加，记录每一次的和，取这些和的最大值。例如，中点左边的值分别为 2、−3、6、−1，先记录最右边的第一个值−1；然后计算−1+6，值是 5；再计算−1+6−3，值是 2，再计算−1+6−3+2，值是 4。比较−1、5、2、4 这 4 个值，最大值是 5。遍历中点左边的值后再遍历中点右边的值，对数值按从左到右的顺序累加，记录每一次的和，取这些和的最大值。同样的方法可以得到 5、8、6、7 这 4 个值，最大值是 8。最后，左边的最大值加上右边的最大值就是想要的值 13。

下面计算左子列表的最大和。计算左子列表最大和的方法与计算列表最大和的方式相同，也是有 3 个可能值，如图 6.20 所示。第一种和第二种可能的值可以交给左子列表的两个子列表来解决，现在需要找到第三种可能的值，也就是左子列表中间部分的子列表的最大和。通过上述方法可以得到该值为 2−3+6，也就是 5。

下面获取左子列表的左子列表的 3 种可能值，如图 6.21 所示。第一种可能的值是 2，第二种可能的值是−3，第三种可能的值是−1，三者的最大值是 2。

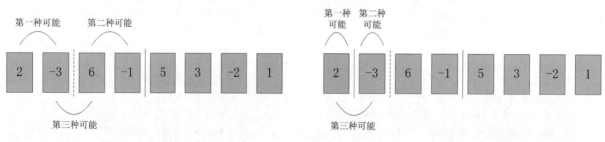

图 6.20　左子列表最大和的 3 种可能情况

图 6.21　左子列表的左子列表的 3 种可能情况

下面获取左子列表的右子列表的 3 种可能值。第一种可能的值是 6，第二种可能的值是-1，第三种可能的值是 5，三者的最大值是 6。所以，左子列表的 3 种可能的值就是 2、6、5，如图 6.22 所示，三者中的最大值就是 6。

以同样的方式可以得到右子列表最大和 3 种情况的最大值是 8，所以，整个列表的子列表最大和的 3 种可能的值就是 6、8、13，如图 6.23 所示。由此可见，最终的计算结果就是 13。

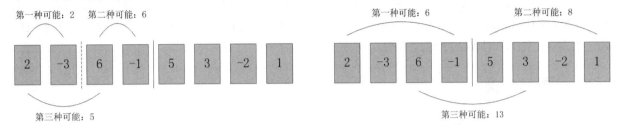

图 6.22　左子列表最大和的 3 种可能的值　　　图 6.23　列表的子列表最大和的 3 种可能的值

下面在实例中应用 Python 代码来实现计算列表中连续子列表的最大和。

【实例 6.3】　计算列表中连续子列表的最大和。（实例位置：资源包\Code\06\03）

定义一个数值列表[3,-7,6,-2,5,1,-3,2]，应用分治算法计算列表中连续子列表的最大和。代码如下：

```
01    def maxSubList(theList):                              #定义函数并传入参数 theList
02        if theList == []:                                 #如果列表为空则终止程序
03            return
04        if len(theList) == 1:                             #如果列表只有一个元素则获取该元素
05            return theList[0]
06        sep = len(theList) // 2                           #将列表一分为二
07        leftMaxSum = maxSubList(theList[:sep])            #获取左子列表的最大和
08        rightMaxSum = maxSubList(theList[sep:])           #获取右子列表的最大和
09        leftSum = 0                                       #记录中点左边已遍历过的数值的和
10        maxLeft = 0                                       #记录中点左边的和的最大值
11        rightSum = 0                                      #记录中点右边已遍历过的数值的和
12        maxRight = 0                                      #记录中点右边的和的最大值
13        for i in range(sep-1,-1,-1):                      #遍历中点左边的值
14            leftSum += theList[i]                         #对数值按从右到左的顺序累加，记录每一次的和
15            maxLeft = max(leftSum,maxLeft)                #取这些累加和的最大值
16        for i in range(sep,len(theList)):                 #遍历中点右边的值
17            rightSum += theList[i]                        #对数值按从左到右的顺序累加，记录每一次的和
18            maxRight = max(rightSum,maxRight)             #取这些累加和的最大值
19        return max(leftMaxSum,maxLeft+maxRight,rightMaxSum)  #获取 3 个可能值中的最大值
20    sList = [3,-7,6,-2,5,1,-3,2]                          #定义数值列表
21    print("数值列表：",sList)                             #输出数值列表
22    maxSum = maxSubList(sList)                            #调用函数
23    print("连续子列表最大和：",maxSum)                    #打印连续子列表最大和
```

最终运行的结果如图 6.24 所示。

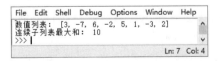

图 6.24　输出数值列表和连续子列表的最大和

6.2 K 最近邻算法

K 最近邻（KNN）算法是比较简单的机器学习算法，通过测量不同特征值间的距离进行分类。K 最近邻算法的核心思想是：如果一个样本在特征空间中的 K 个最近邻（最相似）的样本属于大多数的某一个类别，则该样本也属于这个类别。

6.2.1 图形分类

下面是一个图形分类的例子。有一个未知图形，可能是圆形，也可能是菱形。把它和几个圆形、菱形放在一个坐标系中，如图 6.25 所示。要预测这个未知图形的类别，需要找到离它最近的 3 个图形，如图 6.26 所示。

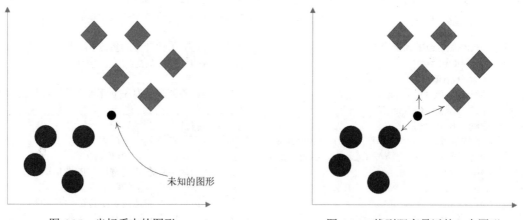

图 6.25　坐标系中的图形　　　　　图 6.26　找到距离最近的 3 个图形

在这 3 个近邻的图形中，菱形比圆形多，因此这个未知的图形很可能是一个菱形。这就是应用 K 最近邻算法进行分类。在对事物进行分类时，可以试着使用该算法。

6.2.2 特征提取

在使用 K 最近邻算法进行分类时，可以将测试数据的每个特征和样本数据集合中的数据对应的特征进行比较，通过提取特征的方式找到 K 个最相似数据中出现次数最多的分类，作为测试数据的分类。

一起来看下我们生活中的电影是怎么分类的。电影分为很多类，如爱情片、科幻片、动作片、枪战片、喜剧片等，它们都有着不同的特征。但这些特征并不是绝对的，也就是说，一部电影中通常会具备很多元素，如爱情元素、动作元素、枪战元素等。这时该如何对其精准分类呢？

例如，在动作片中会出现一些枪战场面，在枪战片中也会出现一些动作场面，但这样的场面在两种电影的类型中出现的频率显然是不同的。动作片中，动作场面要明显多于枪战场面；而在枪战片中，枪战场面要明显多于动作场面。据此就可以对其进行适当的划分，如表 6.1 所示。

表 6.1　电影信息表

电 影 名 称	动 作 场 面	枪 战 场 面	电 影 类 型
A	10	3	动作片
B	13	2	动作片
C	12	4	动作片
D	2	11	枪战片
E	4	10	枪战片
F	5	11	枪战片

假设有一部未知类型的电影 G，其中出现的动作场面有 9 场，枪战场面有 5 场，该如何判断这部电影属于哪种类型呢？根据样本中动作场面和枪战场面的特征，绘制如图 6.27 所示的坐标系，把所有的数据显示出来。很明显，电影 G 与电影 A 和电影 C 距离最近，而这种距离反映了两部电影的相似程度。因为电影 A 和电影 C 都是动作片，所以可以判断电影 G 是动作片。

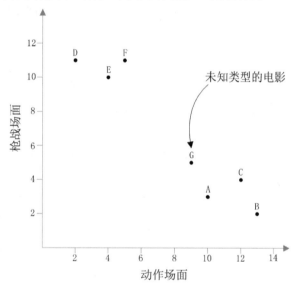

图 6.27　根据特征绘制坐标系

下面计算一下测试数据（电影 G）和样本数据集合中的数据（已知的 6 部电影）之间的距离，可以使用欧几里得距离进行计算，公式如下：

$$\sqrt{(x_2 - x_1)^2 + (y_2 - y_1)^2}$$

例如，G 和 A 的距离如下：

$$\sqrt{(10-9)^2 + (3-5)^2}$$
$$= \sqrt{1+4}$$
$$= \sqrt{5}$$

G 和 A 的距离为 $\sqrt{5}$。同理，还可以计算电影 G 和其他电影之间的距离。最终，电影 G 和 6 部电影之间的欧几里得距离如表 6.2 所示。

表 6.2　电影 G 和 6 部电影之间的欧几里得距离

电 影 名 称	计 算 公 式	和未知类型电影的距离
A	$\sqrt{(10-9)^2+(3-5)^2}$	约等于 2.2
B	$\sqrt{(13-9)^2+(2-5)^2}$	5
C	$\sqrt{(12-9)^2+(4-5)^2}$	约等于 3.2
D	$\sqrt{(2-9)^2+(11-5)^2}$	约等于 9.2
E	$\sqrt{(4-9)^2+(10-5)^2}$	约等于 7.1
F	$\sqrt{(5-9)^2+(11-5)^2}$	约等于 7.2

将测试样本和样本集合中各数据间的距离由小到大排序，可找到 K 个和电影 G 距离最近的电影。假设 K 是 3，则 3 部和电影 G 距离最近的电影分别是电影 A、电影 B 和电影 C。如上所述，K 最近邻算法就是按照距离最近的 3 部电影的类型，决定电影 G 的类型。由于这 3 部电影都是动作片，因此可以判断电影 G 也为动作片。

6.2.3　回归

使用 K 最近邻算法除了可进行分类之外，还可以做另一项工作——回归。分类就是对事物进行编组，而回归就是通过数字预测结果。

下面通过一个例子来了解一下回归的作用。假设有一个用户信息表，如表 6.3 所示。

表 6.3　用户信息表

用户 ID	年　　龄	身高（单位：尺）	体重（单位：kg）
1	26	5.2	67
2	31	5.6	70
3	19	4.8	66
4	40	5.1	63
5	23	5.7	72
6	18	5.9	80
7	33	5.8	76
8	22	5.1	64
9	45	5.4	75
10	35	5.3	77
11	30	5.0	?

表 6.3 中展示了 ID 为 1~10 的 10 个用户的 ID、年龄、身高和体重。ID 为 11 的用户只显示了年龄和身高，缺少体重值。现在需要根据 ID 为 1~10 的用户的年龄和身高来预测 ID 为 11 的用户的体重。下面通过图表的形式把所有用户的年龄和身高显示出来，如图 6.28 所示。

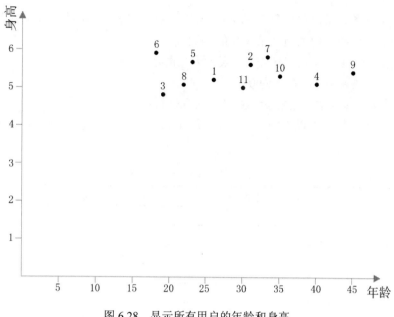

图 6.28　显示所有用户的年龄和身高

在图 6.28 中，x 轴表示用户的年龄，y 轴表示用户的身高，各点根据用户的 ID 进行编号。为了预测 ID 为 11 的用户的体重，首先需要计算坐标系中 ID 为 11 的用户和其他用户之间的距离。ID 为 11 的用户和其他用户之间距离的计算公式和结果如表 6.4 所示。

表 6.4　ID 为 11 的用户和其他用户之间的距离

用户 ID	计 算 公 式	与 ID 为 11 用户的距离
1	$\sqrt{(26-30)^2+(5.2-5.0)^2}$	约等于 4
2	$\sqrt{(31-30)^2+(5.6-5.0)^2}$	约等于 1.2
3	$\sqrt{(19-30)^2+(4.8-5.0)^2}$	约等于 11
4	$\sqrt{(40-30)^2+(5.1-5.0)^2}$	约等于 10
5	$\sqrt{(23-30)^2+(5.7-5.0)^2}$	约等于 7
6	$\sqrt{(18-30)^2+(5.9-5.0)^2}$	约等于 12
7	$\sqrt{(33-30)^2+(5.8-5.0)^2}$	约等于 3.1
8	$\sqrt{(22-30)^2+(5.1-5.0)^2}$	约等于 8
9	$\sqrt{(45-30)^2+(5.4-5.0)^2}$	约等于 15
10	$\sqrt{(35-30)^2+(5.3-5.0)^2}$	约等于 5

现在已经得到了 ID 为 11 的用户和其他用户之间的距离。按照距离由小到大的顺序排序，并选择 K 个最接近的数据点。如果 K 是 5，那么和 ID 为 11 的用户距离最接近的用户 ID 分别是 1、2、5、7 和 10。这些用户的体重的平均值即为 ID 为 11 的用户的体重预测值，即(67+70+72+76+77)/5=72.4kg。这种通过计算平均值预测结果的过程就是 K 最近邻算法中的回归。

下面再来看一个例子。某汉堡店每天都会做新鲜的汉堡，每天卖出的汉堡个数都和天气等因素有关。现需要根据如下几个特征预测当天做汉堡的个数。

☑ 天气指数 1～5：1 表示天气很差，5 表示天气很好。

☑ 是否是周末：周末为 1，否则为 0。

☑ 是否有打折活动：1 表示有打折，0 表示没有打折。

另外，还有一些历史数据可以参考，如表 6.5 所示。这些历史数据记录了不同条件下售出的汉堡数量。

表 6.5　售出汉堡历史数据表

天 气 指 数	是否是周末	是否有打折活动	售出汉堡个数
4	1	0	100
3	0	1	75
1	1	0	40
4	0	1	95
5	1	0	150
2	0	1	60

假设今天是周末，天气指数是 4，并且店内推出了打折活动。根据这些历史数据预测该汉堡店今天能售出多少汉堡。下面使用 KNN 算法进行预测，其中 K 为 3。具体代码如下：

```
01   import math
02   def getMaxIndex(list):                              #获取列表中的最大值
03       maxValue = float("-inf")
04       for i in range(len(list)):                      #遍历列表
05           if maxValue < list[i]:                      #如果列表元素值比较大
06               maxValue = list[i]                      #获取最大值
07               index = i                               #获取最大值的索引
08       return index
09   def KDistance(K, dest, source):
10       destLen = len(dest)                             #获取特征个数
11       sourceLen = len(source)                         #获取历史数据个数
12       distance = []
13       final = source
14       for i in range(sourceLen):
15           sum = 0
16           for j in range(destLen):
17               sum += (dest[j] - source[i][j]) * (dest[j] - source[i][j])
18           distance.append(math.sqrt(sum))             #计算欧几里得距离
19       for n in range(sourceLen-K):
20           index = getMaxIndex(distance)               #获取距离列表最大值的索引
21           distance.remove(distance[index])            #移除最大距离
22           final.remove(final[index])                  #移除历史数据中对应位置的元素
23       return final                                    #返回最终 K 个最接近的元素
24
25   hamburger = {}                                      #历史数据
26   hamburger[4, 1, 0] = 100
```

```
27    hamburger[3, 0, 1] = 75
28    hamburger[1, 1, 0] = 40
29    hamburger[4, 0, 1] = 95
30    hamburger[5, 1, 0] = 150
31    hamburger[2, 0, 1] = 60
32    dest = [4, 1, 1]                              #今天的 3 个特征列表
33    source = []
34    for i in hamburger:
35        source.append(i)
36    K = 3
37    result = KDistance(K, dest, source)          #获取最终 K 个最接近的元素
38    avg = 0
39    for i in range(len(result)):
40        avg += hamburger[result[i]]
41    avg /= K                                      #计算平均值
42    print("预测结果：今天能售出%d 个汉堡"%round(avg))
```

运行上述代码，结果如图 6.29 所示。

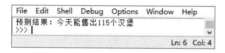

图 6.29 输出预测结果

6.3 小 结

本章主要介绍了分治算法和 K 最近邻算法。通过分治算法可以将大规模的问题化简为多个小规模的问题，从而使复杂的问题简单化。而使用 K 最近邻算法可以对事物进行分类和回归。通过这两种算法可以解决一些特定的问题。

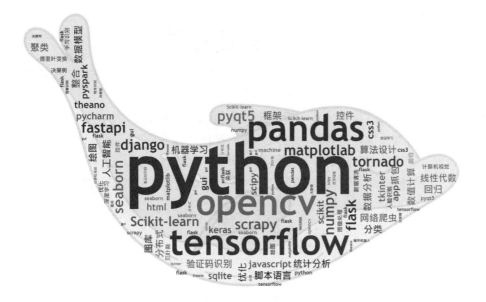

第 3 篇　数据结构篇

本篇介绍数据结构，包含链表、树形结构、图形结构等数据结构，此外还介绍了查找算法和散列表。本篇内容是全书的难点，利用大量的图片和文字讲解，希望能够帮助读者理解相关知识。

第 7 章

链表算法

链表是比较重要的结构化数据类型，也是经典的线性表。链表是动态数据结构，它使用不连续的内存空间存储数据，具有线性的特性。优点是数据的插入和删除操作比较方便，不需要移动大量的数据。链表的内存分配是在程序运行过程中完成的，不需要事先声明，能节省内存。缺点是设计数据结构比较麻烦，在查找数据时不能随机读取，需要按顺序查找数据。本章就来详解链表算法。

7.1 创建单向链表

学习链表前，先想一想生活中有哪些"链"状的物品。比如项链、手链等，仔细观察它们，会发现链的特点是一环扣一环，上一环的尾部扣着下一环的头部，如图 7.1 所示。其中的连接点，即上一环尾部扣着下一环头部的点，我们可以称其为结点，如图 7.2 所示。

图 7.1 项链　　　　　　　　　　　　图 7.2 项链中的结点

链表的结构与此类似。编程语言中，链表是由一组称为结点的数据元素组成的数据结构。例如，创建一个"学生"链表，其中包括多个学生的姓名、性别、学号等基本信息，内部结构如图 7.3 所示。

图 7.3 学生链表

从图 7.3 中可以看出，学生一的尾结点 next 指向了学生二的头结点（学号那栏），这就是链表的特性，即上一个信息的尾结点 next 会指向下一个结点的内存地址。由于每个结点都包含了可以链接起来的地址信息，所以用一个变量就能够访问整个结点序列。

在以上的描述中出现了两个词"指向"和"地址"，学习过 C 语言的读者可能会知道，这是典型的指针术语。没错，在 C 语言中，可以使用指针来创建链表。但是在 Python 中并没有指针的概念，应该怎样创建链表呢？我们先来看一下 Python 中是如何交换两个值的。首先是定义两个变量，代码如下：

```
01    x=13
02    y=14
```

Python 中交换两个变量的代码如下：

```
03    x,y =y,x
```

注意，在 Python 中交换值可以这样写，在别的语言中却不可以。这是因为在 Python 中，定义 x=13 时，系统除了会开辟一块内存给 13 这个值，还会开辟一块内存用于存储 13 的地址，这块称之为 x。

类似地，定义 y=14 时，除了会开辟一块内存以保存 14 的值之外，还会开辟一块内存用于存储 14 的地址，这块称之为 y。所以说，在 Python 中交换两个数的值时，其实是地址的指向发生了转换，类似于 C 语言中的指针。

在 x,y = y, x 中。我们先看右边，取出 y,x 的值 14,13。即得到 x,y =14,13。然后 x 存储到 14 的地址中，y 存储到 13 的地址中。这样达到交换的效果，如图 7.4 所示。

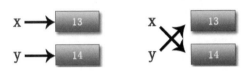

图 7.4　交换值

因此，Python 中的变量名，保存的不是值，而是地址。同时，由于在 Python 中变量是隐式说明，所以 x 可以指向任何数据。

了解了地址在 Python 代码中的保存形式，接下来就用 Python 代码和结点创建一个单向链表。代码如下：

```
01    '''
02    功能：定义类，作用是指向下一个结点
03    '''
04    class Node():
05        def __init__(self,elem):          #链表元素
06            self.elem = elem
07            self.next = None              #初始设置，下一个结点为空
```

【实例 7.1】　创建学生链表。（实例位置：资源包\Code\07\01）

这里，我们用 Python 创建前文提到的学生链表，具体代码如下：

```
01    '''
02    功能：创建学生结点类
03    '''
04    class student:
05        def __init__(self):
06            self.name=''
07            self.sex = ''
08            self.next=None
09
10    head=student()                        #建立链表头部
11    head.next=None                        #下一个元素为空
12    ptr=head                              #设存储指针的位置
13    select=0                              #用来选择
14    while select!=2:                      #不为 2 就循环
15        print("(1)添加　(2)退出程序")       #提示
16        select = int(input('请输入一个选项：'))
17        if select==1:                     #输入 1 时，向链表中添加信息
```

```
18          NewData=student()                    #添加下一个元素
19          NewData.no = input("学号：")          #添加学号
20          NewData.name=input("姓名：")          #添加姓名
21          NewData.sex=input("性别：")           #添加性别
22          ptr.next=NewData                      #设置为新元素所在的位置
23          NewData.next=None                     #下一个元素的 next 先设置为空
24          ptr=ptr.next                          #指向下一个结点
25      elif select == 2:                         #输入 2 时，退出程序
26          break
27      else:                                     #输入其他数字时，提示有误
28          print("输入有误")
```

运行结果如图 7.5 所示。

图 7.5　创建一个学生链表

7.2　单向链表的操作

创建了链表，接下来需要对链表进行操作，本节就来介绍单向链表的几个操作。

7.2.1　链表的基本操作

前面介绍过，利用结点创建一个链表的代码如下：

```
01  '''
02  功能：定义结点类，作用是指向下一个结点
03  '''
04  class Node():
05      def __init__(self,elem):
06          self.elem =elem
07          self.next = None
```

接下来，需要创建一个链表类，并初始化该类，代码如下：

```
01  '''
02  功能：定义链表
```

```
03          '''
04  class LinkList():
05      def __init__(self, node=None ):        #使用默认参数，传入头结点时接收，未传入时默认头结点为空
06          self.__head = node                 #__表示私有属性，不对外开放
```

然后就可以对这个链表进行基本操作。

（1）在链表类中，定义一个方法 is_empty()，功能是判断链表是否为空，代码如下：

```
01      '''
02      功能：判断链表是否为空
03      '''
04      #def is_empty(self):
05          return self.__head == None
```

（2）在链表类中，定义一个方法 LinkList_length()，功能是计算链表的长度，代码如下：

```
01      '''
02      功能：计算链表长度
03      '''
04      def LinkList_length(self):
05          cur = self.__head              #cur 游标，用来移动遍历结点
06          count = 0                      #count 记录数量
07          while cur != None:
08              count += 1
09              cur = cur.next
10          return count
```

（3）在链表类中，定义一个方法 LinkList_travel()，功能是遍历整个链表，代码如下：

```
01      '''
02      功能：遍历整个链表
03      '''
04      def LinkList_travel(self):
05  cur = self.__head                      #指向头结点
06          while cur != None:
07              print(cur.elem, end=' ')   #输出链表元素
08              cur = cur.next             #指向下一个结点
09          print()
```

7.2.2　单向链表中结点的添加

在单向链表中添加结点，包括在头结点处添加结点（头插法）、在尾结点处添加结点（尾插法），以及在中间位置添加结点 3 种方式。

1．在头结点处添加结点

假设有如图 7.6 所示的学生链表，包含学生的学号、名字、性别信息。要想在学生一结点前添加一个新的学生结点，如图 7.7 所示，需要将头结点变成新添加的学生结点，然后新添加学生结点的 next 指针指向学生一结点的地址。

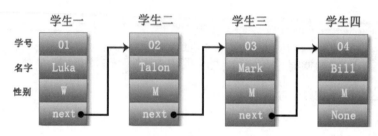

图 7.6　学生链表

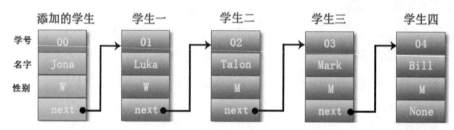

图 7.7　在头结点处添加新结点

在链表头结点处添加结点的 Python 代码如下：

```
01    '''
02    功能：在链表头部添加新数据，item 是数据
03    '''
04    def add(self, item):
05        node = Node(item)                    #添加新数据
06        node.next = self.__head              #新数据的 next 指向原来的头结点
07        self.__head = node                   #新添加的数据变成头结点
```

2.　在尾结点处添加结点

仍然是图 7.6 中的学生链表，要想在尾结点处添加一个新的学生结点，如图 7.8 所示，需要将学生四结点的 next 指针指向新添加的学生结点，然后将新添加的学生结点指向 none。

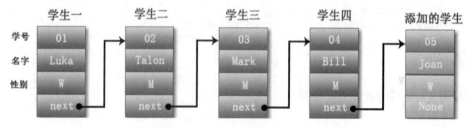

图 7.8　在尾结点处添加新结点

在链表尾结点处添加结点的 Python 代码如下：

```
01    '''
02    功能：在链表尾部添加新数据，item 是数据
03    '''
04    def append(self, item):
05        #这里的 item 是一个数据，不是结点
```

06	node = Node(item)	#新添加数据的结点
07		#特殊情况下，当链表为空时没有 next，所以前面要做个判断
08	**if** self.is_empty():	
09	self.__head = node	#将头结点位置赋给新结点
10	**else**:	#链表不为空
11	cur = self.__head	#初始化 cur 游标
12	**while** cur.next != **None**:	#当游标指向为空时，跳出循环
13	cur = cur.next	
14	cur.next = node	#指向新添加数据的结点

3．在中间位置添加结点

仍然是图 7.6 中的学生链表，要想在学生二和学生三之间添加一个新的学生结点，需要将学生二结点指向新学生结点，然后将新学生结点指向学生三结点。添加新学生结点之后的链表如图 7.9 所示。

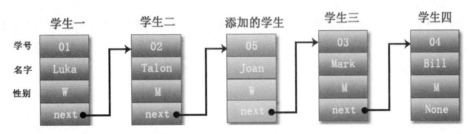

图 7.9　在链表中间添加新结点

在链表中间位置添加结点的算法实现代码如下：

01	'''	
02	功能：在链表中间位置添加新数据，item 是数据	
03	'''	
04	**def** insert(self, pos, item):	
05		
06	**if** pos <= 0:	#如果结点下标 pos≤0 以前，采用头插法插入结点
07	self.add(item)	
08	elif pos > self.LinkList_length()-1:	#如果 pos>链表长度-1，采用尾插法插入结点
09	self.append(item)	
10	**else**:	#否则，采用中间位置添加结点
11	node = Node(item)	#新数据的结点
12	count = 0	
13	pre = self.__head	
14	**while** count<(pos-1):	
15	count += 1	
16	pre = pre.next	
17	#当循环退出后，pre 指向 pos-1 位置	
18	node.next = pre.next	
19	pre.next = node	

【实例 7.2】　链表添加数据。（实例位置：资源包\Code\07\02）

首先定义函数，创建链表；然后再定义函数，向链表中添加结点。在定义添加结点时，分 3 种情况，第一种是在链表头添加新结点；第二种是在链表中间位置添加新结点；第三种是在链表尾添加新结点。具体算法实现代码如下：

```
01    '''
02    功能：定义结点类，作用是指向下一个结点
03    '''
04    class Node():
05        def __init__(self, elem):
06            self.elem = elem
07            self.next = None
08
09
10    '''
11    功能：定义链表
12    '''
13    class LinkList(object):
14        def __init__(self,node=None):          #使用默认参数，传入头结点时接收，未传入时默认头结点为空
15            self.__head = node                 #__表示私有属性，不对外开放
16
17        '''
18        功能：判断链表是否为空
19        '''
20        def is_empty(self):
21            return self.__head == None
22
23        '''
24        功能：计算链表长度
25        '''
26
27        def LinkList_length(self):
28            cur = self.__head                  #cur 游标，用来移动遍历结点
29            count = 0                          #count 记录数量
30            while cur != None:
31                count += 1
32                cur = cur.next
33            return count
34
35        '''
36        功能：遍历整个链表
37        '''
38
39        def LinkList_travel(self):
40            cur = self.__head                  #指向头结点
41
42            while cur != None:
43                print(cur.elem, end=' ')       #输出链表元素
44                cur = cur.next                 #指向下一个结点
45            print()
46        '''
47        功能：在链表头部添加新数据，item 是数据
```

```
48          '''
49
50          def add(self, item):
51              node = Node(item)                    #添加新数据
52              node.next = self.__head              #新数据的 next 指向原来的头结点
53              self.__head = node                   #新添加的数据变成头结点
54
55          '''
56          功能：在链表尾部添加新数据，item 是数据
57          '''
58
59          def append(self, item):
60              #这里的 item 是一个数据，不是结点
61              node = Node(item)                    #新添加数据的结点
62              #特殊情况下，当链表为空时没有 next，所以在前面要做个判断
63              if self.is_empty():
64                  self.__head = node               #直接向把新添加信息给头结点
65              else:                                #链表不为空
66                  cur = self.__head                #初始化 cur 游标
67                  while cur.next != None:          #当游标指向为空时，跳出循环
68                      cur = cur.next
69                  cur.next = node                  #指向新添加数据的结点
70
71          '''
72          功能：在链表中间位置添加新数据，item 是数据
73          '''
74
75          def insert(self, pos, item):
76
77              if pos <= 0:                         #如果结点下标 pos≤0，采用头插法插入结点
78                  self.add(item)
79              elif pos > self.LinkList_length() - 1:#如果 pos>链表长度−1，采用尾插法插入结点
80                  self.append(item)
81              else:                                #否则，采用中间位置添加结点
82                  node = Node(item)                #新数据的结点
83                  count = 0
84                  pre = self.__head
85                  while count < (pos - 1):
86                      count += 1
87                      pre = pre.next
88                  #当循环退出后，pre 指向 pos-1 位置
89                  node.next = pre.next
90                  pre.next = node
91
92      LinkList_demo = LinkList()                   #创建链表
93      LinkList_demo.add(25)                        #调用 add()函数在头结点处添加数据
94      LinkList_demo.add(10)                        #调用 add()函数在头结点处添加数据
95      LinkList_demo.append(39)                     #调用 append()函数在尾结点处添加数据
96      LinkList_demo.insert(2, 49)                  #调用 insert()函数在第 3 个结点（结点下标从 0 开始）处添加数据
```

97	LinkList_demo.insert(4, 54)	#调用 insert()函数在第 5 个结点（结点下标从 0 开始）处添加数据
98	LinkList_demo.insert(0, 60)	#调用 insert()函数在第 1 个结点（结点下标从 0 开始）处添加数据
99	#调用 LinkList_length()函数，输出链表长度	
100	print ("链表的长度是： ",LinkList_demo.LinkList_length())	
101	print("链表的各个数据分别是：")	
102	LinkList_demo.LinkList_travel()	#调用 LinkList_travel()函数输出链表各个数据

运行结果如图 7.10 所示。

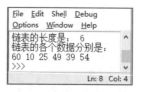

图 7.10　链表添加数据

7.2.3　单向链表中结点的删除

在单向链表类型的数据结构中，删除结点和添加结点相同，也分为 3 种不同情况。

1．删除第一个结点（头结点）

假设有如图 7.11 所示的学生链表，包含学号、名字、性别等信息。

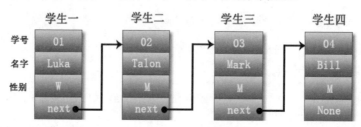

图 7.11　学生链表

要想把学生一结点删除，如图 7.12 所示，只需要把学生二结点变成头结点（head）即可。

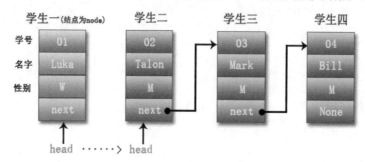

图 7.12　删除第一个结点

例如，学生一结点是 node，现需要删除学生一结点，算法实现代码如下：

| 01 | node=head | #原来，学生一结点是头结点 |
| 02 | head=head.next | #现在，学生二结点变成头结点 |

2．删除最后一个结点（尾结点）

仍然是如图 7.11 所示的学生链表，这次需要删除学生四结点，如图 7.13 所示。很简单，将链表的倒数第二个结点（即学生三结点）指向 None 即可。

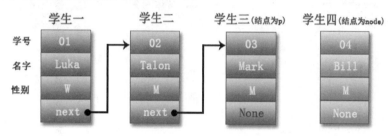

图 7.13　删除尾结点

例如，学生四结点为 node，学生三结点为 p，现需要删除学生四结点，算法实现代码如下：

```
01   p.next=node                              #原来，学生三结点指向待删除的学生四结点
02   p.next=None                              #现在，学生三结点指向 None
```

3．删除链表内的结点（中间结点）

如图 7.11 所示的学生链表中，如果要删除学生三结点，如图 7.14 所示，需要将其前一个结点 p（即学生二结点）指向学生四结点。

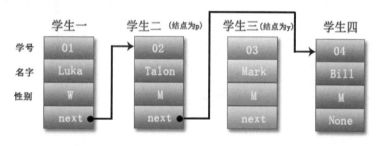

图 7.14　在链表内删除

例如，学生二结点为 p，学生三结点为 y，现需要删除学生三结点，算法实现代码如下：

```
01   y=p.next                                 #原来，学生二的下一个结点是学生三
02   p.next=y.next                            #现在，学生二的下一个结点是学生四
```

接下来用 Python 代码实现根据学生的学号删除该学生信息。

【实例 7.3】　链表删除数据。（实例位置：资源包\Code\07\03）

创建一个学生链表，包含学生姓名、学号和性别。根据学号，删除对应的学生信息。算法实现代码如下：

```
01   import sys
02   '''
03   功能：创建链表结点
04   '''
05   class student:
```

```
06      def __init__(self):
07          self.number=0                          #学生学号
08          self.name=''                           #学生姓名
09          self.sex = ''                          #学生性别
10          self.next=None                         #指向下一个结点
11
12
13  '''
14  功能：删除链表中的结点
15  '''
16  def del_ptr(head,ptr):
17      top=head                                   #指向链表头结点
18      if ptr.number==head.number:                #删除链表头部结点
19          head=head.next
20          print('已删除学号 %d 同学 姓名：%s 性别:%s' %(ptr.number,ptr.name,ptr.sex))
21      else:
22          while top.next!=ptr:                    #找到删除结点的前一个位置
23              top=top.next
24          if ptr.next==None:                     #删除链表末尾的结点
25              top.next=None
26              print('已删除学号 %d 同学 姓名：%s 性别:%s' %(ptr.number,ptr.name,ptr.sex))
27          else:
28              top.next=ptr.next                  #删除链表中的任意一个结点
29              print('已删除学号 %d 同学 姓名：%s 性别:%s' %(ptr.number,ptr.name,ptr.sex))
30      return head                                #返回链表
31
32
33  findword=0
34  name_data=['Luck','Talon','Mark','Bill']       #学生姓名
35  data=[[1,"Woman"],[2,"Man"],[3,"Man"],[4,"Man"]]  #学生学号、性别
36  print('学号 性别 ')
37  print('-----------')
38  for i in range(4):                             #遍历输出链表数据
39      for j in range(1):
40          print('%2d    %3s  ' %(data[j+i][0],data[j*2+i][1]),end='')
41      print()
42  head=student()                                 #建立链表头结点
43  if not head:
44      print('Error!! 内存分配失败!!')
45      sys.exit(0)
46  head.number=data[0][0]                         #初始化头结点学号
47  head.name=name_data[0]                         #初始化头结点姓名
48  head.sex=data[0][1]                            #初始化头结点性别
49  head.next=None
50
51  ptr=head
52  for i in range(1,4):                           #建立链表
53      new_node=student()
54      new_node.number=data[i][0]
55      new_node.name=name_data[i]
```

```
56          new_node.sex=data[i][1]
57          new_node.number=data[i][0]
58          new_node.next=None
59          ptr.next=new_node
60          ptr=ptr.next
61
62  while(True):
63      findword=int(input('请输入要删除的学生学号，输入 0 表示结束删除过程，请输入：'))
64      if(findword==0):                         #循环中断条件，输入 0 程序结束
65          break
66      else:                                    #否则，根据学号删除学生
67          ptr=head
68          find=0
69          while ptr!=None:
70              if ptr.number==findword:         #判断学号是否在链表中，是则删除
71                  ptr=del_ptr(head,ptr)        #调用删除链表结点函数
72                  find=find+1
73                  head=ptr
74              ptr=ptr.next
75          if find==0:
76              print('没有找到')
77
78  ptr=head
79  print('\t 学号    姓名\t 性别')               #打印剩余链表中的数据
80  print('\t----------------------------')
81  while(ptr!=None):
82      print('\t%2d\t    %-5s\t%3s' %(ptr.number,ptr.name,ptr.sex))
83      ptr=ptr.next
84  print('\t----------------------------')
```

运行结果如图 7.15 所示。

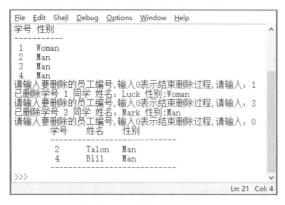

图 7.15　删除学生信息

7.2.4　单向链表的连接

要想连接两个或两个以上的链表，方法很简单，类似于连接两个字符串。

167

例如，有如图 7.16 所示的两个单向链表，其头结点分别是 head1 和 head2。要想将两个链表链接起来，只需要将链表 1 的尾结点连接到链表 2 的头结点上即可，如图 7.17 所示。

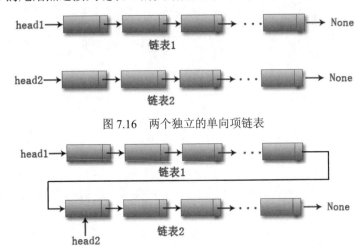

图 7.16　两个独立的单向项链表

图 7.17　两个单向链表连接后

例如，假设 p 是连接两个链表之后的大链表的指针，算法实现代码如下：

```
01   p=head1                      #先让 p 指向头结点为 head1 的链表
02   while p.next!=None:          #当 p.next 不为 None 时，表示链表 1 未到尾结点
03       p=p.next                 #循环指向链表 1 的下一个结点
04   p.next=head2                 #（p 为尾结点时）将链表 1 的尾结点指向链表 2 的头结点
```

接下来我们用链表的连接功能，将两个职员链表相连。

【实例 7.4】　连接两个职员链表。（**实例位置：资源包\Code\07\04**）

创建两个员工姓名链表，分别是：employee_data1 = ['张三', '李四', '王五', '刘六']、employee_data2 = ['狗剩', '二狗', '铁蛋', '钢镚']，连接这两个链表，并输出连接后的链表。具体代码如下：

```
01   import sys
02   import random
03
04   '''
05   功能：将两个职员链表连接
06   参数：head1：职员链表 1 头结点
07         head2：职员链表 2 头结点
08   '''
09   def connect_list(head1, head2):
10       p = head1                      #先让 p 指向头结点为 head1 的链表
11       while p.next != None:          #当 p.next 不为 None 时，表示链表 1 未到尾结点
12           p = p.next                 #循环指向链表 1 的下一个结点
13       p.next = head2                 #将链表 1 的尾结点指向链表 2 的头结点，实现连接
14       return head1
15
16   class employee:                    #创建职员结点
17       def __init__(self):
```

```
18              self.num = 0                        #职员工位号
19              self.salary = 0                     #职员薪资
20              self.name = ''                      #职员姓名
21              self.next = None                    #初始设置，下一个结点为空
22
23      findword = 0
24      data = [[None] * 2 for row in range(4)]     #列表推导式
25      employee_data1 = ['张三', '李四', '王五', '刘六']    #链表1职员姓名
26      employee_data2 = ['狗剩', '二狗', '铁蛋', '钢镚']    #链表2职员姓名
27      for i in range(4):                          #遍历职员
28          data[i][0] = i + 1
29          data[i][1] = random.randint(5000, 10000)    #随机在(5000, 10000)之间生成薪资
30
31      head1 = employee()                          #建立第一组链表的头部
32      if not head1:
33          print('Error!! 内存分配失败!!')
34          sys.exit(0)
35
36      head1.num = data[0][0]                      #链表1头结点的工位号
37      head1.name = employee_data1[0]              #链表1头结点的姓名
38      head1.salary = data[0][1]                   #链表1头结点的薪资
39      head1.next = None                           #指向尾结点
40      p = head1
41      for i in range(1, 4):                       #建立第一组链表
42          new_node = employee()
43          new_node.num = data[i][0]               #链表1工位号
44          new_node.name = employee_data1[i]       #链表1姓名
45          new_node.salary = data[i][1]            #链表1薪资
46          new_node.next = None
47          p.next = new_node
48          p = p.next
49
50      for i in range(4):
51          data[i][0] = i + 5
52          data[i][1] = random.randint(5100, 10000)
53
54      head2 = employee()                          #建立第二组链表的头部（和第一组链表一样）
55      if not head2:
56          print('Error!! 内存分配失败!!')
57          sys.exit(0)
58
59      head2.num = data[0][0]
60      head2.name = employee_data2[0]
61      head2.salary = data[0][1]
62      head2.next = None
63      p = head2
64      for i in range(1, 4):                       #建立第二组链表
65          new_node = employee()
66          new_node.num = data[i][0]
67          new_node.name = employee_data2[i]
```

```
68        new_node.salary = data[i][1]
69        new_node.next = None
70        p.next = new_node
71        p = p.next
72
73    i = 0
74    p = connect_list(head1, head2)              #调用 connect_list()函数将两个链表相连
75    print('两个链表相连的结果为：')
76    while p != None:                            #打印新链表中的数据
77    print("◆",p.num," " *3,p.name," "*3,p.salary,"◇" )
78        print()
79        p = p.next
```

运行结果如图 7.18 所示。从运行结果来看，已经将两个链表连接起来。

图 7.18　连接两个链表

7.2.5　单向链表的反转

　　学习了单向链表后，我们会发现，在链表中完成结点的添加和删除非常容易，从头到尾输出链表也不是什么难事，因为单向链表中每个结点都指向下一个结点，只要知道一个结点的位置，整个链表的所有结点也就都知道了。

　　假设现在需要反转输出链表，即从后到前输出链表，如图 7.19 所示，此时我们知道链表中某个结点的位置，却不知道此结点的上一个结点位置，该如何入手呢？

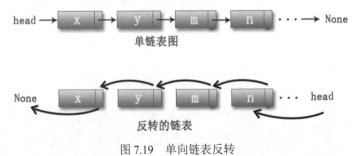

图 7.19　单向链表反转

在 Python 算法中，实现单向链表反转的具体代码如下：

```
01    '''
02    功能：链表反转
03    参数：head 是链表的头结点
04    '''
05    def reverse(head):
06        p=head                          #定义变量 p，指向 head 头结点
07        q=None                          #q 为空
08        while p!=None:
09            a=q                         #将 a 接到 q 之后
10            q=p                         #将 q 接到 p 之后
11            p=p.next                    #p 移到下一个结点
12            q.next=a                    #q 连接到之前的结点
13        return q
```

从代码中可以看到，实现单向链表反转需要用到 3 个变量 p、q 和 a，接下来我们来看这一段程序的反转过程。

（1）执行 while 语句前，p 指向头结点，q 为空，此时链表的情况如图 7.20 所示。

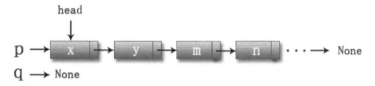

图 7.20　各变量初识状态

（2）执行第一次 while 循环，借助变量 a，将 a 接到变量 q 之后，将变量 q 接到 p 之后，p 结点向下一个结点移动，再将 q 连接到之前的结点。此时链表的情况如图 7.21 所示。

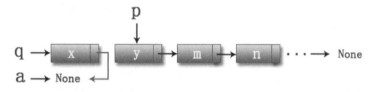

图 7.21　执行第一次循环

（3）执行第二次 while 循环，这次将 q 的位置交接给 a，p 的位置交接给 q，p 再向下一个结点前进，最后将 q 结点连接到之前的结点 a 上，此时链表的情况如图 7.22 所示。

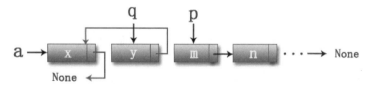

图 7.22　执行第二次循环

（4）执行第三次循环，再次将 q 交接给 a，p 交接给 q，p 再向下一个结点移动，然后 q 连接到之前结点 a 上。此时链表的情况如图 7.23 所示。

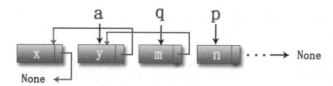

图 7.23　执行第三次循环

直到 p=None 时，整个单向链表就反转过来了，如图 7.24 所示。

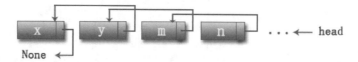

图 7.24　链表反转

接下来用 Python 代码实现链表的反转。将一条学生链表进行反转。

【实例7.5】　　反转学生链表。（**实例位置：资源包\Code\07\05**）

创建一个学生链表，包括学生学号以及名字。将学生链表反转，并输出反转之后的链表。具体代码如下：

```
01    import sys
02    '''
03    功能：创建链表结点
04    '''
05    class student:
06        def __init__(self):
07            self.number=0                              #学生的学号
08            self.name=''                               #学生的姓名
09            self.sex =''                               #学生的性别
10            self.next=''                               #下一个结点为空
11
12    findword=0
13
14    name_data=['Luck','Talon','Mark','Bill']           #学生姓名
15    data=[[1,"Woman"],[2,"Man"],[3,"Man"],[4,"Man"]]   #学生学号和性别
16
17    head=student()                                     #建立链表头结点
18    if not head:
19        print('Error!! 内存分配失败!!')
20        sys.exit(0)
21
22    head.number=data[0][0]                             #初始化头结点学号
23    head.name=name_data[0]                             #初始化头结点姓名
24    head.sex=data[0][1]                                #初始化头结点性别
25    head.next=None
26    ptr=head
27    for i in range(1,4):                               #建立链表
28        new_node=student()
29        new_node.number=data[i][0]                     #初始化链表学生学号
```

```
30        new_node.name=name_data[i]                    #初始化链表学生姓名
31        new_node.sex=data[i][1]                        #初始化链表学生性别
32        new_node.next=None
33        ptr.next=new_node                              #指向学生链表的下一个结点
34        ptr=ptr.next
35
36    ptr=head
37    i=0
38    print('反转前的学生链表结点数据：')
39    while ptr !=None:                                  #打印链表数据
40        print('☆ %2d\t    %-1s\t%-3s    ☆' %(ptr.number,ptr.name,ptr.sex), end='')
41        i=i+1
42        if i>=1:                                       #一个数据为一行
43            print()
44            i=0
45        ptr=ptr.next                                   #指向下一个结点
46
47    ptr=head
48    before=None
49    print('\n 反转后的学生链表结点数据：')
50    while ptr!=None:                                   #链表反转，利用 3 个指针，反转指针核心
51        last=before
52        before=ptr
53        ptr=ptr.next
54        before.next=last
55
56    ptr=before
57    while ptr!=None:                                   #打印链表数据
58
59        print('★ %2d\t    %-1s\t%-3s    ★' %(ptr.number,ptr.name,ptr.sex), end='')
60        i=i+1
61        if i>=1:                                       #一个数据为一行
62            print()
63            i=0
64        ptr=ptr.next
```

运行结果如图 7.25 所示。

图 7.25　链表反转

从图 7.25 的运行结果来看，学生链表已经被反转了。

7.3　堆栈、队列与链表

堆栈与队列都是比较抽象的数据结构，它们在计算机领域中的应用都很广泛。

堆栈是典型的"后进先出型"数据结构，多用于递归调用。简单来说，堆栈结构就是将数据一层层地堆积起来，存取数据时，后堆进去的数据先取出，先堆进去的数据后取出。生活中有很多类似于堆栈的"后进先出型"例子，例如装卸货车，如图 7.26 所示，装载货物时，从内到外一层层地装；卸载货物时，从外到内一层层地卸，即先将最靠上、最后堆的货物卸走，然后卸中间，最后卸最靠下、最先放上的货物。

图 7.26　装卸货车

队列则相反，是典型的"先进先出型"数据结构。其存取数据过程类似于生活中的排队，先来的人排在队伍前，后来的人排在队伍后。不管是排队看电影，还是排队安检，需要出队时，从排在队首的人开始出，如图 7.27 所示。

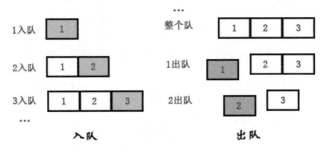

图 7.27　入队出队

了解了堆栈和队列，本节就为大家介绍如何用链表实现堆栈和队列这两种常见的数据结构。

7.3.1　用链表实现堆栈

用链表实现堆栈的优点是可以随时动态改变链表的长度，有效利用内存空间，即用多大就申请多大，一点也不浪费少。只要读者理解了堆栈的本质，设计起来就一点也不麻烦。

（1）声明堆栈的链表结点，代码如下：

```
01    '''
02    功能：定义堆栈链表结点类
03    '''
```

```
04   class Node:
05       def __init__(self):
06           self.data=0                              #声明堆栈数据
07           self.next=None                           #初始设置，下一个结点为空
08
09   top=None                                         #声明顶端并初始化
```

（2）判断堆栈链表是否为空，代码如下：

```
01   '''
02   功能：判断堆栈链表是否为空
03   '''
04   def is_empty():
05       global top                                   #将 top 声明为全局变量
06       if(top==None):                               #如果顶端为 None
07           return 1                                 #返回 1
08       else:                                        #否则
09           return 0                                 #返回 0
```

（3）将数据压入堆栈，代码如下：

```
01   '''
02   功能：将数据压入堆栈中
03   '''
04   def push(data):
05       global top
06       new_node=Node()                             #新结点
07       new_node.data=data                          #将数据指定为结点的内容
08       new_node.next=top                           #将新结点指向堆栈的顶端
09       top=new_node                                #新结点成为堆栈的顶端
```

（4）将数据弹出堆栈（在堆栈中取数据），代码如下：

```
01   '''
02   功能：将数据弹出
03   '''
04   def pop():
05       global top
06       if is_empty():                              #如果堆栈链表为空
07           print("当前堆栈链表为空")
08           return -1                               #退出程序
09       else:                                       #否则
10           p=top                                   #指向堆栈的顶端
11           top=top.next                            #堆栈顶端指向下一个结点
12           temp=p.data                             #弹出数据
13           return temp                             #将从堆栈中弹出的数据返回给主程序
```

接下来，我们用完整的链表结构来实现堆栈，并输出结果，查看其是否是"先进后出"型结构。

【实例 7.6】　用链表实现堆栈。（实例位置：资源包\Code\07\06）

利用链表实现将数据压入堆栈和将数据弹出堆栈功能。程序中，数字 1 代表向堆栈中压入数据，

数字 2 代表将数据弹出，数字 3 代表退出操作。根据用户选择，进行对应的功能。具体代码如下：

```python
01  '''
02  功能：定义堆栈链表结点类
03  '''
04  class Node:
05      def __init__(self):
06          self.data=0                          #声明堆栈数据
07          self.next=None                       #初始设置，下一个结点为空
08
09  top=None                                     #声明顶端并初始化
10  '''
11  功能：判断堆栈链表是否为空
12  '''
13  def is_empty():
14      global top                               #将 top 声明为全局变量
15      if(top==None):                           #如果顶端为 None
16          return 1                             #返回 1
17      else:                                    #否则
18          return 0                             #返回 0
19  '''
20  功能：将数据压入堆栈中
21  '''
22  def push(data):
23      global top
24      new_node=Node()                          #新结点
25      new_node.data=data                       #将数据指定为结点的内容
26      new_node.next=top                        #将新结点指向堆栈的顶端
27      top=new_node                             #新结点成为堆栈的顶端
28  '''
29  功能：将数据弹出
30  '''
31  def pop():
32      global top
33      if is_empty():                           #如果堆栈链表为空
34          print("当前堆栈链表为空")
35          return -1                            #退出程序
36      else:                                    #否则
37          p=top                                #指向堆栈的顶端
38          top=top.next                         #堆栈顶端指向下一个结点
39          temp=p.data                          #弹出数据
40          return temp                          #将从堆栈中弹出的数据返回给主程序
41
42
43  while True:
44      i=int(input("1:向堆栈中压入数据  2:堆栈中弹出  3:退出堆栈操作,请输入您的选择: "))
45      if i==1:                                 #如果输入 1
46          data = int(input("请输入要压入的数据:"))
47          push(data)                           #调用堆栈压入数据函数
```

```
48       elif i==2:                                      #如果输入 2
49          print("弹出的数据为", pop())                  #调用堆栈弹出数据函数
50       elif i==3:                                      #如果输入 3
51          break                                        #退出堆栈操作，即退出循环
52
53  print("------------------------------------")
54  while(not is_empty()):                               #将数据陆续从顶端弹出
55      print('堆栈弹出的顺序为:%d' %pop())
56
57  print("------------------------------------")
58  print("可以看出：先压入的数据后弹出，后压入的数据先弹出")
```

运行结果如图 7.28 所示。

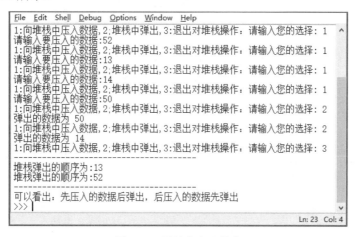

图 7.28　用链表实现堆栈

压入数据和弹出数据的情况用图 7.29 可以更好地说明。

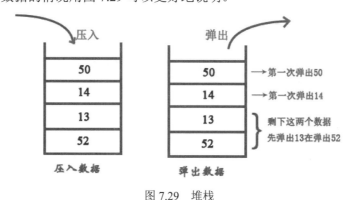

图 7.29　堆栈

7.3.2　用链表实现队列

队列也可以用链表实现，在定义队列方法时，要包含指向队列前端和队列末端的指针。接下来我们来看下如何用 Python 链表算法实现职员队列。

（1）建立职员队列链表结点，代码如下：

```
01  '''
02  功能：定义职员队列链表
03
04  '''
05  class worker:
06      def __init__(self):
07          self.name=''*20                     #职员名字
08          self.number=0                       #职员工位号
09          self.next=None                      #队列中指向下一个结点
10  fore=worker()
11  end=worker()
12  fore=None                                   #队列前端指针
13  end=None                                    #队列末尾指针
```

（2）将数据加入队列中，代码如下：

```
01  '''
02  功能：将数据加入队列
03  参数：name：表示职员名字
04       number：表示职员工位号
05  '''
06  def add_queue(name,number):
07  global fore
08      global end
09      new_data=worker()                       #分配内存给新数据
10      new_data.name=name                      #为新数据赋值
11      new_data.number=number                  #为新数据赋值
12      if end==None:                           #如果 end 为 None，表示这是第一个元素
13          fore=new_data
14      else:
15          end.next=new_data                   #将新数据连接到队列末尾
16      end=new_data                            #将 end 指向新数据，这是新数据的末尾
17      new_data.next=None                      #新数据之后再无其他数据
```

（3）取出队列中的数据，代码如下：

```
01  '''
02  功能：取出队列数据
03  '''
04  def out_queue():
05      global fore
06      global end
07      if fore==None:                          #如果队列前端为 None，表示这个队列为空
08          print("队列已经没有数据了")
09      else:                                   #否则
10          print("姓名：",fore.name," 工号：",fore.number)  #输出信息
11          fore=fore.next                      #将队列前端移到下一个元素
```

接下来我们用完整的链表结构来实现队列，并输出结果，查看其是否是"先进先出"型结构。

【实例 7.7】 用链表实现队列。（实例位置：资源包\Code\07\07）

本实例中，首先创建一个职员链表，包含职员的姓名和工位号；然后用链表实现向队列中加入数据（自定义的 add_queue()函数）、从队列中取出数据（自定义的 out_queue()函数）、显示队列数据（自定义的 show()函数）3 个功能，用数字 1、2、3 分别表示，根据用户的输入，实现对应的功能。代码如下：

```
01  '''
02  功能：定义职员队列链表
03  '''
04  class worker:
05      def __init__(self):
06          self.name=''*20                      #职员名字
07          self.number=0                        #职员工位号
08          self.next=None                       #队列中指向下一个结点
09  fore=worker()
10  end=worker()
11  fore=None                                    #队列前端指针
12  end=None                                     #队列末尾指针
13  '''
14  功能：将数据加入到队列
15  参数：name：表示职员名字
16       number：表示职员工位号
17  '''
18  def add_queue(name,number):
19  global fore
20      global end
21      new_data=worker()                        #分配内存给新数据
22      new_data.name=name                       #为新数据赋值
23      new_data.number=number                   #为新数据赋值
24      if end==None:                            #如果 end 为 None，表示这是第一个元素
25          fore=new_data
26      else:
27          end.next=new_data                    #将新数据连接到队列末尾
28      end=new_data                             #将 end 指向新数据，这是新数据的末尾
29      new_data.next=None                       #新数据之后再无其他数据
30  '''
31  功能：取出队列数据
32  '''
33  def out_queue():
34      global fore
35      global end
36      if fore==None:                           #如果队列前端为 None，表示这个队列为空
37          print("队列已经没有数据了")
38      else:                                    #否则
39          print("姓名：",fore.name," 工号：",fore.number) #输出信息
40          fore=fore.next                       #将队列前端移到下一个元素
41  '''
42  功能：显示队列中的数据
```

```
43    '''
44    def show():
45        global fore
46        global end
47        p = fore                                    #从队列前端开始
48        if p== None:                                #判断 p 为空，则队列为空
49            print('队列已空！')                      #提示
50        else:
51            while p != None:                        #从队列前端（fore）到队列末尾（end）遍历队列
52                print("姓名：",p.name,"\t 工号:", p.number)    #输出队列信息
53                p = p.next                          #指向下一个结点
54
55    i = 0                                           #用于选择变量
56    while True:
57        i = int(input("1:向队列加入数据 2:从队列中取出数据 3:显示队列中数据 4:退出程序,请选择："))
58        if i == 1:                                  #如果输入 1
59            name = input("姓名: ")                   #输入职员姓名
60            score = int(input("工位号: "))           #输入职员工位号
61            add_queue(name, score)                  #向队列中加入数据
62        elif i == 2:                                #如果输入 2
63            out_queue()                             #从队列中取出数据
64        elif i==3:                                  #如果输入 3
65            show()                                  #显示队列中未取出的数据
66        elif i == 4:                                #如果输入 4
67                break                               #退出程序
68        else:                                       #否则
69            print("输入有误")                        #提示输入有误
```

运行结果如图 7.30 所示。

图 7.30　用链表实现队列

从图 7.30 可以看出向队列加入数据和取出数据的情况，用图 7.31 可以更好地说明队列中的数据情况。

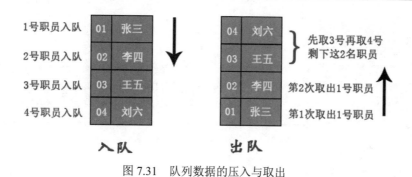

图 7.31　队列数据的压入与取出

7.4　小　　结

本章介绍了什么是单向链表以及创建链表、添加链表、删除链表、连接链表、反转链表的基本操作，并给出了具体的 Python 代码实现。最后，介绍了堆栈和队列的概念和如何用链表来实现它们。读者一定要掌握堆栈和队列的区别，堆栈是"先进后出型"结构，队列是"先进先出型"结构。通过本章的学习，读者可熟悉、掌握链表这种数据结构，在遇到问题时能够多一种选择解决问题的方法。

第 8 章

树形结构算法

树形结构是一种应用比较广泛的非线性数据结构，其元素结点之间存在着一定的分支和层次关系。计算机中，树形结构可用来表示源程序的语法结构，而一些实际问题也可以借助树形结构来解决。二叉树是最典型的树形结构，它存储数据方便，操作也比较灵活，所以应用非常广泛。本章就来详细介绍树形结构。

8.1 树 的 概 念

树形结构是元素结点之间有分支和层次关系的数据结构，类似于自然界中的树。在生活中，有很多事物本身就呈现出一定的树形关系，如家族关系（见图 8.1）、部门设置（见图 8.2）等。

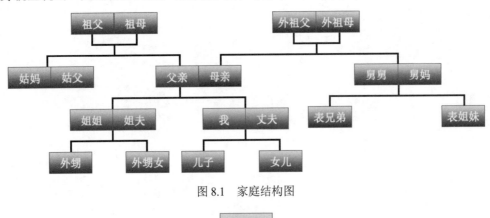

图 8.1 家庭结构图

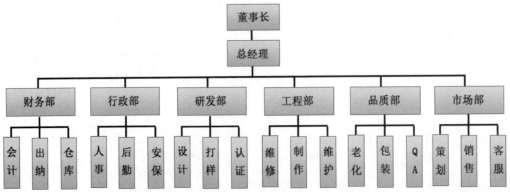

图 8.2 部门设置图

8.1.1　树的定义

树是由 n 个元素组成的有限集合，如果 $n=0$，就称为空树；如果 $n>0$，树结构应满足以下条件：

☑　有一个特定的结点，称为根结点或根。

☑　除根结点外，其余结点被分成 m（$m \geqslant 0$）个互不相交的有限集合，而每个子集又都是一棵树（称为原树的子树）。

例如，如图 8.3 所示就是一个典型的树形结构。其中，结点 a 称为根结点。树结构中，根结点的作用类似于自然界中的树（见图 8.4），根是树生长的起点，枝条和叶子都是从根生发出来的，只不过自然界的树是向上生长的，而树结构是向下"生长"的。

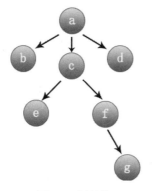

图 8.3　树结构　　　　　　　　　　　　　　图 8.4　树

除了根结点 a，还有结点 b、c、d、e、f、g，它们的共同点是其上下至少存在一处与之相连的结点。另外，为了能够结束树结构，必须保证有一些无后续结点的结点，如结点 b、d、e、g，否则该树就会变成一个无限的树结构。

8.1.2　树的表示

树的表示形式有 4 种：树形表示法、文氏图表示法、凹入表示法以及括号表示法。

☑　树形表示法是树最基本的表示方法，这种方式直观、形象，如图 8.3 所示。

☑　文氏图又称为 Venn 图、温氏图、维恩图或范氏图，是数学中用来表示集合、分类概念的一种图示方法。使用文氏图表示树结构时，也是使用集合以及集合的包含关系来描述。图 8.3 中的树结构用文氏图表示，效果如图 8.5 所示。

☑　凹入表示法使用线段的伸缩来描述树的结构。图 8.3 中的树结构用凹入表示法表示，效果如图 8.6 所示。

☑　括号表示法是将树的根结点写在括号的左边，除根结点之外的其余结点写在括号中，并用逗号隔开来描述树结构。图 8.3 中的树结构用括号表示法表示，效果如图 8.7 所示。

表示法的多样性，说明了树结构在日常生活中及计算机程序设计中的重要性。一般来说，分等级的分类方案都可以用层次结构来表示，也就是都可以形成一个树结构。

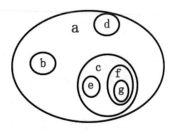

图 8.5　文氏图表示法　　　　　图 8.6　凹入表示法　　　　　图 8.7　括号表示法

8.1.3　树的相关术语

以图 8.8 为例，介绍树结构中常用到的一些术语。

☑　结点：每个含结点编号的圆圈就称为一个结点。

☑　根结点：没有上一层（前驱）结点的结点。一个树结构只有一个根结点，这里结点 a 就是根结点。

☑　叶子结点（叶子）：没有下一层（后继）结点的结点。例如，结点 b、g、f、d 就是叶子结点。叶子结点的度为 0。

☑　父结点（父亲）：某个结点的上一层（前驱）结点。例如，结点 e 的父结点是 c，结点 c 的父结点是结点 a。

☑　子结点（儿子）：某个结点的下一层（后继）结点。例如，结点 e、f 是结点 c 的子结点。

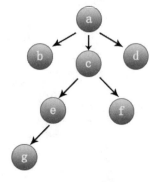

图 8.8　树结构

☑　兄弟结点：拥有同一个父结点的结点。例如，结点 b、c、d 就是兄弟结点。

☑　子树：以某个结点的子结点为根构成的树，称为该结点的子树。例如，a 结点的子结点 c，以 c 为根构成的树，称为结点 a 的子树。

☑　度：结点拥有的子树的个数称为该结点的度。例如，结点 a 拥有 b、c、d 3 个子结点，因此结点 a 的度是 3。

☑　树的度：树中所有结点最大的度。例如，结点 a 的度是 3，结点 c 的度是 2，结点 e 的度是 1，最大的度是 3，因此整个树的度是 3。

☑　分支：类似于生活中的树枝，一棵树必定有多个分支。

☑　层次（层号）：树中所有结点之度的和，再加 1。图 8.8 中，3*1+2*1+1*1+1=7，因此树的层次是 7。

☑　深度：树中结点所处的最大层次。例如，图 8.8 中的树结构一共有 4 层，它的深度就是 4。

☑　森林：互补相交的树的集合。类似于生活中，很多大树可构成一片森林。

8.2　二叉树简介

二叉树是一种特殊的树，比较适合计算机处理。任何树都可以转换成二叉树来处理。

8.2.1　什么是二叉树

二叉树也是一种树结构，但其每个结点都有且仅有两个分支，称为左子树和右子树，如图 8.9 所示。因此，二叉树最大的度就是 2。

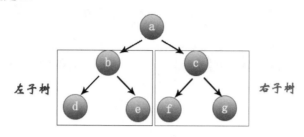

图 8.9　二叉树

以图 8.9 为例，介绍一下二叉树的基本特性。

☑ 二叉树的第 k 层最多有 2^{k-1} 个结点。第 1 层最多有 $2^{k-1}=2^{1-1}=1$ 个结点，第 2 层最多有 $2^{k-1}=2^{2-1}=2$ 个结点。

☑ 深度为 m 的二叉树，最多有 2^m-1 个结点。这里，二叉树的深度是 3，即 $m=3$，整个树结构最多有 $2^m-1=2^3-1=7$ 个结点。

☑ 任意一棵二叉树中，度为 0 的结点总是比度为 2 的结点多 1 个。这里，度为 0 的结点是 d、e、f、g，有 4 个；度为 2 的结点是 a、b、c，有 3 个；度为 0 的结点比度为 2 的结点多 1 个。

☑ 具有 n 个结点的二叉树，其深度至少为 $[\log_2 n]+1$。这里，一共有 7 个结点，$\log_2 7$ 取整之后是 2，再加 1 等于 3，因此这个树结构至少为 3 层。

8.2.2　二叉树的类别

二叉树有几种特殊的类型，包含满二叉树、完全二叉树、斜二叉树和平衡二叉树。接下来一一进行介绍。

1．满二叉树

满二叉树除了最后一层的叶子结点，其余结点都有两个子结点。也就是说，满二叉树的每一层结点都是满的，如图 8.10 所示。

满二叉树中，第 k 层有 2^{k-1} 个结点。例如，第 3 层有 $2^{3-1}=4$ 个结点。

深度为 m 的满二叉树，有 2^m-1 个结点。例如，深度为 4 的满二叉树有 $2^4-1=15$ 个结点。

具有 n 个结点的满二叉树，其深度为 $[\log_2 n]+1$。例如，有 15 个结点的满二叉树，其深度是 4。

2．完全二叉树

如果一个二叉树，除最后一层外，每层的结点都是满的，但最后一层缺少右边的若干结点，则该二叉树称为完全二叉树。如图 8.11 所示，是一个完全二叉树。

满二叉树一定是完全二叉树，但完全二叉树不一定是满二叉树。具有 n 个结点的完全二叉树，其深度为 $[\log_2 n]+1$。

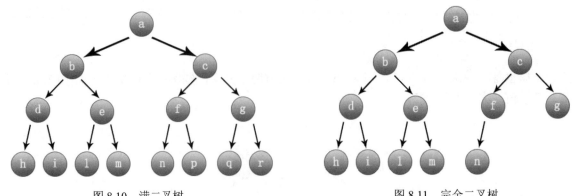

图 8.10　满二叉树　　　　　　　　　　　图 8.11　完全二叉树

3．斜二叉树

当一个二叉树完全没有左结点或右结点时，称为斜二叉树。如图 8.12 所示是左斜二叉树，如图 8.13 所示是右斜二叉树。可以看出，斜二叉树各层的结点数都是 1。有 n 个结点，斜二叉树的深度就是 n。

4．平衡二叉树

平衡二叉树既不是满二叉树也不是完全二叉树，它的特点是左右子树的高度差不能超过 1。如图 8.14 所示是一个平衡二叉树。

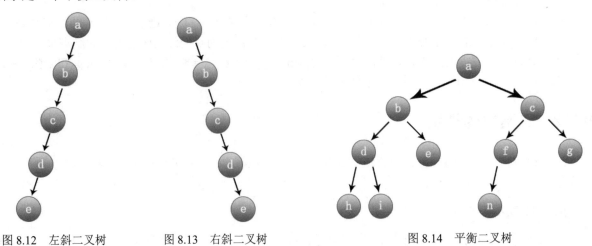

图 8.12　左斜二叉树　　　　图 8.13　右斜二叉树　　　　　　图 8.14　平衡二叉树

说明

空二叉树就是没有结点的二叉树，是平衡二叉树的一种。

8.3　二叉树操作

前面学习了什么是二叉树，本节开始介绍二叉树的一些基本操作，从创建二叉树开始，到遍历二叉树，再查找、插入及删除二叉树的结点。

8.3.1　创建二叉树

和其他数据结构一样，二叉树也需要存储在内存中。二叉树的存储方式有两种：数组方式和链表方式。接下来就来介绍这两种存储方式。

1．用数组实现二叉树

使用有序一维数组来表示一棵二叉树，比较容易实现。

拿到一个二叉树，首先将它设想为一个满二叉树，满足第 k 层有 2^{k-1} 个结点。然后从根结点开始，自上到下，每层自左向右，给所有结点都编上号，如图 8.15 所示。其中，未编号的结点表示原二叉树中没有该结点。

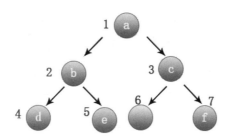

图 8.15　给二叉树结点编号

这样，就可以将图 8.15 中的所有结点按编号顺序依次存储在一个一维数组中，如图 8.16 所示。

索引值	1	2	3	4	5	6	7
内容值	a	b	c	d	e		f

图 8.16　一维数组存二叉树结点编号

结合图 8.15 和图 8.16 可以看出，一维数组中的索引值存在以下关系：

☑　左子树的索引值是父结点的索引值乘以 2。例如，结点 d 的索引值是 4，其父结点 b 的索引值是 2，2*2=4，因此结点 d 是结点 b 的左子树。

☑　右子树的索引值是父结点的索引值乘以 2，再加 1。例如，结点 f 的索引值是 7，其父结点 c 的索引值是 3，3*2+1=7，因此结点 f 是结点 c 的右子树。

接下来，我们用 Python 代码实现用数组创建二叉树。

【实例 8.1】　数组实现二叉树。（**实例位置：资源包\Code\08\01**）

本实例中，首先创建了 Binary_tree_create()函数，实现用数组创建二叉树；然后在主函数中定义了一个数组并赋值，调用 Binary_tree_create()函数将数组元素创建成二叉树的形式；最后按照从上到下、从左到右的顺序，输出二叉树的内容。具体代码如下：

```
01    '''
02    功能：用数组创建二叉树
03    参数：tree_array：存放二叉树数组
04         data：数据
05         length：长度
```

```
06      '''
07      def Binary_tree_create(tree_array, data, length):
08          for i in range(1, length):
09              index = 1                                    #索引值初始化
10              while tree_array[index] != 0:
11                  if data[i] > tree_array[index]:          #如果数组内的值大于树根，则往右子树比较
12                      index = index * 2 + 1
13                  else:                                    #如果数组内的值小于或等于树根，则往左子树比较
14                      index = index * 2
15              tree_array[index] = data[i]                  #把数组值放入二叉树
16
17
18      length = 9                                           #长度为9
19      data = [0,3,2,6,7,4,5,1,9]                            #原始数组
20      tree_array = [0] * 16                                #存放二叉树数组
21      print('原始数组内容：')
22      for i in range(length):
23          print("%2d " % data[i], end='')
24      print('')
25      Binary_tree_create(tree_array, data, 9)
26      print('二叉树内容：')
27      for i in range(1, 16):
28          print("%2d " % tree_array[i], end='')
29      print()
```

运行结果如图 8.17 所示。

图 8.17　一维数组存二叉树数据

将图 8.17 显示的二叉树内容用满二叉树表示，如图 8.18 所示。将所有的 0 结点去掉后，就是例 8.1 要实现的二叉树，如图 8.19 所示。

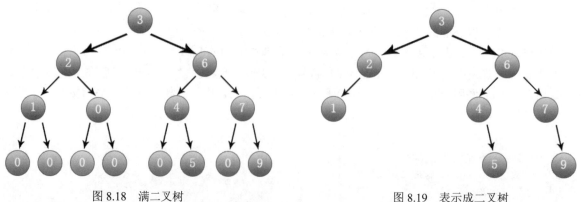

图 8.18　满二叉树　　　　　　　　　　　　　图 8.19　表示成二叉树

用数组实现二叉树的优点是：对于任意结点，都很容易找到其父结点、子结点和兄弟结点。满二叉树比较适合用数组实现，但斜二叉树会造成大量的空间浪费。因此，对于结点分布不均匀的二叉树，用数组实现的效率较低，且结点的插入、删除操作很麻烦。实际应用中，人们更多地使用链表来表示二叉树。

2. 用链表实现二叉树

用链表实现二叉树时，结点的插入和删除操作较易实现，但查找父结点比较麻烦。每个结点需要两个指针，一个指向左子结点，另一个指向右子结点，还需要一个数据域，如图 8.20 所示。

例如，如图 8.21 所示的二叉树结构用链表式结构存储，效果如图 8.22 所示。

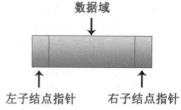

图 8.20　二叉树链表结点结构

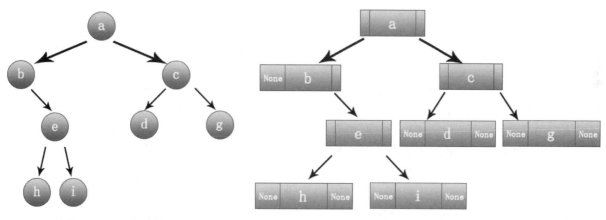

图 8.21　二叉树结构　　　　图 8.22　链表式二叉树结构

用 Python 实现链表式二叉树结点，代码如下：

```
01   class tree:
02       def __init__(self):
03           self.data=0              #数据域
04           self.left=None          #左子结点指针
05           self.right=None         #右子结点指针
```

用链表方式建立二叉树，代码如下：

```
01   '''
02   功能：创建二叉树
03   参数：root：表示根结点
04        value：保存的值
05   '''
06   def creat_tree(root,value):
07   new_node=tree()                 #创建树结点
08       new_node.data=value         #数据域
09       new_node.left=None          #左子树
10       new_node.right = None       #右子树
11       if root==None:              #如果根结点为空，则该树为空二叉树
```

12	root=new_node	#直接将根结点给新树
13	**return** root	#返回根结点
14	**else**:	
15	current=root	#当前结点
16	**while** current!=**None**:	
17	backup=current	
18	**if** current.data>value:	#大于保存数值
19	current=current.left	#放在左子树
20	**else**:	#否则
21	current=current.right	#放在右子树
22	**if** backup.data>value:	
23	backup.left=new_nod	#将新树放在左子树中
24	**else**:	
25	backup.right=new_node	#将新树放在右子树中
26	**return** root	

8.3.2　遍历二叉树

所谓遍历二叉树，就是不重复地遍历二叉树中的所有结点。例如，如图 8.23 所示的二叉树有 6 种遍历方式，分别为 a→b→c、a→c→b、b→a→c、b→c→a、c→a→b 和 c→b→a。按照二叉树的特性，需要从左到右遍历，因此只有 3 种遍历形式符合，分别为 a→b→c、b→a→c 和 b→c→a。

根据遍历根结点 a 的次序不同，为这 3 种遍历方式起了 3 个专业名字，分别是前序遍历、中序遍历和后序遍历。

- ☑　前序遍历（a→b→c）：树根→左子树→右子树。
- ☑　中序遍历（b→a→c）：左子树→树根→右子树。
- ☑　后序遍历（b→c→a）：左子树→右子树→树根。

1．前序遍历

前序遍历的顺序是：树根→左子树→右子树。也就是说，先从根结点开始遍历，然后前序遍历其左子树，再前序遍历其右子树。注意，其任何子树的遍历过程都必须满足前序遍历要求。

以如图 8.24 所示的二叉树为例，其前序遍历步骤如下：

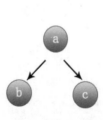

图 8.23　二叉树

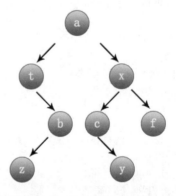

图 8.24　前序遍历二叉树

（1）先遍历整棵树的根结点，即结点 a。

（2）遍历 a 的左子树，即由结点 t、b、z 构成的树。同样根据前序遍历要求，先遍历此树的根结点 t，即本步遍历结点 t。

（3）继续遍历以 t 为根结点的左子树，发现没有左子树，继续遍历其右子树，因此本步遍历结点 b。

（4）再以 b 为根结点，遍历其左子树，因此本步遍历结点 z。

（5）遍历以 b 为根结点的右子树，发现没有右子树，此时以 a 为根结点的左子树全部遍历完成，接下来遍历以 a 为根结点的右子树，因此本步遍历结点 x。

（6）再遍历以 x 为根结点的左子树，因此本步遍历结点 c。

（7）再遍历以 c 为根结点的左子树，发现没有左子树，那就遍历右子树，因此本步遍历结点 y。

（8）遍历完以 x 为结点的左子树，接下来遍历右子树 f，因此本步遍历结点 f。

综上所述，图 8.24 中二叉树的前序遍历过程为：a→t→b→z→x→c→y→f。

上述前序遍历过程，可以使用递归算法来实现，代码如下：

```
01   def preorder(self,tree):              #前序遍历，tree 是树结点
02       if tree == None:                  #如果是空子树
03           return
04       #不为空子树，先输出根结点，再输出左结点，最后输出右结点
05       print(tree.data)
06       self.preorder(tree.left)
07       self.preorder(tree.right)
```

2．中序遍历

中序遍历的顺序是：左子树→树根→右子树。也就是说，先中序遍历左子树，再遍历根结点，然后中序遍历右子树。

以图 8.24 所示的二叉树为例，其中序遍历步骤如下：

（1）先遍历以 a 为根结点的左子树，再遍历以 t 为根结点的左子树，发现没有左子树，于是遍历此时的根结点 t。

（2）以 t 为根结点的左子树和根结点都遍历完毕，接下来遍历以 t 为根结点的右子树。同样，先遍历以 b 结点的左子树，因此本步遍历的是结点 z。

（3）遍历完以 b 为根结点的左子树，接下来遍历当前根结点，即本步遍历结点 b。

（4）遍历完根结点 b，再来遍历以 b 为根结点的右子树，发现没有右子树，此时已经完成以 a 为根结点的左子树的全部遍历。接下来需要遍历根结点 a，即本步遍历结点 a。

（5）遍历完以 a 为根结点的左子树和根结点后，需要遍历其右子树。同样，先遍历以 x 为根结点的左子树，发现需要先遍历以 c 为根结点的左子树，发现没有左子树，于是遍历当前的根结点，即本步遍历结点 c。

（6）再遍历以 c 为根结点的右子树，即本步遍历结点 y。

（7）以 x 为根结点的左子树遍历完毕后，接下来遍历当前根结点，即本步遍历结点 x。

（8）以 x 为根结点的左子树和根结点全部遍历完成后，接下来遍历其右子树，即本步遍历结点 f。

综上所述，图 8.24 所示的二叉树利用中序遍历的过程是：t→z→b→a→c→y→x→f。

上述中序遍历过程，可以使用递归算法来实现，代码如下：

```
01   def inorder(self,tree):                              #中序遍历，tree 是树结点
02       if tree == None:                                 #如果是空子树
03           return
04       #不为空子树，先输出左结点，再输出根结点，最后输出右结点
05       self.inorder(tree.left)
06       print(tree.data)
07       self.inorder(tree.right)
```

3. 后序遍历

后序遍历的顺序是：左子树→右子树→树根。也就是说，先从后序遍历左子树，然后再后序遍历右子树，最后再遍历根结点。

仍以图 8.24 所示的二叉树为例，其后序遍历步骤如下：

（1）以 a 为根结点，遍历其左子树。再以 t 为根结点，遍历其左子树，发现没有左子树，转而遍历其右子树。再次以 b 为根结点，遍历其左子树，即本步遍历结点 z。

（2）接下来遍历以 b 为根结点的右子树，发现没有右子树，那就遍历当前根结点，即本步遍历结点 b。

（3）遍历完以 t 为结点的右子树后，继续遍历当前根结点，即本步遍历结点 t。

（4）此时遍历完了以 a 为根结点的左子树，接下来遍历其右子树。同样，以 x 为根结点，遍历其左子树，再以 c 为根结点，遍历其左子树，发现没有左子树，转而遍历其右子树，即本步遍历结点 y。

（5）遍历完以 c 为根结点的右子树后，遍历当前根结点，即本步遍历结点 c。

（6）遍历完以 x 为根结点的左子树后，接下来遍历其右子树，即本步遍历结点 f。

（7）遍历完以 x 为根结点的左子树、右子树后，遍历当前根结点，即本步遍历结点 x。

（8）遍历完以 a 为根结点的左子树、右子树后，接下来遍历根结点，即本步遍历结点 a。

综上所述，图 8.24 所示的二叉树利用中序遍历的过程是：z→b→t→y→c→f→x→a。

上述后序遍历过程，可以使用递归算法来实现，代码如下：

```
01   def postorder(self,tree):                            #后序遍历，tree 是树结点
02       if tree == None:                                 #如果是空子树
03           return
04       #不为空子树，先输出左结点，再输出右结点，最后输出根结点
05       self.postorder(tree.left)
06       self.postorder(tree.right)
07       print(tree.data)
```

接下来用 Python 代码实现完整的二叉树遍历过程，包括前序遍历、中序遍历和后序遍历。

【实例 8.2】　遍历二叉树。（实例位置：资源包\Code\08\02）

本实例中，首先创建了树结点，然后创建了二叉树，最后创建了 3 种遍历二叉树的形式，即前序遍历、中序遍历以及后序遍历。在主函数中调用这 3 种遍历形式，并输出结果。具体代码如下：

```
01   class tree(object):                                  #创建树结点
02       def __init__(self, data=None, left=None, right=None):   #结点位置
03           self.data = data                             #数据域
```

```
04              self.left = left                    #左子树
05              self.right = right                  #右子树
06
07  class BinaryTree(object):                       #创建二叉树
08      def __init__(self, root=None):              #初始化
09          self.root = root
10
11      def is_empty(self):                         #判断是否为空
12          return self.root == None
13
14      def preorder(self,tree):                    #前序遍历
15          if tree == None:                        #判断是空子树
16              return
17          #如果不为空子树，先输出根结点，再输出左结点，后输出右结点
18          print(tree.data)
19          self.preorder(tree.left)
20          self.preorder(tree.right)
21
22      def inorder(self,tree):                     #中序遍历
23          if tree == None:                        #判断是空子树
24              return
25          #如果不为空子树，先输出左结点，再输出根结点，后输出右结点
26          self.inorder(tree.left)
27          print(tree.data)
28          self.inorder(tree.right)
29
30      def postorder(self,tree):                   #后序遍历
31          if tree == None:                        #判断是空子树
32              return
33          #如果不为空子树，先输出左结点，再输出右结点，后输出根结点
34          self.postorder(tree.left)
35          self.postorder(tree.right)
36          print(tree.data)
37
38  n1 = tree(data="z")                             #二叉树结点 z
39  n2 = tree(data="y")                             #二叉树结点 y
40  n3 = tree(data="f")                             #二叉树结点 f
41  n4 = tree(data="b", left=n1, right=None)        #二叉树结点 b，左子树为 z，无右子树
42  n5 = tree(data="t", left=None, right=n4)        #二叉树结点 t，无左子树，右子树为 b
43  n6 = tree(data="c", left=None, right=n2)        #二叉树结点 c，无左子树，右子树为 y
44  n7 = tree(data="x", left=n6, right=n3)          #二叉树结点 x，左子树为 c，右子树为 f
45  root = tree(data="a", left=n5, right=n7)        #根结点 a，左子树为 t，右子树为 x
46
47  ct = BinaryTree(root)                           #创建二叉树
48  print('先序遍历')
49  ct.preorder(ct.root)                            #输出前序遍历二叉树结果
50  print('中序遍历')
51  ct.inorder(ct.root)                             #输出中序遍历二叉树结果
52  print('后序遍历')
53  ct.postorder(ct.root)                           #输出后序遍历二叉树结果
```

运行结果如图 8.25 所示。

从运行结果来看，完全符合我们之前介绍的前序遍历、中序遍历以及后序遍历的过程。

8.3.3　二叉树结点的查找

二叉树是根据"左子树键值<树根键值<右子树键值"这一原理建立的，因此只需从树根出发，比较左、右子树的键值即可。如果比树根大，就向右子树查找；如果比树根小，就向左子树查找；如果相等，就意味着找到了要查找的值。

用 Python 实现二叉树查找算法，代码如下：

图 8.25　二叉树遍历结果

```
01    def search(p,val):                        #查找二叉树中某个值
02        while True:                           #循环查找
03            if p==None:                        #如果没找到，就返回 None
04                return None
05            if p.data==val:                    #如果查找值等于结点值
06                return p
07            elif   val<p.data :                #如果查找值小于结点值
08                ptr=p.left                     #向左子树查找
09            else:                              #否则，查找值大于结点值
10                ptr=p.right                    #向右子树查找
```

有这样一组数据：6,3,8,2,5,1,7，将其写成二叉树形式，按照比结点值大放右子树，比结点值小放左子树的原则，形成的二叉树如图 8.26 所示。在其中查找数据 1，步骤如下：

（1）用 1 与根结点 6 比较，1 比 6 小，因此 1 在 6 的左子树中。

（2）用 1 与 3 比较，1 比 3 小，因此 1 在以 3 为根结点的左子树中。

（3）用 1 与 2 比较，1 比 2 小，因此 1 在以 2 为根结点的左子树中。

（4）用 1 与 1 比较，两者等于，说明找到了该键值。

可见，需要 4 步即可完成查找。

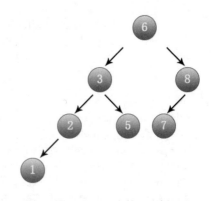

图 8.26　形成的二叉树

【实例 8.3】　查找二叉树的数据。（实例位置：资源包\Code\08\03）

代码如下：

```
01    class tree:
02        def __init__(self):
03            self.data=0                        #数据域
04            self.left=None                     #左子结点指针
```

```
05          self.right=None                      #右子结点指针
06
07   '''
08   功能：创建二叉树
09   参数：root：表示根结点
10        value：保存的值
11   '''
12   def creat_tree(root,value):
13       new_node=tree()                         #创建树结点
14       new_node.data=value                     #数据域
15       new_node.left=None                      #左子树
16       new_node.right = None                   #右子树
17       if root==None:                          #如果根结点是空，这种情况就是空二叉树
18           root=new_node                       #直接将根结点给新树
19           return root                         #返回根结点
20       else:                                   #否则
21           current=root                        #当前结点
22           while current!=None:
23               backup=current
24               if current.data>value:          #大于保存数值
25                   current=current.left        #放在左子树
26               else:                           #否则
27                   current=current.right       #放在右子树
28           if backup.data>value:
29       backup.left=new_node                    #将数据左子树放在新树中
30               else:
31               backup.right=new_node           #将数据右子树放在新树中
32       return root
33
34
35   def search(p,val):                          #查找二叉树中某个值
36       i=1
37       while True:                             #循环查找
38           if p==None:                         #如果没找到，就返回 None
39               return None
40           if p.data==val:                     #如果查找值等于结点值
41               print("共计查找  ",i,"次")
42               return p
43           elif   val<p.data :                 #如果查找值小于结点值
44               p=p.left                        #向左子树查找
45           else:                               #否则，查找值大于结点值
46               p=p.right                       #向右子树查找
47           i+=1                                #查找次数加 1
48
49   arr=[6,3,8,2,5,1,7]
50   p=None
51   print('数据内容是：')
52   for i in range(7):
53       p=creat_tree(p,arr[i])                  #建立二叉树
54       print('%2d ' %arr[i],end='')
```

```
55    print()
56    data=int(input('请输入查找值：'))
57    if search(p,data) !=None :                      #在二叉树中查找
58        print("您要找的值",data,"找到了^_^" )
59    else:
60        print("您要找的值没找到^ ^")
```

运行结果如图 8.27 所示。可以看出，查找了 4 次才找到 1。

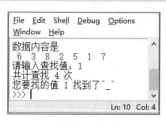

8.3.4 二叉树结点的插入

二叉树结点的插入，其过程和查找类似。如果要插入的结点已经在二叉树中，就不必插入了；如果要插入的结点不在二叉树中，就利用创建函数，将数据插入二叉树中。插入后，二叉树依然保持左子树比根结点小，右子树比根结点大的特点。

图 8.27 查找二叉树

利用 Python 实现二叉树结点的插入，代码如下：

```
01    if search(ptr,data)!=None:                       #在二叉树中查找
02        print("真巧，二叉树中已经有你输入的结点啦~")
03    else:                                            #不在二叉树中
04        ptr=creat_tree(ptr,data)                     #调用创建函数将数据插入
05        inorder(ptr)                                 #输出插入之后的新二叉树
```

【实例 8.4】 插入二叉树的数据。(实例位置：资源包\Code\08\04)
具体代码如下：

```
01    class tree:
02        def __init__(self):
03            self.data=0                              #数据域
04            self.left=None                          #左子结点指针
05            self.right=None                         #右子结点指针
06
07    '''
08    功能：创建二叉树
09    参数：root：表示根结点
10        value：保存的值
11    '''
12    def creat_tree(root,value):
13        new_node=tree()                             #创建树结点
14        new_node.data=value                         #数据域
15        new_node.left=None                          #左子树
16        new_node.right = None                       #右子树
17        if root==None:                              #如果根结点是空，这种情况就是空二叉树
18            root=new_node                           #直接将根结点给新树
19            return root                             #返回根结点
20        else:
21            current=root                            #当前结点
22            while current!=None:
23                backup=current
```

196

```
24          if current.data>value:                     #大于保存数值
25              current=current.left                    #放在左子树
26          else:                                       #否则
27              current=current.right                   #放在右子树
28      if backup.data>value:
29          backup.left=new_node                        #将数据左子树放在新树中
30      else:
31          backup.right=new_node                       #将数据右子树放在新树中
32      return root
33
34  def search(p,val):                                  #查找二叉树中某个值
35      while True:                                     #循环查找
36          if p==None:                                 #如果没找到，就返回 None
37              return None
38          if p.data==val:                             #如果查找值等于结点值
39              return p
40          elif   val<p.data :                         #如果查找值小于结点值
41              p=p.left                                #向左子树查找
42          else:                                       #否则，查找值大于结点值
43              p=p.right                               #向右子树查找
44
45  def inorder(ptr):                                   #中序遍历子程序
46      if ptr!=None:
47          inorder(ptr.left)
48          print('%2d ' %ptr.data, end='')
49          inorder(ptr.right)
50
51  arr=[6,3,8,2,5,1,7]
52  ptr=None
53  print("数据内容是：")
54
55  for i in range(7):
56      ptr=creat_tree(ptr,arr[i])                      #建立二叉树
57      print('%2d ' %arr[i],end='')
58  print()
59  data=int(input('请输入要插入的键值：'))
60  if search(ptr,data)!=None:                          #在二叉树中查找
61      print('真巧，二叉树中已经有你输入的结点啦~')
62  else:
63      print("插入数据后中序遍历输出结果为：")
64      ptr=creat_tree(ptr,data)                        #将数据插入树中
65      inorder(ptr)                                    #中序遍历输出各数据
```

运行结果如图 8.28 所示。

原始数据 6,3,8,2,5,1,7 对应的二叉树如图 8.29 所示，插入数据 4 之后的二叉树如图 8.30 所示。经过中序遍历图 8.31，最后的结果是 1,2,3,4,5,6,7,8。

图 8.28　二叉树插入数据

197

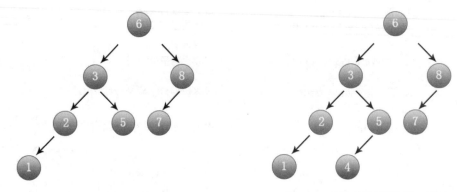

图 8.29　原二叉树　　　　　　　图 8.30　插入数据后的新二叉树

8.3.5　二叉树结点的删除

二叉树结点的删除，不像结点的查找和插入那样简单。删除分为 3 种情况：删除叶子结点；删除的结点有一棵子树；删除的结点有两棵子树。接下来详细介绍这 3 种情况下的删除操作。

1. 删除的结点为叶子

删除叶子结点比较简单，直接将该叶子删掉即可。例如，如图 8.31 所示的二叉树中，要删除结点 2，可直接将其删除，然后将与其相连的父结点 3 的左子树指向 None。

2. 删除的结点有一棵子树

图 8.31 中，要删除结点 8，删除后其位置会产生空缺。为了保证二叉树的完整性，需要将结点 7 放在原结点 8 的位置，如图 8.32 所示。

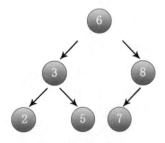
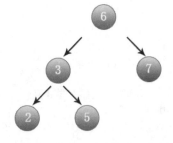

图 8.31　删除结点　　　　　　　图 8.32　结点 7 放到结点 8 位置

3. 删除的结点有两棵子树

例如，有如图 8.33 所示的二叉树，要删除结点 3，即要删除一个连接两棵子树的结点。

删除结点 3 就会产生空缺，为保证二叉树的完整性，该用哪个数来补在结点 3 的位置呢？有两种处理方式。

☑　找到以 3 为根结点的左子树的最大值，即结点 2，将其放置到结点 3 的位置上，其连接的 1 放到结点 2 的位置，如图 8.34 所示。

☑　找到以 3 为根结点的右子树的最小值，即结点 4，将其放置到结点 3 的位置，如图 8.35 所示。

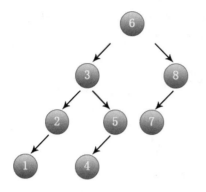

图 8.33　删除结点有两棵子树

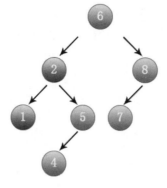

图 8.34　结点 2 放置到结点 3 位置

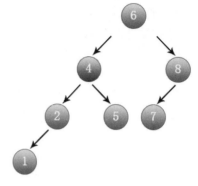

图 8.35　结点 4 放置到结点 3 位置

8.4　二叉树应用

哈夫曼树又称为最优树，有着广泛的应用，最常用的应用就是哈夫曼编码。哈夫曼树的最大特点就是大的在上面，小的在下面。

8.4.1　问题描述

将一组数据用哈夫曼树表示，最终表示的形式为二叉树。例如，有这样一组数据：5,6,8,12,3,1，最终表示的哈夫曼树形式如图 8.36 所示。

8.4.2　解析问题

有一组数据：5,6,8,12,3,1，将其写成哈夫曼树。根据哈夫曼树的特点，最小的放在下面，最大的放在上面，步骤如下。

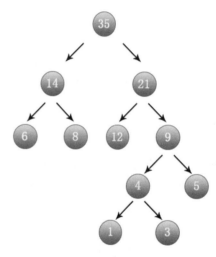

图 8.36　哈夫曼树

（1）取出最小的两个数，即 3 和 1，相加得 4，得到如图 8.37 所示的树。

（2）此时数据变成了 5,6,8,12,4，再取出两个最小数 4 和 5，相加得 9，得到如图 8.38 所示的树。

（3）此时数据变成了 6,8,12,9，再取出两个最小数 6 和 8，相加得 14，得到如图 8.39 所示的树。

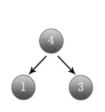

图 8.37　步骤（1）

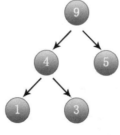

图 8.38　步骤（2）

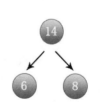

图 8.39　步骤（3）

（4）此时数据变成 14,12,9，再取出两个最小数 12 和 9，相加得 21，得到如图 8.40 所示的树。

（5）此时数据变成 14,21，将这两个数相加得 35，得到如图 8.41 所示的树。

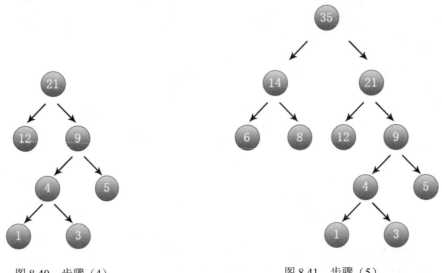

图 8.40　步骤（4）　　　　　　　　　　图 8.41　步骤（5）

没有数据可以相加了，图 8.41 和问题描述的哈夫曼树一模一样，较小的数在下层，较大的数在上层。这就是将一组数据写成哈夫曼树的过程。

8.4.3　代码实现

下面一起来用 Python 代码实现一棵哈夫曼树。

【实例 8.5】　　实现哈夫曼树。（实例位置：资源包\Code\08\05）

具体代码如下：

```
01   class Node():                                    #创建树结点
02       def __init__(self,item):
03           self.item=item                           #数值
04           self.isin=False                          #加入数据的判断
05           self.left=None                           #左子树
06           self.right=None                          #右子树
07
08   class HuffmanTree():                             #创建哈夫曼树
09       def __init__(self, Have):
10           self.list = []                           #创建列表
11           for x in range(0, len(Have)):            #遍历哈夫曼树长度
12               self.list.append(Node(Have[x]))      #向列表中添加哈夫曼树结点
13           K = Node(float('inf'))                   #在结点中取值
14           while len(self.list) < 2 * len(Have) - 1:  #在哈夫曼树中取叶子结点
15               h1 = h2 = K                           #取值
16               for x in range(0, len(self.list)):    #遍历
17                   if h1.item > self.list[x].item and (self.list[x].isin is False):
```

18		#取的数值 h1 大于列表数据且不在列表中
19	h2 = h1	#将 h1 给 h2
20	h1 = self.list[x]	#将列表数给 h1
21	**elif** h2.item > self.list[x].item **and** (self.list[x].isin **is False**):	
22		#取的数值 h2 大于列表数据且不在列表中
23	h2 = self.list[x]	#将列表数给 h2
24		
25	H = Node(h1.item + h2.item)	#将 h1 和 h2 数据相加成为哈夫曼树结点
26	H.right = h1	#将 h1 给哈夫曼树右子树
27	H.left = h2	#将 h2 给哈夫曼树左子树
28	self.list.append(H)	#在列表中添加哈夫曼树
29	h1.isin = h2.isin = **True**	#经过以上操作，h1、h2 此时已在哈夫曼树中
30	print(' h1=%d h2=%d h1+h2=%d' % (h1.item, h2.item, H.item))	
31		#输出哈夫曼树相加过程
32		
33	Have = [5,6,8,12,3,1]	#数据
34	print("创建哈夫曼树每轮相加过程如下：")	
35	h = HuffmanTree(Have)	#将上面的数据创建为哈夫曼树
36	print("哈夫曼树创建完成")	#提示

运行结果如图 8.42 所示。可以看出，相加过程与前面的解析步骤一模一样。

图 8.42　运行结果

说明

　　了解了哈夫曼树，再学习哈夫曼编码就会容易很多。由于篇幅问题，本书不再讲解哈夫曼编码，感兴趣的读者可以自行查阅资料学习。

8.5　小　　结

　　本章首先介绍了树的概念以及父结点、子结点、根等树的相关术语，然后介绍了二叉树的概念及类别，包括满二叉树、完全二叉树、斜二叉树以及平衡二叉树。紧接着介绍了二叉树的操作，包括创建二叉树、遍历二叉树以及二叉树结点的查找、插入和删除。其中，最重要的操作是遍历二叉树，分为前序遍历、中序遍历和后序遍历，这 3 种遍历方法都是面试的常见考点，读者要重点掌握。最后利用一个案例——哈夫曼树，介绍了二叉树的应用，使所学知识得到充分的练习。

第 9 章

图形结构算法

图形结构是一种比树形结构更复杂的数据结构。在树形结构中，结点间具有分支层次关系，每一层上的结点都只能和上一层中的某个结点相关，但可能和下一层的多个结点相关。而在图形结构中，任意两个顶点之间都可能相关。因此，图形结构通常被用于描述各种复杂的数据对象，在计算机科学中有着非常广泛的应用。本章主要介绍应用 Python 语言实现图的算法，包括图的遍历算法、查找最小生成树的算法以及获取最短路径的算法。

9.1　图形结构简介

树形结构用于描述结点和结点之间的层次关系，而图形结构用于描述两个顶点之间是否有连通的关系。在计算机科学中，图形结构是最灵活的数据结构之一，很多问题都可以使用图来求解。

9.1.1　图的定义

图是由顶点和连接顶点的边组成的集合。图可以表示为 $G=(V,E)$，其中，G 表示一个图，V 表示图 G 中所有顶点组成的集合，E 表示图 G 中所有边组成的集合。如图 9.1 所示的图由 5 个顶点和 6 条边组成。

图有两种，一种是无向图，另一种是有向图。无向图的边用 (V_1,V_2) 表示，有向图的边用 $<V_1,V_2>$ 表示。

1. 无向图

无向图是各边都没有方向的图，同一条边的两个顶点间没有次序关系，如图 9.2 所示。例如，(V_1,V_2) 和 (V_2,V_1) 表示的是相同的边。

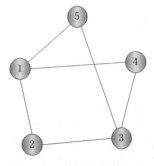

图 9.1　图的示意图

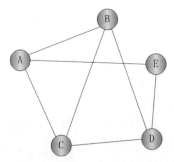

图 9.2　无向图

2．有向图

有向图是各边都有方向的图，同一条边的两个顶点间有次序关系，如图 9.3 所示。每条边都可以使用一个有序对<V_1,V_2>来表示。<V_1,V_2>表示从顶点 V_1 指向顶点 V_2 的一条边，V_1 表示尾部，V_2 表示头部，因此 <V_1,V_2>和<V_2,V_1>表示两条不同的边。

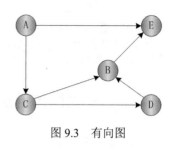

图 9.3　有向图

9.1.2　图的相关术语

表 9.1 中列出了图的常见术语及其含义。

表 9.1　图的相关术语及其含义

术　　语	含　　义
顶点	一个小圆点，可以是一个事物、站点或地名等
边	连接顶点的直线或曲线
无向边	无向图中的边，即没有方向的边
有向边	有向图中的边，即有方向的边
权重	每条边上的关联数字
加权图	带权重的图
非加权图	不带权重的图
邻接	两个顶点之间的关系。如果图有边(u, v)，则称顶点 v 与顶点 u 邻接
关联	顶点和边之间的关系。如果图有边(u, v)，则称两个顶点 v 和 u 与边(u, v)相关联
完全图	每个顶点都与其他顶点相邻接的图
路径	依次遍历顶点序列之间的边所形成的轨迹。没有重复顶点的路径称为简单路径。路径的长度是路径上的边的数目
连通	在无向图中，如果从顶点 u 到顶点 v 有路径，则称 u 和 v 是连通的
连通图	任意两个不同顶点都是连通的无向图
生成树	以最少的边连通图中的所有顶点，且不产生回路的连通子图。生成树通常含有图中全部的 n 个顶点，但只有 $n-1$ 条边
最小生成树	边的权重之和是所有生成树中最小的生成树

9.2　图的遍历算法

图的遍历是指从图中的某个顶点（该顶点也可称为起始点）出发，按照某种特定方式访问图中的各顶点，使每个可访问的顶点都被访问一次。图的遍历方式有两种，一种是深度优先遍历（也称为深度优先搜索，简称 DFS），还有一种是广度优先遍历（也叫作广度优先搜索，简称 BFS）。

说明

起始点可以任意指定。起始点不同，得到的遍历序列也不相同。

9.2.1　深度优先遍历

深度优先遍历是经典的图论算法。其思想为：从一条路径的起始点开始追溯，直到到达路径的最后一个顶点；然后回溯，继续追溯下一条路径，直到到达最后的顶点；如此往复，直到没有路径为止。其遍历过程如下：

（1）以图中的任一顶点 *v* 为出发点，首先访问顶点 *v*，将其标记为已被访问。

（2）从顶点 *v* 的任一邻接点出发，继续进行深度优先搜索，直至图中所有和顶点 *v* 连通的顶点都已被访问。

（3）若此时图中仍有未被访问的顶点，则选择一个未被访问的顶点作为新的出发点，重复上述过程，直至图中所有顶点都已被访问为止。

深度优先遍历应用了堆栈数据结构。下面以如图9.4所示的无向图为例,介绍具体的遍历过程。

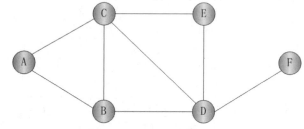

图9.4　无向图

（1）假设以顶点 A 为起点，将顶点 A 压入堆栈，如图9.5所示。

（2）弹出顶点 A，将顶点 A 的邻接点 B 和 C 压入堆栈，如图9.6所示。

（3）根据堆栈"后进先出"的原则，弹出顶点 C，将与顶点 C 相邻且未被访问过的顶点 B、顶点 D 和顶点 E 压入堆栈，如图9.7所示。

（4）弹出顶点 E，将与顶点 E 相邻且未被访问过的顶点 D 压入堆栈，如图9.8所示。

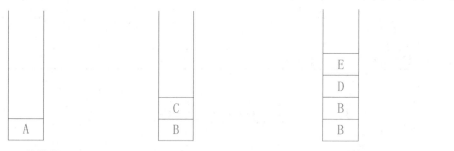

图9.5　堆栈图1　　图9.6　堆栈图2　　图9.7　堆栈图3　　图9.8　堆栈图4

（5）弹出顶点 D，将与顶点 D 相邻且未被访问过的顶点 B 和顶点 F 压入堆栈，如图9.9所示。

（6）弹出顶点 F，由于顶点 F 的邻接点 D 已被访问过，所以无须压入堆栈，如图9.10所示。

（7）弹出顶点 B，由于顶点 B 的邻接点都已被访问过，所以无须压入堆栈，如图9.11所示。

（8）将堆栈中的顶点依次弹出，并判断是否已经访问过，直到堆栈中无顶点可以访问为止，如图9.12所示。

图 9.9　堆栈图 5　　　　　图 9.10　堆栈图 6　　　　　图 9.11　堆栈图 7　　　　　图 9.12　堆栈图 8

　　由此可知，对图 9.4 中的无向图进行深度优先遍历的顺序为：顶点 A、顶点 C、顶点 E、顶点 D、顶点 F、顶点 B。

　　应用深度优先算法的函数如下：

```
01    def dfs(graph, start):                    #定义深度优先遍历函数
02        stack = []                            #定义堆栈
03        stack.append(start)                   #将起始顶点压入堆栈
04        visited = set()                       #定义集合
05        while stack:
06            vertex = stack.pop()              #弹出栈顶元素
07            if vertex not in visited:         #如果该顶点未被访问过
08                visited.add(vertex)           #将该顶点放入已访问集合
09                print(vertex,end = ' ')       #输出深度优先遍历的顶点
10                for w in graph[vertex]:       #遍历相邻的顶点
11                    if w not in visited:      #如果该顶点未被访问过
12                        stack.append(w)       #把顶点压入堆栈
```

　　【实例 9.1】　对图进行深度优先遍历。（实例位置：资源包\Code\09\01）

　　有一个无向图，如图 9.13 所示。以顶点 A 为出发点，对该图进行深度优先遍历。

　　代码如下：

```
01    graph = {                                 #定义图的字典
02        "A": ["B","C"],
03        "B": ["A","D","E"],
04        "C": ["A","D","G"],
05        "D": ["B","C","F","H"],
06        "E": ["B","F"],
07        "F": ["D","E","G","H"],
08        "G": ["C","F","H"],
09        "H": ["D","F","G"],
10    }
11    def dfs(graph, start):                    #定义深度优先遍历函数
12        stack = []                            #定义堆栈
13        stack.append(start)                   #将起始顶点压入堆栈
14        visited = set()                       #定义集合
15        while stack:
16            vertex = stack.pop()              #弹出栈顶元素
17            if vertex not in visited:         #如果该顶点未被访问过
```

18	visited.add(vertex)	#将该顶点放入已访问集合
19	print(vertex,end = ' ')	#输出深度优先遍历的顶点
20	for w in graph[vertex]:	#遍历相邻的顶点
21	if w not in visited:	#如果该顶点未被访问过
22	stack.append(w)	#把顶点压入堆栈
23	print("图中各顶点的邻接点：")	
24	for key,value in graph.items():	#遍历图的字典
25	print("顶点",key,"=>",end=" ")	#输出顶点
26	for v in value:	#遍历顶点的邻接点
27	print(v,end=" ")	#输出顶点的邻接点
28	print()	
29	print("深度优先遍历的顶点：")	
30	dfs(graph,"A")	#调用函数并设置起点为 A

最终运行的结果如图 9.14 所示。

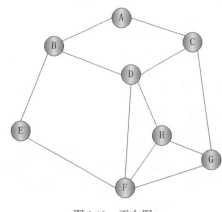

图 9.13　无向图

```
图中各顶点的邻接点
顶点 A => B C
顶点 B => A D E
顶点 C => A D G
顶点 D => B C F H
顶点 E => B F
顶点 F => D E G H
顶点 G => C F H
顶点 H => D F G
深度优先遍历的顶点：
A C G H F E B D
>>>
```

图 9.14　打印深度优先遍历序列

9.2.2　广度优先遍历

广度优先遍历应用的是队列这种数据结构。其遍历过程如下：

（1）以图中的任一顶点 v 为出发点，首先访问顶点 v。

（2）访问顶点 v 的所有未被访问过的邻接点 v_1，v_2，…，v_n。

（3）按照 v_1，v_2，…，v_n 的次序，访问每个顶点的所有未被访问过的邻接点。

（4）以此类推，直到图中所有和顶点 v 连通的顶点都被访问过为止。

下面以图 9.15 所示的无向图为例，介绍广度优先遍历的具体过程。

（1）假设以顶点 A 为起点，将顶点 A 放入队列，如图 9.16 所示。

（2）取出顶点 A，将顶点 A 的邻接点 B 和 C 放入队列，如图 9.17 所示。

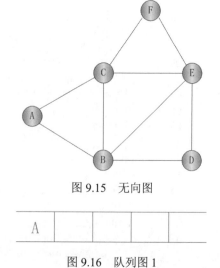

图 9.15　无向图

A				

图 9.16　队列图 1

（3）根据队列"先进先出"的原则，取出顶点 B，将与顶点 B 相邻且未被访问过的顶点 D 和顶点 E 放入队列，如图 9.18 所示。

| B | C | | | |

图 9.17　队列图 2

| C | D | E | | |

图 9.18　队列图 3

（4）取出顶点 C，将与顶点 C 相邻且未被访问过的顶点 F 放入队列，如图 9.19 所示。

（5）取出顶点 D，由于顶点 D 的邻接点 B 和 E 都已被访问过，所以无须放入队列中，如图 9.20 所示。

| D | E | F | | |

图 9.19　队列图 4

| E | F | | | |

图 9.20　队列图 5

（6）取出顶点 E，由于顶点 E 的 4 个邻接点都已被访问过，所以无须放入队列中，如图 9.21 所示。

（7）取出顶点 F，由于顶点 F 的邻接点 C 和 E 都已被访问过，所以无须放入队列中，如图 9.22 所示。

| F | | | | |

图 9.21　队列图 6

| | | | | |

图 9.22　队列图 7

这时，队列中的值都已被取出，表示图中的顶点都已被访问过。由此可知，对图 9.15 进行广度优先遍历的顺序为：顶点 A、顶点 B、顶点 C、顶点 D、顶点 E、顶点 F。

应用广度优先算法的函数如下：

```
01    def bfs(graph, start):                      #定义广度优先遍历函数
02        queue = []                              #定义队列
03        queue.append(start)                     #将起始顶点放入队列
04        visited = set()                         #定义集合
05        visited.add(start)                      #将起始顶点放入已访问集合
06        while queue:
07            vertex = queue.pop(0)               #取出队列第一个元素
08            print(vertex,end = ' ')             #输出广度优先遍历的顶点
09            for w in graph[vertex]:             #遍历相邻的顶点
10                if w not in visited:            #如果该顶点未被访问过
11                    visited.add(w)              #将该顶点放入已访问集合
12                    queue.append(w)             #把顶点放入队列
```

【实例 9.2】　对图进行广度优先遍历。（实例位置：资源包\Code\09\02）

有一个无向图如图 9.23 所示。以顶点 A 为出发点，对该图进行广度优先遍历。

代码如下：

```
01    graph = {                                   #定义图的字典
02        "A": ["B","C"],
03        "B": ["A","D","E"],
04        "C": ["A","D","G"],
```

```
05          "D": ["B","C","F","H"],
06          "E": ["B","F"],
07          "F": ["D","E","G","H"],
08          "G": ["C","F","H"],
09          "H": ["D","F","G"],
10     }
11     def bfs(graph, start):                        #定义广度优先遍历函数
12          queue = []                               #定义队列
13          queue.append(start)                      #将起始顶点放入队列
14          visited = set()                          #定义集合
15          visited.add(start)                       #将起始顶点放入已访问集合
16          while queue:
17               vertex = queue.pop(0)               #取出队列第一个元素
18               print(vertex,end = ' ')             #输出广度优先遍历的顶点
19               for w in graph[vertex]:             #遍历相邻的顶点
20                    if w not in visited:           #如果该顶点未被访问过
21                         visited.add(w)            #将该顶点放入已访问集合
22                         queue.append(w)           #把顶点放入队列
23     print("图中各顶点的邻接点：")
24     for key,value in graph.items():               #遍历图的字典
25          print("顶点",key,"=>",end=" ")           #输出顶点
26          for v in value:                          #遍历顶点的邻接点
27               print(v,end=" ")                    #输出顶点的邻接点
28          print()
29     print("广度优先遍历的顶点：")
30     bfs(graph,"A")                                #调用函数并设置起点为 A
```

最终运行的结果如图 9.24 所示。

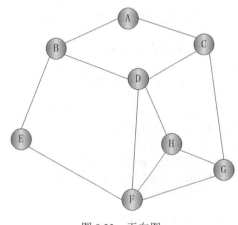

图 9.23　无向图

图 9.24　打印广度优先遍历序列

9.3　查找最小生成树

一个图的生成树是以最少的边连通图中的所有顶点，且不产生回路的连通子图。如果一个图有 *n*

个顶点，那么生成树会含有图中全部的 n 个顶点，但只有 $n-1$ 条边。如果为图的每条边设置一个权重，这种图就叫加权图，如图 9.25 所示。

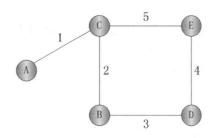

图 9.25　加权图

在图 9.25 所示的加权图中，一共有 4 棵生成树，如图 9.26 所示。

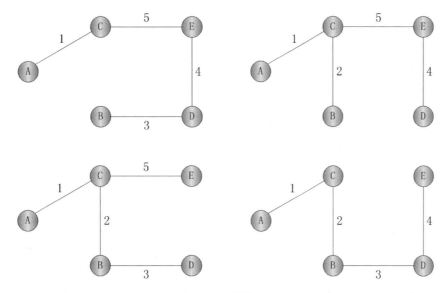

图 9.26　4 棵生成树

在加权图的所有生成树中，边的权重之和最小的生成树叫作最小生成树。图 9.25 中加权图的最小生成树如图 9.27 所示。

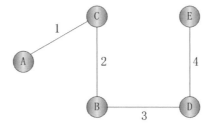

图 9.27　最小生成树

因为许多问题都可以用图来表示，因此在一个加权图中查找最小生成树的应用也比较广泛，如计算两地的最短距离等。下面介绍获得加权图最小生成树的两种算法：普里姆算法和克鲁斯卡尔算法。

9.3.1 普里姆算法

普里姆算法即 Prim 算法，通过该算法可以在加权图中查找最小生成树。对于一个加权图 $G=(V, E)$，假设 U 和 V 是两个顶点的集合。其中，$V=\{1, 2, ..., n\}$，$U=\{1\}$。从 V 和 U 的差集所产生的集合中找出一个和顶点集 U 最近（权重最小）的顶点 w，构成权重最小的边，且不会产生回路，就把该顶点 w 加入 U 集合中。反复执行同样的步骤，直到 U 集合的顶点个数为 n 为止。

下面以图 9.28 所示的加权图为例，介绍使用普里姆算法查找图的最小生成树的过程。

由图 9.28 可知，顶点集合 $V=\{A, B, C, D, E, F\}$。假设以顶点 A 为起始点，$U=\{A\}$。

V 和 U 的差集所产生的集合为 $\{B, C, D, E, F\}$。从该集合中找出一个顶点，其能与顶点 A 构成最小权重的边，该顶点为 B，效果如图 9.29 所示。

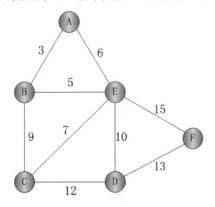

图 9.28　加权图

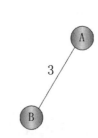

图 9.29　找到距离集合 U 最近的顶点 B

把顶点 B 加入 U 集合中。此时，$U=\{A, B\}$。V 和 U 的差集所产生的集合为 $\{C, D, E, F\}$。从该集合中找出一个顶点，其能与集合 U 中的某个顶点构成最小权重的边，该顶点为 E，效果如图 9.30 所示。

把顶点 E 加入 U 集合中。此时，$U=\{A, B, E\}$。V 和 U 的差集所产生的集合为 $\{C, D, F\}$。从该集合中找出一个顶点，其能与集合 U 中的某个顶点构成最小权重的边，该顶点为 C，效果如图 9.31 所示。

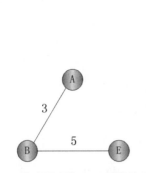

图 9.30　找到距离集合 U 最近的顶点 E

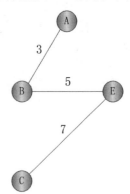

图 9.31　找到距离集合 U 最近的顶点 C

把顶点 C 加入 U 集合中。此时，$U=\{A, B, C, E\}$。V 和 U 的差集所产生的集合为 $\{D, F\}$。从该集合中找出一个顶点，其能与集合 U 中的某个顶点构成最小权重的边，该顶点为 D，效果如图 9.32 所示。

把顶点 D 加入 U 集合中。此时，U={A, B, C, D, E}。V 和 U 的差集所产生的集合为{F}。找出顶点 F 与集合 U 中的某个顶点构成最小权重的边，效果如图 9.33 所示。

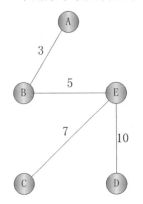

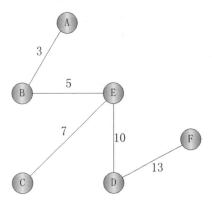

图 9.32　找到距离集合 U 最近的顶点 D

图 9.33　图的最小生成树

把顶点 F 加入 U 集合中。此时，U={A, B, C, D, E, F}，$U=V$，这样就完成了查找图的最小生成树的过程。

应用普里姆算法的 Python 代码如下：

```
01    def prim(graph,start):                              #普里姆函数，查找最小生成树
02        vertex_list = ["A","B","C","D","E","F"]         #顶点列表
03        tree_vertex_list = []                           #最小生成树顶点列表
04        tree_vertex_list.append(start)                  #最小生成树第一个顶点
05        closest = []                                     #最小生成树顶点索引列表
06        lowcost = []                                     #最小生成树各顶点与其他顶点的距离
07        n = len(vertex_list)                             #图的顶点个数
08        index = vertex_list.index(start)                #起始点的索引
09        for i in range(0,n):
10            lowcost.append(graph[index][i])            #初始化 lowcost 列表
11            closest.append(index)                       #初始化 closest 列表
12        for i in range(1,n):                            #插入 n–1 个顶点
13            k = 0
14            min = maxValue
15            for j in range(0,n):
16                if(lowcost[j]!=0 and lowcost[j]<min):
17                    min = lowcost[j]                    #获取插入最小生成树的权重最小顶点的权重
18                    k = j                               #获取插入最小生成树的权重最小顶点的索引
19            tree_vertex_list.append(vertex_list[k])    #加入最小生成树顶点列表
20            lowcost[k] = 0                              #最小生成树到该顶点距离
21            for j in range(0,n):
22                if(lowcost[j]!=0 and graph[k][j]<lowcost[j]):
23                    lowcost[j] = graph[k][j]           #更新插入顶点后的 lowcost 列表
24                    closest[j] = k                      #更新插入顶点后的 closest 列表
```

【**实例 9.3**】　通过普里姆算法查找图的最小生成树。（**实例位置：资源包\Code\09\03**）

有一个加权图如图 9.34 所示。以顶点 A 为起始点，通过普里姆算法查找图的最小生成树。代码如下：

```
01   maxValue = float("inf")                              #设置最大值为无穷大
02   graph = [[0,9,maxValue,maxValue,maxValue,8,5],        #图的权重列表
03           [9,0,6,maxValue,maxValue,maxValue,maxValue],
04           [maxValue,6,0,7,maxValue,maxValue,maxValue],
05           [maxValue,maxValue,7,0,13,maxValue,10],
06           [maxValue,maxValue,maxValue,13,0,12,15],
07           [8,maxValue,maxValue,maxValue,12,0,maxValue],
08           [5,maxValue,maxValue,10,15,maxValue,0]]
09   def prim(graph,start):                               #普里姆函数，查找最小生成树
10       vertex_list = ["A","B","C","D","E","F","G"]      #顶点列表
11       tree_vertex_list = []                            #最小生成树顶点列表
12       tree_vertex_list.append(start)                   #最小生成树第一个顶点
13       closest = []                                     #最小生成树顶点索引列表
14       lowcost = []                                     #最小生成树各顶点与其他顶点的距离
15       n = len(vertex_list)                             #图的顶点个数
16       index = vertex_list.index(start)                 #起始点的索引
17       for i in range(0,n):
18           lowcost.append(graph[index][i])              #初始化 lowcost 列表
19           closest.append(index)                        #初始化 closest 列表
20       for i in range(1,n):                             #插入 n−1 个顶点
21           k = 0
22           min = maxValue
23           for j in range(0,n):
24               if(lowcost[j]!=0 and lowcost[j]<min):
25                   min = lowcost[j]                     #获取插入最小生成树中权重最小顶点的权重
26                   k = j                                #获取插入最小生成树中权重最小顶点的索引
27           tree_vertex_list.append(vertex_list[k])      #加入最小生成树顶点列表
28           print(vertex_list[closest[k]]+'—'+vertex_list[k]+'权重：'+str(lowcost[k]))#打印边的权重
29           lowcost[k] = 0                               #最小生成树到该顶点的距离
30           for j in range(0,n):
31               if(lowcost[j]!=0 and graph[k][j]<lowcost[j]):
32                   lowcost[j] = graph[k][j]             #更新插入顶点后的 lowcost 列表
33                   closest[j] = k                       #更新插入顶点后的 closest 列表
34       print("最小生成树顶点："+str(tree_vertex_list))   #输出最小生成树的各顶点
35   prim(graph,"A")                                      #调用函数并设置起始顶点为 A
```

最终运行的结果如图 9.35 所示。

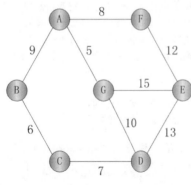

图 9.34　加权图

```
A—G权重：5
A—F权重：8
A—B权重：9
B—C权重：6
C—D权重：7
F—E权重：12
最小生成树顶点：['A','G','F','B','C','D','E']
>>>
```

图 9.35　打印图的最小生成树的边和顶点

9.3.2 克鲁斯卡尔算法

克鲁斯卡尔算法即 Kruskal 算法，该算法也是一种用来查找最小生成树的算法。使用该算法时，首先把图的所有边按照权重从小到大的顺序排列，接着按照顺序依次选取每条边，从权重最小的边开始构建最小生成树。如果加入的这条边会产生回路，就舍去这条边，直到加入了 n-1 条边，或者所有的顶点都属于同一生成树为止，这个生成树就是最小生成树。

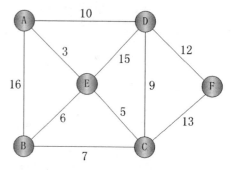

图 9.36 加权图

克鲁斯卡尔算法是诸多查找最小生成树算法中比较简单的一个。下面以图 9.36 所示的加权图为例，介绍使用克鲁斯卡尔算法查找图的最小生成树的过程。

（1）将所有边的权重按照从小到大的顺序排序，排序后，边的起点、终点和权重如表 9.2 所示。

表 9.2 权重排序表

起 始 顶 点	终 止 顶 点	权 重	起 始 顶 点	终 止 顶 点	权 重
A	E	3	A	D	10
C	E	5	D	F	12
B	E	6	C	F	13
B	C	7	D	E	15
C	D	9	A	B	16

（2）选取权重最小的一条边(A,E)作为构建最小生成树的起点，效果如图 9.37 所示。

（3）按表 9.2 中的排列顺序依次加入权重为 5 的边(C,E)和权重为 6 的边(B,E)，效果如图 9.38 和图 9.39 所示。

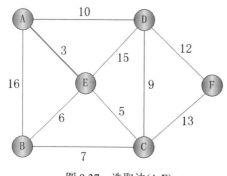

图 9.37 选取边(A,E)

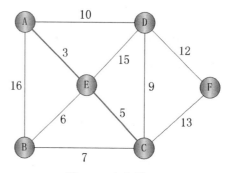

图 9.38 加入边(C,E)

（4）由于加入权重为 7 的边(B,C)时会形成回路，因此舍去这条边。接着加入权重为 9 的边(C,D)，效果如图 9.40 所示。

（5）由于加入权重为 10 的边(A,D)时会形成回路，因此舍去这条边。接着加入权重为 12 的边(D,F)，效果如图 9.41 所示。

此时，所有的顶点都属于同一棵生成树，即已查找到了图的最小生成树。

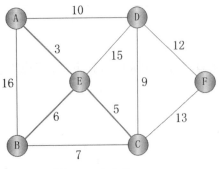

图 9.39　加入边(B,E)

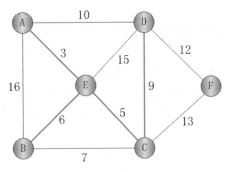

图 9.40　加入边(C,D)

应用克鲁斯卡尔算法的 Python 代码如下：

```
01    def Kruskal(vertex_list, edges):                              #克鲁斯卡尔函数，查找最小生成树
02        all_vertex_list = vertex_list                            #获取所有顶点列表
03        tree_name_list = []                                      #树名称列表
04        for n in all_vertex_list:
05            tree_name_list.append(n)                             #初始化树名称列表
06        MST = []                                                 #最小生成树列表
07        edges = sorted(edges, key=lambda element: element[2])    #对所有边按权重升序排列
08        while len(MST) != len(vertex_list) - 1:                  #最小生成树中的边为 n-1 时，退出循环
09            element = edges.pop(0)                               #获取权重最小的边
10            vertex_start = element[0]                            #边的起始顶点
11            vertex_end = element[1]                              #边的终止顶点
12            name1 = tree_name_list[all_vertex_list.index(vertex_start)]    #起始顶点所在树的名称
13            name2 = tree_name_list[all_vertex_list.index(vertex_end)]      #终止顶点所在树的名称
14            #如果两个顶点不在同一棵树中，加入边后不会形成回路
15            if name1 != name2:
16                MST.append(element)                             #把边加入最小生成树列表
17                #将所有树名称 name2 改为 name1
18                for n in range(0,len(tree_name_list)):
19                    if tree_name_list[n] == name2:
20                        tree_name_list[n] = name1
21        return MST                                               #返回最小生成树列表
```

【实例 9.4】　通过克鲁斯卡尔算法查找图的最小生成树。（实例位置：资源包\Code\09\04）

有一个加权图如图 9.42 所示，通过克鲁斯卡尔算法查找该图的最小生成树。

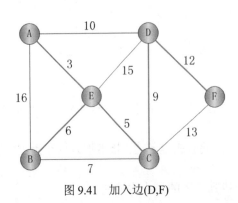

图 9.41　加入边(D,F)

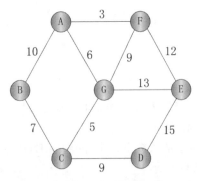

图 9.42　加权图

代码如下:

```
01   def Kruskal(vertex_list, edges):                                #克鲁斯卡尔函数,查找最小生成树
02       all_vertex_list = vertex_list                              #获取所有顶点列表
03       tree_name_list = []                                        #树名称列表
04       for n in all_vertex_list:
05           tree_name_list.append(n)                               #初始化树名称列表
06       MST = []                                                   #最小生成树列表
07       edges = sorted(edges, key=lambda element: element[2])      #对所有边按权重升序排列
08       while len(MST) != len(vertex_list) - 1:                    #最小生成树中的边为 n-1 时,退出循环
09           element = edges.pop(0)                                 #获取权重最小的边
10           vertex_start = element[0]                              #边的起始顶点
11           vertex_end = element[1]                                #边的终止顶点
12           name1 = tree_name_list[all_vertex_list.index(vertex_start)]   #起始顶点所在树的名称
13           name2 = tree_name_list[all_vertex_list.index(vertex_end)]     #终止顶点所在树的名称
14           #如果两个顶点不在同一棵树中,加入边后不会形成回路
15           if name1 != name2:
16               MST.append(element)                                #把边加入最小生成树列表
17               #将所有树名称 name2 改为 name1
18               for n in range(0,len(tree_name_list)):
19                   if tree_name_list[n] == name2:
20                       tree_name_list[n] = name1
21       return MST                                                 #返回最小生成树列表
22
23   def main():
24       vertex_list = ["A","B","C","D","E","F","G"]                #图中所有顶点列表
25       #图中所有边组成的列表
26       edges = [("A", "B", 10), ("A", "F", 3),
27                ("A", "G", 6), ("B", "C", 7),
28                ("C", "D", 9), ("C", "G", 5),
29                ("D", "E", 15), ("E", "F", 12),
30                ("E", "G", 13), ("F", "G", 9)]
31       tree_list = Kruskal(vertex_list, edges)                    #调用克鲁斯卡尔函数
32       for n in tree_list:
33           print("({:s},{:s}):{:d}".format(n[0],n[1],n[2]))       #输出边和权重
34
35   if __name__ == '__main__':
36       main()                                                     #调用函数
```

最终运行的结果如图 9.43 所示。

```
(A, F): 3
(C, G): 5
(A, G): 6
(B, C): 7
(C, D): 9
(E, F): 12
>>>
```

图 9.43　打印图的最小生成树的边和权重

9.4　寻求最短路径

9.4.1　狄克斯特拉算法

假设从一个起点到终点之间有 3 条可以选择的路径，如图 9.44 所示。

使用广度优先遍历算法可以找出段数最少的一条路径，即图 9.45 中粗黑线条表示的路径。但是，段数最少的路径并不一定是用时最短的路径，图 9.46 中的粗黑线条表示的就是用时最短的路径（线条上的数字表示时间，单位是分钟）。如果要找出用时最短的路径就需要使用另一种算法——狄克斯特拉算法。

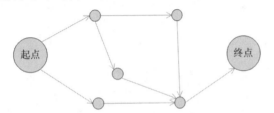

图 9.44　3 条可以选择的路径

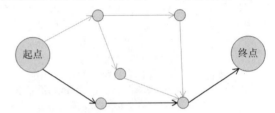

图 9.45　选择段数最少的路径

下面通过一个例子来介绍一下如何使用狄克斯特拉算法。仍然是以起点和终点之间的多条路径为例，从起点到终点的线路图如图 9.47 所示。图中的数字表示的是时间，单位是分钟。

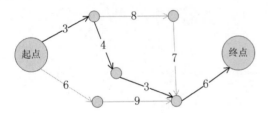

图 9.46　选择用时最短的路径

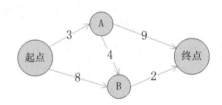

图 9.47　起点到终点的线路图

要找出从起点到终点用时最短的那条路径，就需要使用狄克斯特拉算法。使用狄克斯特拉算法主要包含以下 4 个步骤：

（1）找到可以在最短时间内到达的顶点。

（2）更新该顶点的相邻顶点的开销。顶点的开销是指从起点出发到达该顶点需要的时间。简单地说，这一步的目的是检查从起点到该顶点的相邻顶点是否有用时更短的路径，如果有，就更新其开销。

（3）对其他顶点重复执行步骤（1）和步骤（2）。

（4）计算获得最短时间。

下面针对图 9.47 对每个步骤进行详细讲解。

（1）找到可以在最短时间内到达的顶点。由图 9.47 可知，到达顶点 A 需要 3 分钟，到达顶点 B 需要 8 分钟，而到达终点需要的时间未知，可以先假设为无穷大。所以，到达顶点 A 的用时是最短的。

（2）计算经过顶点 A 到达其各个相邻顶点所需的时间，并更新其开销。顶点 A 的两个相邻顶点是顶点 B 和终点，从起点经过顶点 A 到达顶点 B（起点→A→B）需要 7 分钟，示意图如图 9.48 所示。从起点经过顶点 A 到达终点（起点→A→终点）需要 12 分钟，示意图如图 9.49 所示。

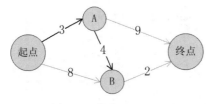

图 9.48　起点→A→B

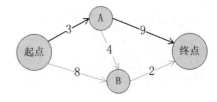

图 9.49　起点→A→终点

现在找到了一条到达顶点 B 用时更短的路径，从起点直接到达顶点 B 需要 8 分钟，而经过顶点 A 到达顶点 B 只需要 7 分钟。由于找到了到达顶点 B 和终点的用时更短的路径，因此需要更新其开销。结果如下：

① 到达顶点 B 用时更短的路径，时间从 8 分钟缩短到 7 分钟。

② 到达终点用时更短的路径，时间从无穷大缩短到 12 分钟。

（3）对其他顶点重复执行步骤（1）和步骤（2）。

重复步骤（1），找到可以在最短时间内到达的顶点。除顶点 A 外，可以在最短时间内到达的顶点是顶点 B。

重复步骤（2），计算经过顶点 B 到达其各个相邻顶点所需的时间，并更新其开销。这时会找到从起点到达终点用时最短的路径，示意图如图 9.50 所示。

这样，对每个顶点（终点除外）都应用了狄克斯特拉算法，因此可以得出以下结论：

① 从起点到达顶点 A 需要 3 分钟。

② 从起点到达顶点 B 需要 7 分钟。

③ 从起点到达终点需要 9 分钟。

（4）计算获得最短时间。下面以图 9.51 为例，介绍如何使用 Python 代码来实现狄克斯特拉算法，并应用狄克斯特拉算法找到从起点到达终点的最短时间。

先来了解一下该例中实现狄克斯特拉算法的流程，其流程图如图 9.52 所示。

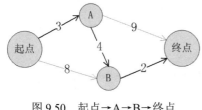

图 9.50　起点→A→B→终点

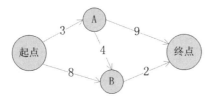

图 9.51　起点到终点的线路图

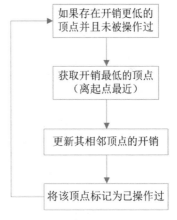

图 9.52　实现狄克斯特拉算法的流程

下面编写获取起点到达终点最短时间的代码，具体步骤如下。

（1）定义一个空字典 graph，该字典用来存储所有顶点到相邻顶点的开销，代码如下：

```
graph = {}
```

（2）在 graph 字典中存储起点的相邻顶点和到达相邻顶点的开销，代码如下：

```
01   graph["start"] = {}
02   graph["start"]["A"] = 3
03   graph["start"]["B"] = 8
```

（3）在 graph 字典中存储顶点 A 的相邻顶点和到达相邻顶点的开销，代码如下：

```
01   graph["A"] = {}
02   graph["A"]["B"] = 4
03   graph["A"]["end"] = 9
```

（4）在 graph 字典中存储顶点 B 的相邻顶点和到达相邻顶点的开销，代码如下：

```
01   graph["B"] = {}
02   graph["B"]["end"] = 2
```

（5）因为终点没有相邻顶点，所以将终点定义为一个空字典，代码如下：

```
graph["end"] = {}
```

（6）定义一个字典 costs，在字典中存储顶点 A、顶点 B 和终点 3 个顶点的开销。因为不知道从起点到达终点需要多少时间，所以将终点的开销设置为无穷大，代码如下：

```
01   costs = {}
02   costs["A"] = 3
03   costs["B"] = 8
04   costs["end"] = float("inf")
```

（7）定义一个数组 operated，用来记录操作过的顶点，代码如下：

```
operated = []
```

（8）定义 get_lowest_cost_node() 函数，应用该函数找出开销最低的顶点。代码如下：

```
01   def get_lowest_cost_node(costs):               #定义函数并传入参数 costs
02       lowestCost = float("inf")                   #最低开销，初始值为无穷大
03       lowestCostNode = None                       #开销最低顶点，初始值为 None
04       for n in costs:                             #遍历所有顶点
05           cost = costs[n]                         #获取当前顶点的开销
06           if cost < lowestCost and n not in operated:   #如果当前顶点开销更低且未操作过
07               lowestCost = cost                   #将当前顶点的开销作为最低开销
08               lowestCostNode = n                  #将当前顶点作为开销最低顶点
09       return lowestCostNode                       #返回开销最低的顶点
```

（9）编写实现狄克斯特拉算法的代码，调用 get_lowest_cost_node() 函数获取开销最低的顶点，在 while 循环中更新该顶点的相邻顶点的开销。代码如下：

```
01   n = get_lowest_cost_node(costs)                #获取开销最低顶点
02   while n is not None:                            #在所有顶点都被操作过后，结束循环
03       cost = costs[n]                            #获取当前顶点的开销
```

04	`neighbors = graph[n]`	#获取当前顶点的所有相邻顶点
05	**for** i in neighbors.keys():	#遍历当前顶点的所有相邻顶点
06	`newCost = cost + neighbors[i]`	#从起点到当前顶点的相邻顶点的开销
07	**if** costs[i] > newCost:	#如果经过当前顶点到达相邻顶点更近
08	`costs[i] = newCost`	#更新相邻顶点的开销
09	`operated.append(n)`	#将当前顶点标记为已操作过
10	`n = get_lowest_cost_node(costs)`	#获取下一个要操作的顶点

（10）最后输出从起点到终点的最短用时，代码如下：

```
print("从起点到终点的最短用时是"+str(costs["end"])+"分钟")
```

运行上述代码，结果如图 9.53 所示。

```
从起点到终点的最短用时是9分钟
>>>
```

图 9.53 输出从起点到终点的最短用时

9.4.2 贝尔曼-福特算法

狄克斯特拉算法是处理单源最短路径的有效算法，但它不能应用于有负权重的图中。如果图中存在权重为负的边，使用狄克斯特拉算法可能会无法找到正确的最短路径。对于含有负权重的图，查找最短路径可以使用贝尔曼-福特（Bellman-Ford）算法。

下面以图 9.54 所示的无向加权图为例，以顶点 A 为起点，顶点 G 为终点，介绍使用贝尔曼-福特算法寻求最短路径的过程。

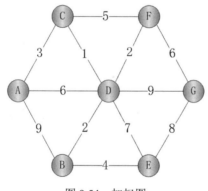

图 9.54 加权图

（1）设置图中各个顶点的初始权重，这个权重表示顶点 A 到该顶点的最短路径的暂时距离。起点 A 初始为 0，其他顶点初始为无穷大。效果如图 9.55 所示。

（2）选择顶点 A 和一个相邻顶点 B 组成的边(A,B)，计算从顶点 A 到顶点 B 的权重。计算方法是"顶点 A 的权重+边(A,B)的权重"。如果计算结果小于顶点 B 的当前权重，就更新该值，否则就不更新。效果如图 9.56 所示。

接下来计算从顶点 B 到顶点 A 的权重。因为顶点 A 的当前权重 0 更小，所以不更新。

219

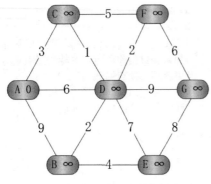

图 9.55　图中各个顶点的初始权重

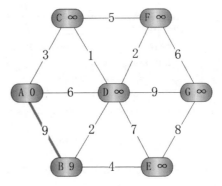

图 9.56　更新顶点 B 的权重

（3）对其他所有的边都执行同样的操作。选择顶点 A 和另一个相邻顶点 C 组成的边(A,C)，分别计算从顶点 A 到顶点 C 的权重，以及从顶点 C 到顶点 A 的权重，并进行更新。效果如图 9.57 所示。

（4）选择顶点 A 和另一个相邻顶点 D 组成的边(A,D)，分别计算从顶点 A 到顶点 D 的权重，以及从顶点 D 到顶点 A 的权重，并进行更新。效果如图 9.58 所示。

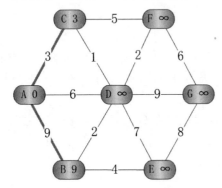

图 9.57　更新顶点 C 的权重

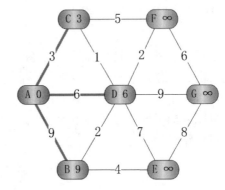

图 9.58　更新顶点 D 的权重

（5）选择顶点 B 和一个相邻顶点 D 组成的边(B,D)，并更新顶点 D 和顶点 B 的权重。顶点 B 因为边(B,D)更新了权重，所以路径由原来的 A→B 变为了 A→D→B。效果如图 9.59 所示。

（6）对其他边进行更新操作。选择顶点 B 和一个相邻顶点 E 组成的边(B,E)，更新顶点 E 的权重，效果如图 9.60 所示。

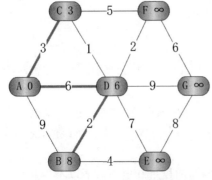

图 9.59　更新顶点 D 的权重

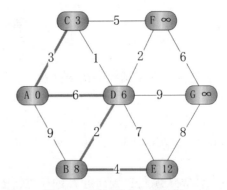

图 9.60　更新顶点 E 的权重

（7）选择边(C,D)和边(C,F)，更新顶点 D 和顶点 F 的权重，效果如图 9.61 和图 9.62 所示。

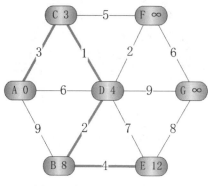

图 9.61　更新顶点 D 的权重

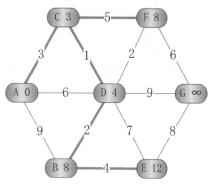

图 9.62　更新顶点 F 的权重

（8）选择边(D,E)和边(D,F)，更新顶点 E 和顶点 F 的权重，效果如图 9.63 和图 9.64 所示。

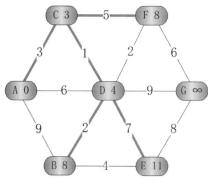

图 9.63　更新顶点 E 的权重

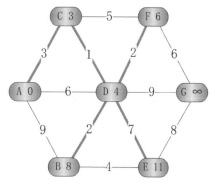

图 9.64　更新顶点 F 的权重

（9）选择边(D,G)、边(E,G)和边(F,G)，更新顶点 G 的权重，效果如图 9.65 和图 9.66 所示。

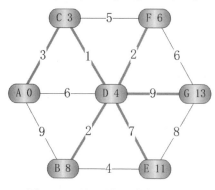

图 9.65　更新顶点 G 的权重（1）

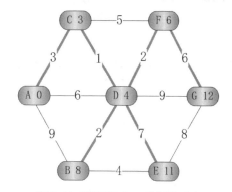

图 9.66　更新顶点 G 的权重（2）

（10）更新所有的边之后，第一轮更新结束。接着进行第二轮更新，重复对所有边的更新操作。在第二轮更新中，对顶点 B 和顶点 E 的权重进行了更新。效果如图 9.67 所示。

（11）再进行一次更新操作，发现所有顶点的权重都不再进行更新，这样就完成了寻求最短路径的过程。根据结果可知，从顶点 A 到顶点 G 的最短路径是 A→C→D→F→G。效果如图 9.68 所示。

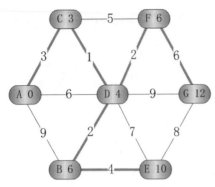

图 9.67　更新顶点 B 和顶点 E 的权重

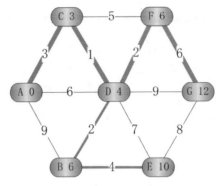

图 9.68　顶点 A 到顶点 G 的最短路径

下面在代码中通过贝尔曼-福特算法获取图 9.54 中的顶点 A 到顶点 G 之间的最短路径。代码如下：

```
01  def Bellman_Ford(graph, start, end):
02      dis = {}                                          #保存各顶点到起始顶点的距离
03      parent = {}                                       #保存顶点的父级顶点
04      for v in graph:
05          dis[v] = float('inf')                         #初始化为无穷大
06          parent[v] = None                              #初始化为 None
07      dis[start] = 0                                     #起始顶点到起始顶点的距离为 0
08      for i in range(len(graph) - 1):
09          for u in graph:
10              for v in graph[u]:
11                  if dis[v] > graph[u][v] + dis[u]:
12                      dis[v] = graph[u][v] + dis[u]     #完成松弛操作
13                      parent[v] = u                     #定义顶点的父级顶点
14                  if dis[u] > graph[u][v] + dis[v]:
15                      dis[u] = graph[u][v] + dis[v]     #完成松弛操作
16                      parent[u] = v                     #定义顶点的父级顶点
17      #判断是否存在负权回路
18      for u in graph:
19          for v in graph[u]:
20              if dis[v] > dis[u] + graph[u][v]:
21                  return None
22      vertex = end
23      shortest_path = [vertex]                          #最短路径顶点列表
24      while parent[vertex] != start:                    #父级顶点为起点时结束循环
25          shortest_path.append(parent[vertex])          #将当前顶点的父级顶点加入列表
26          vertex = parent[vertex]                       #获取当前顶点的父级顶点
27      shortest_path.append(start)                       #将起点加入列表
28      return dis, shortest_path
29  if __name__ == '__main__':
30      graph = {
31          'A': {'B': 9, 'C': 3, 'D': 6},
32          'B': {'D': 2, 'E': 4},
33          'C': {'D': 1, 'F': 5},
34          'D': {'E': 7, 'F': 2, 'G': 9},
35          'E': {'G': 8},
```

```
36              'F': {'G': 6},
37              'G': {}
38          }
39          start = 'A'                                      #定义起始顶点
40          end = 'G'                                        #定义终点
41          dis, shortest_path = Bellman_Ford(graph, start, end)    #调用函数
42          print('从顶点{:s}到顶点{:s}的最短距离是{:d}'.format(start,end,dis[end]))
43          shortest_path.reverse()                         #颠倒顺序
44          print('最短路径：'+'->'.join(shortest_path))
```

最终的运行结果如图 9.69 所示。

在计算最短路径时，边的权重通常都是非负数。不过，即使图中存在权重为负的边，贝尔曼-福特算法也可以正常运行。这一点和狄克斯特拉算法不同。下面是一个获取有向加权图中两顶点之间的最短路径的实例，在图中包含一个负权边。

【实例 9.5】　通过贝尔曼-福特算法获取有向加权图中的最短路径。（**实例位置：资源包\Code\09\05**）

有一个有向加权图如图 9.70 所示。通过贝尔曼-福特算法获取图中的顶点 A 到顶点 F 之间的最短路径。

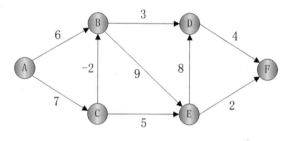

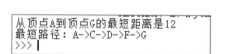

图 9.69　顶点 A 到顶点 G 的最短距离和最短路径

图 9.70　有向加权图

代码如下：

```
01  def Bellman_Ford(graph, start, end):
02      dis = {}                                    #保存各顶点到起始顶点的距离
03      parent = {}                                 #保存顶点的父级顶点
04      for v in graph:
05          dis[v] = float('inf')                   #初始化为无穷大
06          parent[v] = None                        #初始化为 None
07      dis[start] = 0                              #起始顶点到起始顶点的距离为 0
08      for i in range(len(graph) - 1):
09          for u in graph:
10              for v in graph[u]:
11                  if dis[v] > graph[u][v] + dis[u]:
12                      dis[v] = graph[u][v] + dis[u]       #完成松弛操作
13                      parent[v] = u                       #定义顶点的父级顶点
14      #判断是否存在负权回路
15      for u in graph:
16          for v in graph[u]:
17              if dis[v] > dis[u] + graph[u][v]:
18                  return None
```

```
19          vertex = end
20          shortest_path = [vertex]                          #最短路径顶点列表
21          while parent[vertex] != start:                    #父级顶点为起点时结束循环
22              shortest_path.append(parent[vertex])          #将当前顶点的父级顶点加入列表
23              vertex = parent[vertex]                       #获取当前顶点的父级顶点
24          shortest_path.append(start)                       #将起点加入列表
25          return dis, shortest_path
26  if __name__ == '__main__':
27      graph = {
28          'A': {'B': 6, 'C': 7},
29          'B': {'D': 3, 'E': 9},
30          'C': {'B': -2, 'E': 5},
31          'D': {'F': 4},
32          'E': {'D': 8, 'F': 2},
33          'F': {}
34      }
35      start = 'A'                                            #定义起始顶点
36      end = 'F'                                              #定义终点
37      dis, shortest_path = Bellman_Ford(graph, start, end)  #调用函数
38      print('从顶点{:s}到顶点{:s}的最短距离是{:d}'.format(start,end,dis[end]))
39      shortest_path.reverse()                               #颠倒顺序
40      print('最短路径：'+'->'.join(shortest_path))
```

最终运行的结果如图 9.71 所示。

```
从顶点A到顶点F的最短距离是12
最短路径：A->C->B->D->F
>>>
```

图 9.71　打印顶点 A 到顶点 F 的最短距离和最短路径

9.4.3　弗洛伊德算法

狄克斯特拉算法只能计算图中的某一顶点到其他顶点的最短距离。如果要计算图中的任意两点间的最短距离，需要使用弗洛伊德（Floyd）算法。该算法的核心思想是通过一个图的权重矩阵求出它的任意两点间的最短路径矩阵。

假设有一个加权图，图中有 3 个相邻的顶点 V_i、V_j 和 V_k。顶点 V_i 到顶点 V_k 的直通距离为 d[i][k]，顶点 V_k 到顶点 V_j 的直通距离为 d[k][j]，顶点 V_i 到顶点 V_j 的直通距离为 d[i][j]。如果 d[i][k]+d[k][j]<d[i][j]，则顶点 V_i 到顶点 V_j 的最短距离为 d[i][k]+d[k][j]。

下面以图 9.72 所示的加权图为例，介绍如何使用弗洛伊德算法计算图中各个顶点间的最短路径。

（1）使用一个矩阵存储图 9.72 中的权重信息。因为图中有 4 个顶点，所以需要使用一个 4×4 的矩阵来存储。效果如图 9.73 所示。

（2）使用 d[i][j]表示任意两点之间的距离，i 和 j 分别表示矩阵的行和列的索引。例如，顶点 A 到顶点 B 的距离为 d[0][1]=2。下面计算图中任意两个顶点之间经由顶点 A 的最短距离。更新矩阵后的效果如图 9.74 所示。

（3）计算图中任意两个顶点之间经由顶点 B 的最短距离。更新矩阵后的效果如图 9.75 所示。

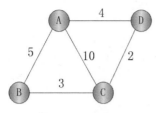

图 9.72　加权图

	A	B	C	D
A	0	5	10	4
B	5	0	3	INF
C	10	3	0	2
D	4	INF	2	0

图 9.73　图的权重矩阵

	A	B	C	D
A	0	5	10	4
B	5	0	3	9
C	10	3	0	2
D	4	9	2	0

图 9.74　任意两个顶点之间经由顶点 A 的最短距离

	A	B	C	D
A	0	5	8	4
B	5	0	3	9
C	8	3	0	2
D	4	9	2	0

图 9.75　任意两个顶点之间经由顶点 B 的最短距离

（4）计算图中任意两个顶点之间经由顶点 C 的最短距离。更新矩阵后的效果如图 9.76 所示。

（5）计算图中任意两个顶点之间经由顶点 D 的最短距离。更新矩阵后的效果如图 9.77 所示。

	A	B	C	D
A	0	5	8	4
B	5	0	3	5
C	8	3	0	2
D	4	5	2	0

图 9.76　任意两个顶点之间经由顶点 C 的最短距离

	A	B	C	D
A	0	5	6	4
B	5	0	3	5
C	6	3	0	2
D	4	5	2	0

图 9.77　任意两个顶点之间经由顶点 D 的最短距离

这样就完成了任意两个顶点之间最短距离的计算。所有顶点间的最短路径矩阵如图 9.77 所示。由此可知，如果一个加权图有 n 个顶点，那么使用该算法必须执行 n 次循环。

下面用 Python 代码和弗洛伊德算法获取图中所有顶点间的最短路径。

【实例 9.6】　通过弗洛伊德算法获取图中所有顶点间的最短路径。（实例位置：资源包\Code\09\06）

有一个加权图如图 9.78 所示。通过弗洛伊德算法获取图中所有顶点间的最短路径，并以矩阵的方式输出。

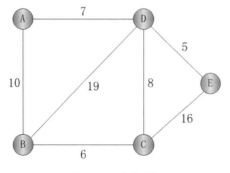

图 9.78　加权图

代码如下：

```
01  import math
02  vertexes = ['A', 'B', 'C', 'D', 'E']                        #顶点列表
03  #初始化路径矩阵
04  dis = [[0, 10, math.inf, 7, math.inf],
05         [10, 0, 6, 19, math.inf],
06         [math.inf, 6, 0, 8, 16],
07         [7, 19, 8, 0, 5],
08         [math.inf, math.inf, 16, 5, 0]]
09  vertex_num = len(vertexes)                                   #顶点个数
10  for i in range(vertex_num):
11      for j in range(vertex_num):
12          for k in range(vertex_num):
13              #dis[i][j]表示 i 到 j 的最短距离
14              #dis[i][k]表示 i 到 k 的最短距离
15              #dis[k][j]表示 k 到 j 的最短距离
16              dis[i][j] = min(dis[i][j], dis[i][k] + dis[k][j])   #找到两顶点间的最短距离并更新
17  print('最短路径矩阵如下：')
18  print('===================================')
19  print('     A     B     C     D     E')                     #输出横向各顶点
20  for i in range(vertex_num):
21      print(vertexes[i], end=' ')                              #输出纵向各顶点
22      for j in range(vertex_num):
23          print('%5d ' %dis[i][j], end='')
24      print()
```

最终运行的结果如图 9.79 所示。

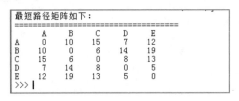

图 9.79　打印图中所有顶点间的最短路径矩阵

9.5　小　　结

　　本章主要介绍了关于图的算法，包括图的遍历算法、查找最小生成树的算法，以及获取最短路径的算法。图是一种比较复杂的数据结构，通过本章的学习可以帮助读者理解图的应用，进一步解决一些实际的工程技术问题。

第 10 章

查找算法

在数据处理过程中，能否在较短时间内查找到所需数据是考量一个算法是否有效的核心因素。所谓查找，就是指从数据文件中找到满足某些条件的信息，用作查找的条件就称为键值。比如，我们在百度中搜索资料，在搜索框中输入的关键字信息就是键值，百度搜索引擎会根据这个键值信息，在庞大的数据库中查找，并最终给出推荐的页面数据信息，这个过程就是查找。在 Python 中查找数据的方式有多种，如顺序查找、二分查找、插补查找以及哈希查找，本章就来详细介绍这些查找算法。

10.1 顺序查找算法

顺序查找又称为线性查找，是最简单的查找算法。顺序查找算法的核心思想是按照数据的顺序一项一项地逐个查找，不管数据顺序如何，都从头到尾遍历一次。顺序查找的优点是数据在查找前不需要进行任何处理（包括排序）；缺点是查找速度慢。如果数据列的第一个数据就是想要查找的数据，则该算法查找速度最快，只需查找一次即可；如果查找的数据是数据列的最后一个，则该算法查找速度最慢，需要查找 n 次；甚至还会出现找不到数据的情况。

例如，有这样一组数据：12, 56, 41, 36, 78, 18, 45, 62, 27, 56。要想查找 36，需要进行 4 次查找；要想查找 56，需要进行 10 次查找；要想查找 12，需要进行 1 次查找。

可以看出，当查找数据长度很大时，用顺序查找不太合适。也就是说，顺序查找算法适用于查找数据长度较小的数据序列。这个过程好比我们在抽屉里找笔，如图 10.1 所示，通常会从最上层的抽屉开始，一层一层查找，直到找到为止。这就是生活中的顺序查找算法。

接下来用 Python 代码来实现顺序查找算法。

【实例 10.1】 实现顺序查找算法。（实例位置：资源包\Code\10\01）

从 1～100 中随机生成 50 个整数，然后用顺序查找算法查找其中某个数据的位置。具体代码如下：

```
01   import random                                      #导入随机数模块
02
03   num = 0                                            #定义变量 num
04   data = [0] * 50                                    #定义数组
05   for i in range(50):                                #遍历随机生成的 50 个数
06       data[i] = random.randint(1, 100)               #1～100 中随机生成
07
08   print("随机产生的数据内容是：")
09   for i in range(10):                                #遍历行
10       for j in range(5):                             #遍历列
11           print("%2d[%3d] ' % (i * 5 + j + 1, data[i * 5 + j]), end="")
```

```
12                                                  #按格式输出随机生成的50个数
13        print('')
14
15   while num != -1:                               #循环输入
16        find = 0                                   #比较次数
17        num = int(input("请输入想要查找的数据，输入-1 退出程序:"))   #数据输入
18        for i in range(50):                        #循环遍历 50 个随机数
19            if data[i] == num:                     #如果输入数据和 data 数据相等
20                print("在", i + 1, "个位置找到数据", data[i])   #输出找到的位置和数据内容
21                find += 1                          #比较次数加 1
22        if find == 0 and num != -1:                #如果比较次数是 0，且输入数据不是-1
23            print("没有找到", num, "此数据")        #提示没有找到数据
```

程序运行的结果如图 10.2 所示。

图 10.1 在抽屉中找笔

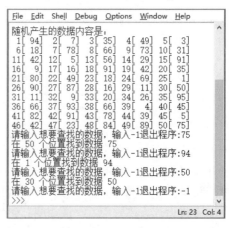

图 10.2 顺序查找运行结果

【实例 10.2】 在成绩中查询分数是 100 的学生姓名。(实例位置：资源包\Code\10\02)

数学考试后，老师想要查看本班学生是否有得 100 分的同学，利用顺序查找法为老师排忧解难。具体代码如下：

```
01   grade={'张海阳':86,'吴昊天':90,'苏丹蓉':74,'欧阳沛凝':100,'李晗日':82,'钱高旻':66,'景天':46,'彭念薇':77,'吕绿
蕊':100,'高夏真':97}                                #创建成绩字典
02   sign=False                                     #初始标记为 False
03   value=int(input("请输入你要查找的数学成绩："))   #输入要查找的分数
04   for key,v in grade.items():                    #遍历字典
05       if v==value:                               #比较输入的成绩和字典成绩，如果相等
06           print("%s: %s 分"% (key,v))            #输出查找到的结果
07           sign = True                            #标记为 True
08   if sign==False:                                #如果标记为 False
09       print("%d 分：无此成绩"%value)              #提示无此成绩
```

运行结果如图 10.3 所示。

利用顺序查找还可以查找列表中的最大值和最小值，下面一起来学习。

【实例 10.3】 找最大值和最小值。(实例位置：资源包\Code\10\03)

已知数据列表为[10, 34, 98, 34, 2, 14, 100, 564, 9]，使用顺序查找算法查找该列表中的最大值和最小

228

值。代码如下：

```
01   def Max(data):                            #定义找最大值函数
02       sign = 0                              #初始位置
03       imax=data[0]                          #假设第一个元素是最大值
04       while sign < len(data):               #在列表中循环
05           if data[sign] > imax:             #当前列表的值大于最大值，则为最大值
06               imax=data[sign]
07           sign = sign+1                     #查找位置+1
08       return imax
09   def Min(data):                            #定义找最小值函数
10       sign = 0                              #初始位置
11       imin = data[0]                        #假设第一个元素是最小值
12       for item in data:                     #对于列表中的每一个值
13           if item < imin:                   #当前的值小于最小的值，则为最小值
14               imin = item
15       return imin
16   data=[10,34,98,34,2,14,100,564,9]
17   print("在以下数据中查找：")
18   for i in range(len(data)):
19       print('%d'%data[i],end=' ')
20   print()
21   print('最大值是：',Max(data))
22   print('最小值是：',Min(data))
```

运行结果如图 10.4 所示。

图 10.3 查找 100 分

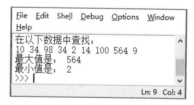

图 10.4 查找最大值和最小值

10.2 二分查找算法

二分查找又称为折半查找，其核心思想为：将数据分成两等份，然后用键值（要查找的数据）与中间值比较：如果键值小于中间值，可确定要查找的键值位于前半段；如果键值大于中间值，可确定要查找的键值位于后半段。然后再将前半段（后半段）分割成两等份，再比对键值。如此循环进行比较、分割，直到找到数据或者确定数据不存在为止。二分查找适用于查找已经初步排好序的数列，查找速度很快。

在生活中，也有类似于二分查找的例子，如猜数字游戏。其游戏规则为：在某个范围内（如 0～100）设定一个数字，然后让玩家去猜，并给出提示"猜大了"还是"猜小了"。玩家通常的做法是：随意说一个数字，然后根据提示缩小数字范围，再猜，再缩小数字范围，直到猜出正确数字。猜数字游戏（见

图 10.5）中，如果玩家每次猜的范围值都是区间的中间值，就是二分查找算法。

范围在1~100，不断缩小范围，直到猜对

图 10.5　猜数字游戏

例如，有排好序的数列：12, 45, 56, 66, 77, 80, 97, 101, 120，要查找数据 101，用二分查找算法进行查找的步骤如下。

（1）将数据列出来，找到中间值 77，将 101 与 77 进行比较，如图 10.6 所示。

图 10.6　101 与 77 比较

（2）101 与 77 比较之后，101 大于 77，说明 101 在数列的右半段。然后将右半段分割，继续找中间值，发现中间值位于 97 和 101 中间的位置，取 97 作为中间值，将 101 与 97 进行比较，如图 10.7 所示。

图 10.7　101 与 97 比较

（3）101 与 97 比较之后，101 大于 97，说明 101 在 97 与 120 之前的右半段数列中。再对剩下的数列分割，找中间值，这次找到的位置是 101，然后将 101 与 101 进行比较，如图 10.8 所示。

图 10.8　101 与 101 比较

（4）101 与 101 比较之后，发现两者相等，表示查找完成。

说明

如果多次分割之后未找到相等的值，表示这个键值没有在这个数列中。

从二分查找算法的步骤来看，明显比顺序查找算法的比较次数少，这就是二分查找的优点——查找速度快。接下来用 Python 代码来实现以上描述的二分查找过程。

【**实例 10.4**】　实现二分查找算法。（实例位置：资源包\Code\10\04）

具体代码如下：

```
01   def search(data, num):                         #定义二分查找函数，参数是原数列 data 和键值 num
02       low = 0                                     #定义变量，用来表示低位
03       high = 8                                    #定义变量，用来表示高位
04       print("正在查找.......")                      #提示
05       while low <= high and num != -1:
06           mid = int((low + high) / 2)             #取中间位置
07           if num < data[mid]:                     #如果数据小于中间值
08               print('%d 介于位置%d[%d]和中间值%d[%d]之间, 找左半边' % (num, low + 1, data[low], mid +
1, data[mid]))                                       #输出位置在数列的左半边
09               high = mid - 1                      #最高位变成中间位置减 1
10           elif num > data[mid]:                   #如果数据大于中间值
11               print('%d 介于中间值位置%d[%d]和位置%d[%d]之间，找右半边' % (num, mid + 1, data[mid],
high + 1, data[high]))                               #输出位置在数列的右半边
12               low = mid + 1                       #最低位变成中间位置加 1
13           else:                                   #如果数据等于中间值
14               return mid                          #返回中间位置
15       return -1                                   #自定义函数到此结束
16
17
18   num = 0                                         #定义变量，用来输入键值
19   data = [0] * 9                                  #定义数列
20   for i in range(9):                              #循环遍历 9 个值
21       num = int(input("请输入数列值："))             #输入值
22       data[i] = num                               #将输入的值赋给数列
23
24   print("数据内容是：")
25   for i in range(1):                              #遍历行
26       for j in range(9):                          #遍历列
27           print(' %d[%d]' % (i * 9 + j + 1, data[i * 9 + j]), end="")   #输出数列
28       print("")
29
30   while True:                                     #循环查找
31       number = 0                                  #定义变量，用来存储查找结果
32       num = int(input("请输入查找键值，输入-1 退出程序："))    #输入查找键值
33       if num == -1:                               #判断键值是否是-1
34           break                                   #若为-1，跳出循环
35       number = search(data, num)                  #调用二分查找函数 search()
36       if number == -1:                            #判断查找结果是否是-1
```

37	print('没有找到[%d]' % num)	#若为-1，提示没有找到值
38	**else**:	
39	print('在%d 个位置找到[%d]' % (number + 1, data[number]))	#若不为-1，提示查找位置

运行结果如图 10.9 所示。

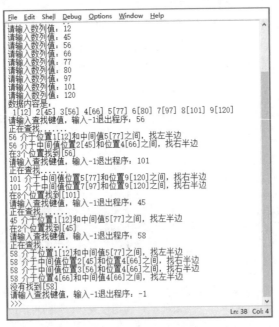

图 10.9　二分查找结果

从运行结果可以看出，在查找 101 时，查找结果完全符合上述描述的步骤。其他数据，例如 56、45、58 都是相同的二分查找算法实现的。这里就不一一讲解了。

【实例 10.5】　线路排查故障。（实例位置：资源包\Code\10\05）

假设一条 150 米长的线路上存在故障，需要排查。第一天，维修工大致锁定了几个故障点，位置分别为 23, 43, 56, 78, 97, 100, 120, 135, 147。第二天，维修工要在这 9 个故障点确定一个故障点（假设故障点是 135 米处）。为了快速查找此故障点，维修工就需要利用二分查找算法。

具体的实现代码如下：

01	**def** search(data, num):	#定义二分查找函数，参数是原数列 data 和键值 num
02	low = 0	#定义变量，用来表示低位
03	high = 8	#定义变量，用来表示高位
04	print("正在查找.......")	#提示
05	**while** low <= high **and** num != -1:	
06	mid = int((low + high) / 2)	#取中间位置
07	**if** num < data[mid]:	#如果数据小于中间值
08	print('%d 介于故障点位置%d[%d]和中间故障点位置%d[%d]之间，找左半边' % (num, low + 1, data[low], mid + 1, data[mid]))	#输出位置在数列的左半边
09	high = mid - 1	#最高位变成中间位置减 1
10	**elif** num > data[mid]:	#如果数据大于中间值
11	print('%d 介于中间故障点位置%d[%d]和故障点位置%d[%d]之间，找右半边' % (num, mid + 1, data[mid], high + 1, data[high]))	#输出位置在数列的右半边

```
12              low = mid + 1              #最低位变成中间位置加 1
13          else:                          #如果数据等于中间值
14              return mid                 #返回中间位置
15      return -1                          #自定义函数到此结束
16
17  num = 0                                #定义变量，用来输入键值
18  data = [23,43,56,78,97,100,120,135,147]   #定义数列
19  print("故障点如下：")
20  for i in range(1):                     #遍历行
21      for j in range(9):                 #遍历列
22          print(' %d[%d]' % (i * 9 + j + 1, data[i * 9 + j]), end='')     #输出数列
23      print('')
24
25  while True:                            #循环查找
26      number = 0                         #定义变量，用来存储查找结果
27      num = int(input("请输入故障点的位置，输入-1 退出程序: "))          #输入查找键值
28      if num == -1:                      #判断键值是否是-1
29          break                          #若为-1，跳出循环
30      number = search(data, num)         #调用二分查找函数 search()
31      if number == -1:                   #判断查找结果是否是-1
32          print('没有找到[%d]故障点' % num)    #若为-1，提示没有找到值
33      else:
34          print('在%d 个位置找到[%d]故障点' % (number + 1, data[number]))
35                                         #若不为-1，提示查找位置
```

运行结果如图 10.10 所示。

```
File  Edit  Shell  Debug  Options  Window  Help
故障点如下：
  1[23] 2[43] 3[56] 4[78] 5[97] 6[100] 7[120] 8[135] 9[147]
请输入故障点的位置，输入-1退出程序：135
正在查找......
135 介于中间故障点位置5[97]和故障点位置9[147]之间，找右半边
135 介于中间故障点位置7[120]和故障点位置9[147]之间，找右半边
在8个位置找到[135]故障点
请输入故障点的位置，输入-1退出程序：-1
>>> |
                                                          Ln: 13  Col: 4
```

图 10.10 线路排查故障

10.3 插补查找算法

插补查找又称为插值查找，是二分查找算法的改进版。插补查找算法是按照数据的分布，利用公式预测键值所在的位置，快速缩小键值所在序列的范围，慢慢逼近，直到查找到数据为止。

插值查找类似于我们平常查英文词典的方法，如图 10.11 所示，在查以字母 D 开头的英文单词时，绝不会用二分法，而是从字典的中间一页开始查找。英文词典中，D 开头的单词一般位于字典较前的部分，因此可从词典前部的某处开始查找。

图 10.11 查字典

键值的索引计算要用的公式如下：

middle=left+(target-data[left])/(data[right]-data[left])*(right-left)

参数说明：
- ☑ middle：所求的边界索引。
- ☑ left：最左侧数据的索引。
- ☑ right：最右侧数据的索引。
- ☑ target：键值（目标数据）。
- ☑ data[left]：最左侧数据值。
- ☑ data[right]：最右侧数据值。

例如，有排好序的数列：34, 53, 57, 68, 72, 81, 89, 93, 99，要查找的数据是53，使用插补查找算法进行查找的步骤如下。

（1）将数据列出来，利用公式找到边界值。

① 将各项数据带入公式。

middle=1+(53-34)/(99-34)*(9-1)=10.3

② 将数据取整，索引是3，对应的数据是57，将目标查找数据53与57比较，如图10.12所示。

图10.12　53与57比较

（2）53与57比较，53小于57，所以查找57的左半边，不用考虑右半边，索引范围缩小到1～3，然后再利用公式带入。

middle=1+(53-34)/(57-34)*(3-1)=2.6

取整之后索引是2，对应的数据是53，将查找目标数据53与53比较，如图10.13所示。

图10.13　53与53比较

（3）53与53比较，结果相等，完成查找。

说明

如果多次查找之后，没有找到相等的值，表示这个键值在这个数列中不存在。

通过步骤（1）可看出，插补查找算法比二分查找算法的查找取值范围更小，速度更快。

【实例 10.6】　　实现插补查找算法。（实例位置：资源包\Code\10\06）

本实例定义 block()分块函数，将数据 data = [23,43,56,78,97,100,120,135,147,150,155]分 3 块进行查找，并输出分得的每块内容以及待查找数据的位置。代码如下：

```
01    def insret_seach(data,num):                                   #自定义插补查找函数
02        low=0                                                     #定义变量，表示最低位
03        high=8                                                    #定义变量，表示最高位
04        print("正在查找......")                                   #提示
05        while low<=high and num!=-1:                              #循环判断，如果低位小于等于高位且键值不为-1
06            mid=low+int((num-data[low])*(high-low)/(data[high]-data[low]))
07                                                                  #用插补查找公式计算出边界位置
08            if num==data[mid]:                                    #如果键值等于边界值
09                return mid                                        #返回边界位置
10            elif num<data[mid]:                                   #如果键值小于边界值
11                print('%d 介于位置%d[%d]和边界值%d[%d]之间，找左半边'%(num,low+1,data[low],mid+1,
data[mid]))                                                         #输出在左半边查找
12                high=mid-1                                        #最高位等于边界位置减 1
13            elif num>data[mid]:                                   #如果键值大于边界值
14                print('%d 介于边界值位置%d[%d]和%d[%d]之间，找右半边'%(num,mid+1,data[mid], high+1,
data[high]))                                                        #输出在右半边查找
15                low=mid+1                                         #最低位等于边界位置加 1
16        return -1                                                 #自定义函数到此结束
17
18
19    num = 0                                                       #定义变量，用来输入键值
20    data = [0] * 9                                                #定义数列
21    for i in range(9):                                            #循环遍历 9 个值
22        num = int(input("请输入数列值："))                        #输入值
23        data[i] = num                                             #将输入的值给数列
24
25    print("数据内容是：")
26    for i in range(1):                                            #遍历行
27        for j in range(9):                                        #遍历列
28            print(' %d[%d]' % (i * 9 + j + 1, data[i * 9 + j]), end="")        #输出数列
29        print("")
30
31    while True:                                                   #循环查找
32        number = 0                                                #定义变量，用来存储查找结果
33        num = int(input("请输入查找键值，输入-1 退出程序："))       #输入查找键值
34        if num == -1:                                             #判断键值是否是-1
35            break                                                 #若为-1，跳出循环
36        number = insret_seach(data, num)                          #调用插补查找函数 search()
37        if number == -1:                                          #判断查找结果是否是-1
38            print('没有找到[%d]' % num)                           #若为-1，提示没有找到值
39        else:
40            print('在%d 个位置找到[%d]' % (number + 1, data[number]))        #若不为-1，提示查找位置
```

运行结果如图 10.14 所示。

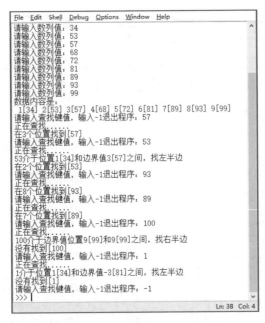

图 10.14　插补查找运行结果

从运行结果看到，当查找 53 时，查找结果完全符合上述描述的步骤。如果想要进行其他数据的查找，如 57、93、89、100 等，都可以通过插补查找算法来实现，这里就不一一讲解了。

10.4　分块查找算法

分块查找算法是二分法查找算法和顺序查找算法的改进方法。分块查找要求索引表是有序的，但对块内数据没有排序要求，即块内数据可以是有序的，也可以是无序的。分块查找就像如图 10.15 所示的右侧书口位置的索引块，当要查找某章内容时，在对应的索引块内寻找即可。

图 10.15　书口索引块

分块查找就是把一个大的线性表分解成若干块，每块中的数据可以任意存放，但块与块之间必须排序。与此同时，还要建立一个索引表，把每块中的最大值作为索引表的索引值，此索引表需要按块的顺序存放到一个辅助数组中。查找时，首先在索引表中查找，确定待查数据所在的块。由于索引表是排好序的，因此对索引表的查找可以采用顺序查找或二分查找算法；然后在相应的块中采用顺序查找算法，找到对应的数据。

例如，有这样一组数据：23,43,56,78,97,100,120,135,147,150，如图 10.16 所示。

图 10.16　原始数据

想要查找的数据是 150，使用分块查找算法进行查找的步骤如下。

（1）将图 10.16 所示数据按照长度 4 进行分块，如图 10.17 所示。

图 10.17　对数据进行分块

说明

块的长度由读者指定，这里笔者设定的各块长度均为 4，读者可根据自己的需要指定每块的长度。

（2）选取各块中的最大关键字构成一个索引表，第一块最大的值是 78，第二块最大的值是 135，第三块最大的值是 155，构建成的索引表如图 10.18 所示。

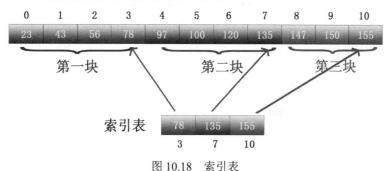

图 10.18　索引表

（3）用顺序查找算法或者二分查找算法判断待查数据 150 在哪块内容中。假设使用二分查找算法，即先取中间值 135 与 150 比较，如图 10.19 所示。

（4）135 比 150 小，因此目标数据在 135 的下一块内。将数据定位在第 3 块内，顺序进行比较，如图 10.20 所示。

图 10.19　中间值与目标值比较　　　　　图 10.20　顺序查找

（5）通过顺序查找第 3 块的内容，终于在第 9 个位置找到目标数，此时分块查找结束。

至此，分块查找算法已经讲解完毕。分块查找算法的速度虽然不如二分查找算法快，但比顺序查找算法快得多。当数据很多且块数很大时，对索引表可以采用二分查找，这样能够进一步提高查找的速度。

【实例 10.7】　实现分块查找算法。（实例位置：资源包\Code\10\07）

本实例中，定义了 block()分块函数，将数据 data = [23,43,56,78,97,100,120,135,147,150,155]分 3 块进行查找，并输出分得的各块内容以及要查找的数据的位置。具体代码如下：

```
01   def search(data, key):                          #二分法查找函数，确定要查找的数据在哪块内
02       length = len(data)                          #数据列表长度
03       first = 0                                   #第一位数据的位置
04       last = length − 1                           #最后一个数据的位置
05       print("长度:%s 分块的数据是:%s"%(length,data))  #输出分块情况
06       while first <= last:                        #
07           mid = (last + first) // 2               #取中间位置
08           if data[mid] > key:                     #中间数据大于待查的数据
09               last = mid − 1                      #将 last 的位置移到中间位置的前一位
10           elif data[mid] < key:                   #中间数据小于待查的数据
11               first = mid + 1                     #将 first 的位置移到中间位置的后一位
12           else:                                   #否则，中间数据等于待查的数据
13               return mid                          #返回中间位置
14       return False

15
16   #分块查找算法
17   def block(data, count, key):        #分块查找函数，data 是列表，count 是每块长度，key 是待查数据
18       length = len(data)                          #表示数据列表的长度
19       blockLength = length//count                 #计算一共分为几块
20       if count * blockLength != length:           #如果每块长度乘以分块总数不等于数据总长度
21           blockLength += 1                        #块数加 1
22       print("一共分", blockLength,"块")            #块的多少
23       print("分块情况如下：")
24       for block_i in range(blockLength):          #遍历每块数据
25           blockData = []                          #每块数据初始化
26           for i in range(count):                  #遍历每块数据的位置
27               if block_i*count + i >= length:     #每块长度要与数据长度比较，一旦大于数据长度
28                   break                           #就退出循环
29               blockData.append(data[block_i*count + i])  #每块长度要累加上一块的长度
30           result = search(blockData, key)         #调用二分查找函数
31           if result != False:                     #查找的结果不为 False
32               return block_i*count + result       #就返回块中的索引位置
33       return False

34
35
36   data = [23,43,56,78,97,100,120,135,147,150,155]  #数据列表
37   result = block(data, 4, 150)                    #第二个参数是块长度，最后一个参数是待查找元素
38   print("查找的值得索引位置是:", result)            #输出结果
```

运行结果如图 10.21 所示。可以看到，查找结果完全符合前面的描述。

238

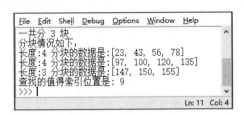

图 10.21　分块查找结果

10.5　斐波那契查找算法

斐波那契查找算法也称为黄金分割法查找算法，是在二分查找算法的基础上根据斐波那契数列进行分割。二分法是取排好序的中间值进行分割，而斐波那契查找算法是根据黄金分割点进行分割。

☑　黄金分割点。黄金分割是指把一条线段分为两段，使得第一段与全长的比值，等于第二段与第一段的比值，该比值取其前三位数字，近似值是 0.618。0.618 是一个神奇的数字，在建筑学和设计学中按此比例设计的造型就会十分美丽，因此这个比例称为黄金分割。这个分割线段的点就叫作黄金分割点。

☑　斐波那契数列。又称为黄金分割数列，指的是这样一个数列：1, 1, 2, 3, 5, 8, 13, 21, 34, 55, …。在数学上，斐波那契数列可采用递归的方法定义如下：$F(1)=1$，$F(2)=1$，…，$F(n)=F(n-1)+F(n-2)$（$n \geq 2$）。斐波那契数列越往后，前后两项的比值越接近于 0.618，也就是黄金分割比值。

斐波那契查找算法是在二分查找算法的基础上根据斐波那契数列进行分割。在斐波那契数列中查找一个等于或略大于待查找数据表长度的数 $F(n)$ 时，待查找数据表长度需要扩展为 $F(n)-1$（即如果原始数据长度不够 $F(n)-1$，则需要扩展，扩展项使用原待查找数据表的最后一项进行填充），$mid = low + F(n-1) -1$，已知 mid 为划分点，将待查找表划分为左边和右边，即将 $F(n)$ 个元素分割为前半部分 $F(n-1) -1$ 个元素，后半部分 $F(n-2) -1$ 个元素，如图 10.22 所示。

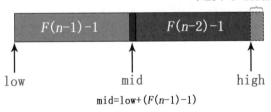

mid=low+(F(n-1)-1)

图 10.22　斐波那契分割数列

> **说明**
>
> 假如待查找数据列表的长度为 $F(n)$，不考虑 mid 的情况下，左边为 $F(n-1)$，右边为 $F(n-2)$；考虑 mid 的情况下，左边是 $F(n-1) -1$，右边是 $F(n-2) -1$，逻辑不好写。如果待查找数据列表的长度为 $F(n) -1$，$mid = low+(F(n-1) -1)$，则不存在这样的问题。

例如，有排好序的数列：9, 10, 13, 15, 22, 29, 37, 48, 53，要查找的数据是 37，如图 10.23 所示。

图 10.23　原始数据

说明

斐波那契查找算法也和二分查找算法一样，需要在查找前将数列先排好序。

用斐波那契查找算法进行查找的步骤如下。

（1）首先看一下原始数据的长度。由图 10.23 可知，原始数据的长度是 9。斐波那契数列 1, 1, 2, 3, 5, 8, 13, 21, 34, 55, …，从数据来看，最接近的数字是 13，因此将原始数据的长度扩展到 13，且扩展项用原始数列的最后一个数据 53 补齐，如图 10.24 所示。

图 10.24　补齐长度为 13 的数据

（2）接下来查找算法里的中间值。假设创建的斐波那契数列为 $F(n)$，则有 $F(n) = F(n-1)+ F(n-2)$，图 10.24 已经将原数列长度补充到 13，在斐波那契数列中 13=8+5，即 $F(6)=F(5)+F(4)$，则中间值是 $F(5)$，在斐波那契数列中 $F(5)=8$，因此 mid=low+$F(5)$ −1=7，如图 10.25 所示。

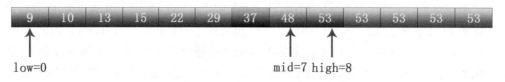

图 10.25　中间值是 mid=7

（3）从数据上看，mid=7 对应的数据是 48，目标数据 37 比 48 小，因此再次寻找以 mid 为分割线的左侧部分数据。此时 high 的值从 8 的位置变为 mid−1 的位置，即 high=6，low 值不变，依然是 0，如图 10.26 所示。

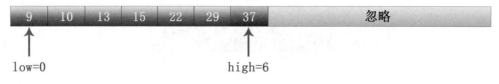

图 10.26　high 值改变

（4）此时图 10.26 所示的数据长度变成了 7，再次找此时数据的中间值，数据长度 7 与斐波那契数列的数字 8 比较接近，8=3+5，8 在斐波那契数列中是 $F(5)$，即 $F(5)=F(4)+F(3)$，中间值是 $F(4)$，在斐波那契数列中 $F(4)=5$，此时的 mid=low+$F(4)$ −1=4，如图 10.27 所示。

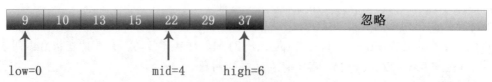

图 10.27　中间值是 mid=4

（5）从数据上看，mid=4 对应的数据是 22，目标数据 37 比 22 大，因此再次寻找以 mid 为分割线的右侧部分数据。此时 low 的值从 0 的位置变为 mid+1 的位置，即 low=5，high 值不变，依然是 6，如图 10.28 所示。

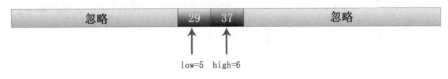

图 10.28　low 值改变

（6）从图 10.28 可知 high=6，最接近的斐波那契数列的数据是 8，8=3+5，8 在斐波那契数列中是 $F(5)$，即 $F(5) = F(4) + F(3)$，虚拟中间值是 $F(4)$，因为是在中间值的右侧寻找，因此需要计算 $F(n-2) = F(4-2) = F(2)$，在斐波那契数列中 $F(2)=2$，此时的 mid = low + $F(2)$ −1=5+1=6，如图 10.29 所示。

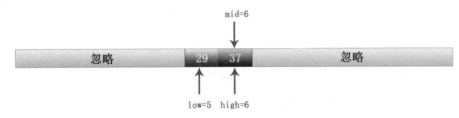

图 10.29　再次寻找中间值

（7）从数据上看，mid=4 对应的数据是 37，目标数据 37 等于中间值 37，此时返回寻找的位置，即返回 mid 的位置。如果计算的 mid 的值大于 high 的值，就之间返回 high 的值。

此时已经用斐波那契查找算法完成了寻找目标数据 37 的任务。

总结来说：斐波那契查找算法与二分查找算法很相似，它根据斐波那契序列的特点对有序表进行分割，要求原始表中数据的个数比某个斐波那契数小 1，即 $k = F(n)-1$，然后将 n 值与第 $F(n-1)$ 位置的数据进行比较（即 mid = low + $F(n-1)$−1），比较结果也分为 3 种：

☑　两者相等，则 mid 位置的元素即为所查找元素。

☑　n 大于 $F(n-1)$ 位置的数据，则 low=mid+1，n−=2，递归应用斐波那契查找算法。

> **说明**
>
> low = mid+1，说明待查找元素在[mid+1, hign]范围内（即右侧）。n−=2，说明范围[mid+1, high]内的元素个数为 $k-F(n-1) = F(n)-1-F(n-1) = F(n)-F(n-1)-1 = F(n-2)-1$ 个。

☑　n 小于 $F(n-1)$ 位置的数据，则 high=mid−1，n−=1，递归应用斐波那契查找算法。

> **说明**
>
> low = mid+1，说明待查找的元素在[low, mid−1]范围内（即左侧）。k−=1，说明范围[low, mid−1]内的元素个数为 $F(k-1)-1$ 个。

接下来用 Python 代码来实现以上描述的斐波那契查找算法。

【实例 10.8】　　实现斐波那契查找算法。（**实例位置：资源包\Code\10\08**）

具体代码如下：

```python
01  def fibonacci_search(data, key):              #定义斐波那契查找函数
02      #需要一个现成的斐波那契列表，其最大元素的值必须超过查找表中元素个数的数值
03      F = [1, 1, 2, 3, 5, 8, 13, 21, 34, 55, 89, 144,
04              233, 377, 610, 987, 1597, 2584, 4181, 6765]
05      low = 0                                   #低位
06      high = len(data) − 1                      #高位
07
08      #为了使得查找表满足斐波那契特性，在表的最后添加几个同样的值
09      #这个值是原查找表最后一个元素的值，添加的个数由 F[k]-1-high 决定
10      k = 0
11      while high > F[k] - 1:
12          k += 1
13      i = high                                  #将 i 定位到 high 的位置
14      while F[k] - 1 > i:                        #添加数据
15          data.append(data[high])               #追加到 high 之后的位置上
16          i += 1
17      print("添加后的数据",data)                  #输出追加后的数据
18
19      #算法主逻辑，count 用于展示循环的次数
20      while low <= high:                        #满足低位小于等于高位
21          #为了防止 F 列表下标溢出，设置 if 和 else
22          if k < 2:
23              mid = low
24          else:
25              mid = low + F[k - 1] − 1
26          #输出每次的分割情况
27          print("低位位置：%s, 中间位置：%s,高位位置：%s" % (low, mid, high))
28          if key < data[mid]:                   #如果目标数据小于中间值数据，在左侧寻找
29              high = mid − 1                    #高位位置移到 mid−1 的位置
30              k -= 1                            #下标 k 减 1
31          elif key > data[mid]:                 #如果目标数据大于中间值数据，在右侧寻找
32              low = mid + 1                     #低位位置移到 mid+1 的位置
33              k -= 2                            #下标 k 减 2
34          else:                                 #否则
35              if mid <= high:                   #如果中间值小于等于 mid
36                  return mid                    #mid 就是目标值的位置，返回 mid
37              else:                             #如果 mid 大于高位位置值
38                  return high                   #返回 high 的值
39      return False
40
41  #验证数据
42  data = [9,10,13,15,22,29,37,48,53]            #数据列表
43  key=int(input("请输入想要查找的数据："))
44  result = fibonacci_search(data, key)          #调用斐波那契查找函数
45  print("目标数据",key,"的位置是", result)        #输出查找结果
```

运行结果如图 10.30 所示。

```
File  Edit  Shell  Debug  Options  Window  Help
请输入想要查找的数据：37
添加后的数据 [9, 10, 13, 15, 22, 29, 37, 48, 53, 53, 53, 53, 53]
低位位置：0, 中间位置：7,高位位置：8
低位位置：0, 中间位置：4,高位位置：6
低位位置：5, 中间位置：6,高位位置：6
目标数据 37 的位置是 6
>>>
                                                    Ln: 11  Col: 4
```

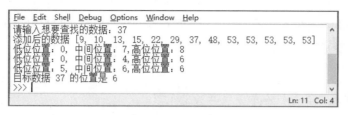

图 10.30　斐波那契查找结果

从图 10.30 中的运行结果看到，当查找 37 时，查找结果完全符合上述描述的步骤。

10.6　哈希查找算法

哈希查找算法使用哈希函数来计算键值所对应的地址，进而建立哈希表格，然后利用哈希函数来查找各个键值存放在表格中的地址。简单来说，就是把一些复杂的数据，通过某种函数映射（概念和数学中映射一样）关系，映射成更加易于查找的方式。哈希法查找算法的查找速度与数据多少无关，完美的哈希法查找算法一般可以做到一次读取即完成查找。

生活中，如果我们想随时找到自己想要的东西，最好的办法就是把东西固定在一个地方，每次需要它的时候就去相应的地方找，用完之后再放回原处。哈希查找算法的核心思想与之类似，利用它查找数据就像在一本书中查找知识点，通过目录提供对应的页码即可直接找到所需的内容，如图 10.31 所示。

图 10.31　查找目录

哈希查找算法具有保密性高的特点，因此常被用在数据压缩和数据加密/解密方面。常见的哈希查找算法有除留余数法、折叠法和平方取中法。

在讲解这 3 种算法之前，先来了解一下什么是哈希表和哈希函数。

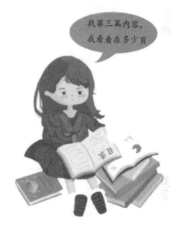

10.6.1　哈希表和哈希函数

哈希表（又称为散列表）是存储键值和键值所对应的地址的一种数据集合。哈希表中的每一个位置，一般称为槽位，每个槽位都能保存一个数据元素并以一个整数命名（从 0 开始）。这样我们就有了 0 号槽位、1 号槽位等。起始时，哈希表里没有数据，槽位是空的，这样在构建哈希表时，可以把槽位值都初始化成 None。如图 10.32 所示，这是一个大小为 11 的哈希表，或者说有 n 个槽位的哈希表，n 为 0～10。

0	1	2	3	4	5	6	7	8	9	10
None	None	None	None	None	None	None	None	None	None	None

图 10.32　初始化哈希表

图 10.32 中的元素和保存的槽位之间的映射关系，称为哈希函数。哈希函数接受一个元素作为参数，返回一个 0 到 $n-1$ 的整数作为槽位名。

说明

哈希函数和哈希表会在每种哈希查找算法中介绍。

10.6.2　除留余数法

除留余数法是哈希查找算法中最简单的一种。它将每个数据除以某个常数后，取余数来当索引。除留余数法对应的哈希函数形式如下：

h(item)=item % num

☑　item：每个数据。

☑　num：一个常数，一般会选择质数，这里用的是 11。

例如，将整数集 54, 26, 93, 17, 77, 31 中的每个数据都除以 11，所得的余数作为哈希索引值，如表 10.1 所示。

表 10.1　哈希索引值情况

数　据	哈　希　值	数　据	哈　希　值
54	10	17	6
26	4	77	0
93	5	31	9

注意

除留余数法一般以某种形式存于所有哈希函数中，因为其结果一定在槽位范围内。

哈希值计算出来之后，就要把元素插入哈希表中指定的位置，如图 10.33 所示。

图 10.33　哈希表

此时，对应的哈希函数也得到了哈希值，$H(54)=10$，$H(26)=4$，$H(93)=5$，$H(17)=6$，$H(77)=0$，$H(31)=9$。

10.6.3　折叠法

对于给定的数据集，哈希函数将每个元素映射为单个槽位，称为完美哈希函数。但是对于任意一个数据集合，没有系统能构造出完美哈希函数，例如在除留余数法的例子中再加上一个数据 44，该数字除以 11 后，得到的余数是 0，这与数据 77 的哈希值相同。遇到这种情况，解决办法之一就是扩大哈希表，但是这种做法太浪费空间。因此又有了扩展除留余数的方案，就是折叠法。

折叠法是将数据分成一串数据，先将数据拆成几部分，再把它们加起来作为哈希地址。例如，有这样一串数据：5, 2, 0, 5, 2, 1, 1, 3, 1, 4，将这串数据中的数字两两分为一组，如图 10.34 所示。

图 10.34　拆分数据

然后再对拆得的数据进行相加，如图 10.35 所示，相加之后得到的数值 105 就是这段数据的哈希地址。如果设定槽位是 11，用除留余数法将哈希地址除以 11，得到的余数 6 就是这个数据的哈希值，这种做法称为移动折叠法。

有些折叠法多了一步，在相加之前，把数据进行奇数反转或偶数反转，再进行相加。如图 10.36 所示是奇数反转的情况，相加之后的数据 159 也称为哈希地址。如果设定槽位是 11，用除留余数法将哈希地址除以 11，得到的余数是 5 是这个数据的哈希值。如图 10.37 所示是偶数反转的情况，相加之后得到的数据 105 同样是哈希地址。如果设定槽位是 11，用除留余数法将哈希地址除以 11，得到的余数是 6 是这个数据的哈希值。

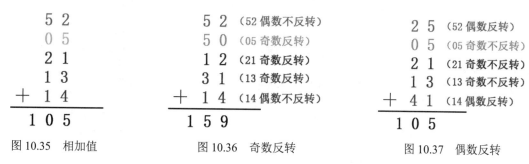

图 10.35　相加值　　　　图 10.36　奇数反转　　　　图 10.37　偶数反转

奇数反转和偶数反转这两种折叠法都称为边界折叠法。

10.6.4　平方取中法

平方取中法的核心思想为：先对各个数据取平方，将平方后的数据取中间的某段数字，作为索引。

例如，对于整数集 54, 26, 93, 17, 77, 31，采用平方取中法查找数据的步骤如下。

（1）将各个数据取平方，得到的值分别为：54^2=2916，26^2=676，93^2=8649，17^2=289，77^2=5929，31^2=961。

（2）取以上平方值的中间数，即取各平方值的十位和百位，得到的数分别是：91，67，64，28，92，96。

（3）设定槽位是 11，将步骤（2）得到的数据分别除以 11，保留余数，则得到的哈希值分别为：3,1,9,6,4,8。

根据上述步骤，最终得到的对应关系如图 10.38 所示。

0	1	2	3	4	5	6	7	8	9	10
None	26	None	54	77	None	17	None	31	93	None

图 10.38　平方取中法

10.6.5 碰撞与溢出问题

哈希查找算法的理想情况是所有数据经过哈希函数运算后，得到不同的值。但实际情况下，即使得到的哈希值不同，也有可能地址相同，这种问题称为碰撞问题。使用哈希查找算法时，当数据放到某个桶（哈希表中存储数据的位置）时，若该桶满了，就会溢出，这种问题称为溢出问题。

存在问题就需要进行解决，解决碰撞与溢出问题的常见解决方法将会在 11.3 节中讲解。

【实例 10.9】 用哈希查找算法查找七色光颜色。(实例位置：**资源包\Code\10\09**)

在本实例中，首先创建哈希表，然后给哈希表分别赋值为红、橙、黄、绿、青、蓝、紫，最后输出对应的 key、value 数据，并输出利用哈希表查找的几个数据的结果。具体代码如下：

```
01  class HashTable:                                            #创建哈希表
02      def __init__(self):
03          self.size = 11                                      #哈希表长度
04          self.throw = [None] * self.size                     #哈希表数据键初始化
05          self.data = [None] * self.size                      #哈希表数据值初始化
06
07      #假定最终将有一个空槽，除非 key 已经存在于 self.throw 中。它计算原始哈希值，如果该槽不为空，
08      #则迭代 rehash 函数，直到出现空槽。如果非空槽已经包含 key，则旧数据值将被替换为新数据值
09      def put(self, key, value):                              #输出 key 值
10          hashvalue = self.hashfunction(key, len(self.throw)) #创建哈希值
11          if self.throw[hashvalue] is None:
12              self.throw[hashvalue] = key                     #将 key 值赋给哈希表的 throw
13              self.data[hashvalue] = value                    #将 value 值赋给哈希表的 data
14          else:
15              if self.throw[hashvalue] == key:
16                  self.data[hashvalue] = value
17              else:
18                  nextslot = self.rehash(hashvalue, len(self.throw))
19                  while self.throw[nextslot] is not None and self.throw[nextslot] != key:
20                      nextslot = self.rehash(nextslot, len(self.throw))
21                  if self.throw[nextslot] is None:
22                      self.throw[nextslot] = key
23                      self.data[nextslot] = value
24                  else:
25                      self.data[nextslot] = value
26
27      def rehash(self, oldhash, size):
28          return (oldhash + 1) % size
29
30      def hashfunction(self, key, size):
31          return key % size
32
33      #从计算初始哈希值开始。如果值不在初始槽中，则 rehash 用于定位下一个可能的位置
34      def get(self, key):
35          startslot = self.hashfunction(key, len(self.throw))
36          data = None
37          found = False
```

```
38              stop = False
39              pos = startslot
40              while pos is not None and not found and not stop:
41                  if self.throw[pos] == key:
42                      found = True
43                      data = self.data[pos]
44                  else:
45                      pos = self.rehash(pos, len(self.throw))
46                      #回到原点，表示找遍了没有找到
47                      if pos == startslot:
48                          stop = True
49          return data
50
51      #重载__getitem__和__setitem__方法，以允许使用[]访问
52      def __getitem__(self, key):
53          return self.get(key)
54
55      def __setitem__(self, key, value):
56          return self.put(key, value)
57
58  H = HashTable()                              #创建哈希表
59  H[16] = "红"                                 #给哈希表赋值
60  H[28] = "橙"
61  H[32] = "黄"
62  H[14] = "绿"
63  H[56] = "青"
64  H[36] = "蓝"
65  H[71] = "紫"
66
67  print("key 的数据是：",H.throw)              #输出键 key
68  print("value 的数据是：",H.data)             #输出值 value
69  print("结果是:",H[28])                       #根据 key=28 查找 value
70  print("结果是:",H[71])                       #根据 key=71 查找 value
71  print("结果是:",H[93])                       #根据 key=93 查找 value
```

运行结果如图 10.39 所示。

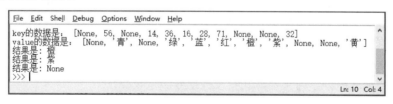

图 10.39　哈希查找算法运行结果

10.7　不同查找算法的时间复杂度比较

至此，已经学习了六大类查找算法，本节就用大 O 表示法来比较一下这 6 类查找算法的时间复杂度。

- ☑ 顺序查找算法：按照数据顺序逐项查找，不管顺序如何，都从头到尾遍历一遍。查找速度比较慢，时间复杂度是 $T=O(n)$。
- ☑ 二分查找算法：将数据分割成两等份，利用键值（要查找的数据）与中间值比较，逐渐缩短查找范围。速度比顺序查找算法快，时间复杂度是 $T=O(\log n)$。
- ☑ 插补查找算法：按照数据分布，利用公式预测键值所在的位置，快速缩小键值所在序列的范围，慢慢逼近，直到查找到数据为止。比二分查找算法速度快，时间复杂度是 $T=O(\log \log(n))$。
- ☑ 分块查找算法：要求是顺序表，是顺序查找算法的改进，时间复杂度是 $T=O(\log_2(m)+N/m)$。
- ☑ 斐波那契查找算法：在二分查找算法的基础上根据斐波那契数列进行分割，用键值（要查找的数据）与黄金分割点进行比较，逐渐缩短查找范围。时间复杂度是 $T=O(\log 2n)$。
- ☑ 哈希查找算法：把一些复杂的数据通过某种函数映射（概念和数学中映射一样）关系，映射成更易于查找的方式。查找速度最快，时间复杂度是 $T=O(1)$。

6 类查找算法的时间复杂度比较如表 10.2 所示。

表 10.2　6 种查找算法的时间复杂度比较

查找算法名称	时间复杂度（大 O 表示法）	查找算法名称	时间复杂度（大 O 表示法）
顺序查找	$O(n)$	分块查找算法	$O(\log_2(m)+N/m)$
二分查找	$O(\log n)$	斐波那契查找算法	$O(\log 2n)$
插补查找	$O(\log \log(n))$	哈希查找	$O(1)$

说明

表 10.2 中所列的都是各个算法的平均（理想）时间复杂度，也存在最坏的情况。在最坏情况下对应的时间复杂度与表中所给公式会有所不同。

10.8　小　　结

本章一共介绍了 6 类查找算法，其中插补查找算法和斐波那契查找算法在二分查找算法的基础上改进而来，都是用一个值将数据分割成左右两部分，再进行查找。分块查找算法是顺序查找算法的改进方法，先判断数据属于哪一块，之后再用顺序查找算法在所在块内寻找。哈希查找算法是通过一个哈希函数，创造一个键，然后按照键去找值，该算法也会存在冲突，冲突解决方法内容会在第 11 章再进行深度剖析。希望读者好好学习领悟，扎实掌握这 6 类查找算法。

第11章

哈希表

顺序存储的结构类型，需要按顺序逐个访问各元素。当数据总量很大，要访问的元素比较靠后时，顺序存储的结构类型，性能会比较差。哈希表是一种以空间换时间的存储结构，在很大程度上达到了提升效率的目的，但是所需空间很大，所以通常需要在"效率"和"占空间大小"二者之间进行权衡。本章就来详细讲解哈希表的知识。

11.1　什么是哈希表

对字典大家都不陌生，在我们初学认字时，每个人都有一本新华字典，如图11.1所示。那么，我们是怎么查字典呢？肯定不能从字典的第一页开始翻，也不能从字典的中间某一页开始翻。

最常见的查字典方法是音序查字法，也就是根据拼音来查找汉字。其查找过程如下：先查找汉字的拼音首字母，再查找拼音的第2个字母，再查找第3个字母……依次进行，就可以快速跳转到待查汉字的所在位置。查字典的思路，就是哈希表的思想。

哈希表，又称为散列表，是一种通过给定关键字的值访问具体对应值的数据结构。简单地说，就是把关键字映射到一个表中来直接访问记录，以加快访问速度。我们通常把这个关键字称为Key，把对应的数据记录称为Value，通过Key访问映射表，即可快速得到Value的地址。而这个存放记录的数组，就叫作哈希表，如图11.2所示。

图11.1　字典

图11.2　哈希表

11.2　哈　希　函　数

哈希函数又称为散列函数，在10.6.1节中我们曾经接触过。其特性是：给定一个输入x（任何数据），它都会算出相应的输出$H(x)$（一般为数字）。哈希函数通常有以下主要特征：

☑ 输入数据 x 可以是任意的字符串。

☑ 输出结果即 $H(x)$ 的长度是固定的。

☑ 计算 $H(x)$ 的过程是高效的。

☑ 尽可能输入一个 x，就能得出唯一的 $H(x)$。

为什么哈希函数最终输出的会是数字呢？原因是通过哈希函数最终计算出的数字作为索引，如图 11.3 所示的哈希表，索引值是 0～10，具体的数字是 77, 26, 93, 17, 31, 54。

0	1	2	3	4	5	6	7	8	9	10
77	None	None	None	26	93	17	None	None	31	54

图 11.3　哈希表

例如，整数集 77, 26, 93, 17, 31, 54 中，每个数据通过哈希函数计算出索引值，如图 11.4 所示。其中，11 表示哈希表的长度。

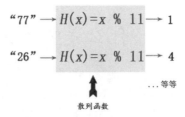

图 11.4　通过哈希函数计算

11.3　解决哈希表的冲突问题

哈希表冲突指的是 10.6.5 节中介绍的碰撞和溢出问题，本节就来介绍几种解决哈希表冲突问题的方法。常用的解决方法有 4 种，分别是开放定址法、链地址法、再哈希函数法以及建立公共溢出区法。

11.3.1　开放定址法

开放定址法解决冲突的思路是：遇到冲突时，寻找下一个空的哈希地址，只要哈希表足够大，空的哈希地址总能找到，然后将记录存入该哈希地址。开放定址法的哈希函数是：

$$H(i) = (H(key) + d(i)) \text{ MOD } m$$

其中，$H(key)$ 为哈希函数，m 为哈希表长度，$d(i)$ 为增长序列，MOD 通常是%。

$d(i)$ 包含线性探测法、平方探测法和伪随机探测法 3 种取法。

☑ $d(i) = 1, 2, 3, 11, \cdots, m-1$，这种取法称为线性探测法。

☑ $d(i) = 1^2, 2^2, 3^2, 4^2, \cdots$ 或者 $d(i) = -1^2, -2^2, -3^2, \cdots$，这种取法称为平方探测法。

☑ $d(i) =$ 伪随机数序列，这种取法称为伪随机探测法。

1. 线性探测法

线性探测法以线性的方式在哈希表后面寻找空的存储位置，一旦找到位置，就把数据放进去，也

就是 $d(i) = 1, 2, 3, \cdots$。

例如，有这样一个整数集：26, 36, 41, 37, 55，当 $d(i)=1$ 时，用线性探测法将这组数据放在长度为 11 的哈希表中，步骤如下。

（1）哈希函数可确定为 $H(i) = (H(\text{key})+1) \text{ MOD } 11$。

（2）计算 $H(\text{key})$ 的值，也就是将整数集中各个数除以 11 取余数，得到的数据为 4, 3, 8, 4, 0。根据得到的索引值将数据放入哈希表中，如图 11.5 所示，会发现放数据 37 时，索引 4 已经被 26 所占，此时数据 37 需要使用线性探测法寻找新的存储位置。

图 11.5　冲突

（3）将 37 求得的索引值 4 代入步骤（1）的哈希函数中，得出：$H(i) = (4+1)\%11=5$。因此，可将 37 放到索引为 5 的位置，如图 11.6 所示。

图 11.6　$d(i)=1$ 时 37 的位置

当然，$d(i)$ 也可以是其他常数。例如，$d(i)=2$，依然用这组数据，此时哈希函数是 $H(i) = (H(\text{key})+2) \text{ MOD } 11$。代入哈希函数，数据 37 求得的索引值是 6，因此也可以将 37 放入索引 6 的位置，如图 11.7 所示。

图 11.7　$d(i)=2$ 时 37 的位置

上述就是采用线性探测法解决冲突的方法。

2．平方探测法

线性探测法有一个缺点，就是相类似的键值经常会聚在一起。例如，图 11.6 和图 11.7 中的 26、37 这两个数据，$d(i)=1$ 时，数据 37 与数据 26 相隔一个位置；$d(i)=2$ 时，数据 37 与数据 26 相隔两个位置。当多个数据键值类似时，它们就会发生聚集，并产生冲突。为了防止这样的事情发生，在线性探测法的基础上改进，就有了平方探测法。

平方探测法又称为二次探测法，它与线性探测法类似，不同的是 $d(i)$ 部分。平方探测法中，$d(i) = 1^2, 2^2, 3^2, 4^2, \cdots$ 或者 $d(i) = -1^2, -2^2, -3^2, \cdots$。例如，有这样一个整数集：26, 36, 41, 37, 55，当 $d(i) = 4^2$ 时，用平方探测法将这组数据存放在长度为 11 的哈希表中，步骤如下。

（1）哈希函数可确定为：$H(i) = (H(\text{key})+ 4^2) \text{ MOD } 11$。

（2）计算 $H(\text{key})$ 的值，也就是将整数集中各个数除以 11 取余数，得到的数据为 4, 3, 8, 4, 0。根据得到的索引值将数据放入哈希表中时，会发现数据 37 的索引 4 被数据 26 所占，如图 11.8 所示，此时需使用平方探测法。

图 11.8 冲突

（3）将数据 37 求得的索引值 4 代入步骤（1）的哈希函数中，得出 $H(i) = (4+4^2)\%11=9$。因此，也可将数据 37 放到索引为 9 的位置，如图 11.9 所示。

0	1	2	3	4	5	6	7	8	9	10
55	None	None	36	26	None	None	None	41	37	None

图 11.9 $d(i)= 4^2$ 时 37 的位置

比较图 11.9 与图 11.7 可以看出，数据 37 与数据 26 的间隔增大了很多，这就是平方探测法的优势。

说明

$d(i)$ 的值可以是任何整数的平方，读者可根据需要选择。选择的平方数越大，间隔越大，产生冲突的可能性越小。

3．伪随机探测法

伪随机探测法中，$d(i)$ 采用随机函数计算得到。如果设置的随机种子相同，则不断调用随机函数可以生成不会重复的数列。在查找时，用同样的随机种子每次得到的数据都是相同的，相同的数据产生相同的 $d(i)$，相同的 $d(i)$ 就会得到相同的哈希地址。

本书不对伪随机探测法进行详细介绍，感兴趣的读者可参考相关的数据结构图书。

11.3.2 链地址法

链地址法就是将经过哈希函数得到相同的数值（索引值），放在同一个位置，就在这个位置存储成一个单链表。用专业术语描述，就是将相同的键映射到同一个位置。

例如，有这样一个整数集：21, 7, 29, 14, 40, 27，将其存储在长度为 7 的哈希表中，步骤如下。

（1）将整数集中各个数除以 11 并取余数，得到的数据为：0, 0, 1, 0, 5, 6。根据索引值，将得到的数据放在哈希表中，如图 11.10 所示。可以看出，数据 21 在索引 0 的位置上，放数据 7 和 14 时会发现，索引 0 已经被数据 21 占用了。

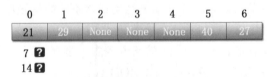

图 11.10 数据放在哈希表中

（2）采用链地址法，将索引 0 的位置以链的形式存储，如图 11.11 所示。

图 11.11 链地址法

图 11.11 中，左侧存储 21、7、14 的表称为同义词子表，在右侧的哈希表中只存储所有同义词子表的头指针。

对于可能造成很多冲突的哈希函数来说，链地址法绝不会出现找不到地址的问题，但用这种方法查找时需要增加遍历单链表的时间。

11.3.3 再哈希函数法

再哈希函数法就是一开始先设置一些哈希函数（如除留取余法、平方取中法、折叠法等），如果使用第一种哈希函数出现冲突，就改用第二种；如果第二种也出现冲突，就改用第三种，一直到不再出现冲突为止。

例如，有这样一个整数集：681, 467, 633, 511, 100, 164，将其放入长度为 11 的哈希表中，步骤如下。

（1）先随意确定几个哈希函数如下：

```
H1(x)=x MOD 11
H2(x)=(x+2) MOD 11
H1(x)=(x+4) MOD 11
```

（2）将整数集中的各数据代入哈希函数 $H_1(x)$ 中，得到的余数值分别是：

```
H1(681)= 681%11=10
H1(467)= 467%11=5
H1(633)= 633%11=6
H1(511)= 511%11=5
H1(100)= 100%11=1
H1(164)= 164%11=10
```

（3）从步骤（2）的结果来看，有两对数据发生了冲突，即数据 681 与数据 164、数据 467 与数据 511。将数据 511 和 164 代入哈希函数 $H_2(x)$ 中，得到的值分别是：

```
H2(511)= (511+2)%11=7
H2(164)= (164+2)%11=1
```

（4）结合步骤（2）和步骤（3）的结果来看，数据 164 与数据 100 依然发生冲突，因此将数据 164 代入哈希函数 $H_3(x)$ 中，得到的值是：

```
H3(164)= (164+4)%11=3
```

（5）结合步骤（2）～步骤（4）的结果来看，此时哈希表中不再有数据发生冲突，如图 11.12 所示。虽然再哈希函数法不易产生聚集，但从步骤上看，明显增加了计算时间。

图 11.12　再哈希函数法

11.3.4　建立公共溢出区法

建立公共溢出区法就是将哈希表分为基本表和溢出表两部分，凡是与基本表发生冲突的，都存放在溢出表中。

例如，有这样一个整数集：681, 467, 633, 511, 100, 164，将这组数据放在长度为 11 的哈希表中。将整数集中每个数据代入哈希函数 $H(x)=x$ MOD 11 中，得到的余数分别是：

```
H(681)= 681%11=10
H(467)= 467%11=5
H(633)= 633%11=6
H(511)= 511%11=5
H(100)= 100%11=1
H(164)= 164%11=10
```

有两对数据发生了冲突，可以建立公共溢出区。如图 11.13 所示，上面是基本表，下面是溢出表。

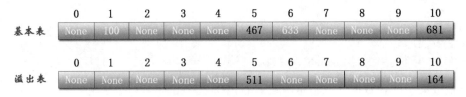

图 11.13　建立公共溢出区法

这种方法在查找时，根据哈希函数计算出数值后，先与基本表的相应位置比较，如果相等，表示查找成功；如果不相等，就到溢出表中进行顺序查找。相对于基本表而言，在冲突数据较少的情况下，建立公共溢出法的查找速度比较快。

11.3.5　4 种解决方法比较

前面介绍了 4 种不同的冲突解决方法，其优缺点如表 11.1 所示。实际操作中，读者可根据需要，选择最合适的方法。

表 11.1　4 种冲突解决方法的优缺点

方　　法	优　　点	缺　　点
开放定址法——线性探测法	简单易懂	容易造成大量元素在相邻的哈希地址上聚集，大大降低查找效率
开放定址法——平方探测法	避免出现聚集问题	不能探测哈希表上的所有单元，但至少能探测到一半的单元
开放定址法——伪随机探测法	随机产生哈希地址	用同样的随机种子，将得到相同的数列

方 法	优 点	缺 点
链地址法	对记录总数频繁可变的情况，处理得比较好；记录存储在结点时，动态分配内存，不浪费内存；删除记录处理方便	存储记录随机分布，哈希表跳转访问速度慢
再哈希函数法	不易产生聚集	增加了计算时间
建立公共溢出表	冲突数据少时，查询速度快	多增加了一个哈希表

多学两招

元素少时，用开放定址法，冲突少，速度快；元素多时，用链地址法。

11.4　哈希表的性能

11.4.1　负载因子

负载因子 λ 也称为填装因子，用于度量哈希表中有多少位置是空的，计算公式如图 11.14 所示。

当哈希元素个数为 2，哈希表长度为 5 时，λ=2/5=0.4。当哈希元素个数为 5，哈希表长度为 5 时，λ=5/5=1，此时每个元素都有自己的位置，这种情况为最佳状态。如果 λ>1，就表示元素数量超过了哈希表的长度。一旦 λ 开始增大，就需要在哈希表中调整长度，增加位置。例如，哈希元素个数为 4，哈希表长度为 5，对应的哈希图如图 11.15 所示。

$$\lambda = \frac{散列表包含的元素数}{位置元素}$$

图 11.14　公式

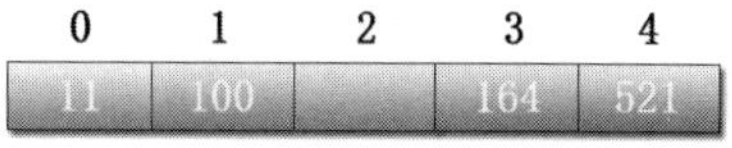

图 11.15　长度为 5 的哈希表

此时 λ=4/5=0.8，接近 1，需要增加哈希表的长度。例如，将哈希表的长度扩大一倍，再将数据放入新的哈希表中，如图 11.16 所示。

图 11.16　增加哈希表长度

此时，新哈希表的负载因子 λ 为 4/10，比原来低了很多。负载因子越低，发生冲突的可能性越小，哈希表的性能就越高。

11.4.2　时间性能

理想情况下，哈希表执行各种操作的时间都是 $O(1)$。这是一个常量时间，表示不管哈希表有多大，所用的时间都是相同的。下面比较一下不同查找算法下的时间复杂度。

顺序查找算法的时间复杂度是线性时间 $O(n)$，对应的时间象限图如图 11.17 所示。

折半查找算法的时间复杂度是对数时间 $O(\log(n))$，对应的时间象限图如图 11.18 所示。

哈希查找算法的时间复杂度是常量时间 $O(1)$，对应的时间象限图如图 11.19 所示。

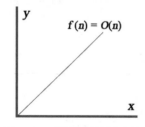

图 11.17　顺序查找运行时间

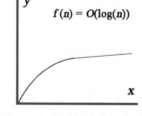

图 11.18　折半法查找运行时间

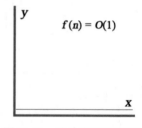

图 11.19　哈希查找运行时间

从图 11.19 中可以看出，哈希表的查找时间是一条水平线。因此，即便是有 1 亿个元素，其运行时间也都是相同的。所以说，在各种条件相同的情况下，哈希查找算法的查询速度是最快的。

11.5　哈希表的应用

11.5.1　问题描述

利用电话簿，我们可快速查找到某个联系人的信息。电话簿中通常包含联系人的姓名和电话号码，如图 11.20 所示。本节将使用哈希表，对手机通讯录中的联系人实现查找、添加、修改、删除等功能。具体功能如下：

☑　利用名字，可查找对应的电话号码。

☑　为电话簿添加联系人时，可以增加联系人手机号，还可以修改联系人信息。

☑　当不想再与某人有联系时，可以删除该联系人。

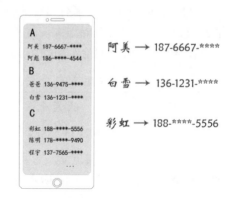

图 11.20　手机电话簿

11.5.2　解析问题

要想实现电话簿的创建、查找、修改、删除联系人功能，首先要将电话簿中的联系人姓名与其电话号码联系起来。也就是将联系人姓名作为哈希表的 key，对应的电话号码作为哈希表的 vaule。

（1）创建哈希表，代码如下：

```
TelephoneBook=dict()
```

还可以这样创建哈希表：

```
TelephoneBook={}
```

（2）向电话簿中添加联系人信息，代码如下：

TelephoneBook=dict(阿美='187-6667-****',阿彪='186-****-4544',爸爸='136-9475-****',白雪='136-1231-****',陈明='178-****-9490')

（3）查找已有的联系人。例如，查找白雪的电话号码，代码如下：

print("白雪的电话号码是：",TelephoneBook['白雪'])

最后的运行结果如下：

白雪的电话号码是：136-1231-****

此时哈希表的 key 值是"白雪"，通过查找，最后的 value 值是"136-1231-****"，完成查找。
（4）添加新的联系人及其联系方式。例如，添加彩虹的电话号码，代码如下：

TelephoneBook['彩虹']="188-****-5556"

用 print 输出整个哈希表，结果如下：

{'阿美': '187-6667-****', '阿彪': '186-****-4544', '爸爸': '136-9475-****', '白雪': '136-1231-****', '陈明': '178-****-9490','彩虹': '188-****-5556'}

从结果来看，已增加了彩虹这个联系人。
（5）修改已存在的联系人信息。例如，修改阿彪的电话号码，代码如下：

TelephoneBook['阿彪']="178-****-5555"

用 print 输出整个哈希表结果如下：

{'阿美': '187-6667-****', '阿彪': '178-****-5555', '爸爸': '136-9475-****', '白雪': '136-1231-****', '陈明': '178-****-9490','彩虹': '188-****-5556'}

从运行结果看出，阿彪的电话号码已修改成功。
（6）删除已存在的联系人。例如，删除白雪的电话号码，代码如下：

del TelephoneBook['白雪']

用 print 输出整个哈希表，结果如下：

{'阿美': '187-6667-****', '阿彪': '188-****-5556', '爸爸': '136-9475-****', '陈明': '178-****-9490'}

从结果来看，已经没有了白雪及其电话号码，说明已经删除了此联系人。

11.5.3 Python 代码实现

【实例 11.1】　查找电话簿。（实例位置：资源包\Code\11\01）
实现上述电话簿功能的完整代码如下：

```
01   TelephoneBook=dict(阿美='187-6667-****',阿彪='186-****-4544',爸爸='136-9475-****',白雪='136-1231-****',
     陈明='178-****-9490')                              #创建哈希表
02   print("电话簿信息如下：")                            #提示
03   print(TelephoneBook)                              #输出完整的哈希表
```

```
04    print("")
05    print("查找联系人"白雪"的信息：")                       #提示
06    print("姓名：白雪 电话号码：",TelephoneBook['白雪'])       #查找白雪信息并输出
07    print("")
08    TelephoneBook['彩虹']="188-****-5556"                    #添加彩虹的信息
09    print("添加彩虹之后的完整电话簿：")                     #提示
10    print(TelephoneBook)                                    #输出添加之后的完整哈希表
11    print("")
12    TelephoneBook['阿彪']="178-****-5555"                    #修改阿彪的信息
13    print("修改阿彪之后的完整电话簿：")                     #提示
14    print(TelephoneBook)                                    #输出修改之后的完整哈希表
15    print("")
16    del TelephoneBook['白雪']                                #删除白雪的信息
17    print("删除白雪之后的完整电话簿：")                     #提示
18    print(TelephoneBook)                                    #输出删除之后的完整哈希表
```

最终运行的结果如图 11.21 所示。

```
电话簿信息如下：
{'阿美'：'187-6667-****'，'阿彪'：'186-****-4544'，'爸爸'：'136-9475-****'，'白雪'：'136-1231-****'，'陈明'：'178-****-9490'}

查找联系人"白雪"的信息：
姓名：白雪 电话号码： 136-1231-****

添加彩虹之后的完整电话簿：
{'阿美'：'187-6667-****'，'阿彪'：'186-****-4544'，'爸爸'：'136-9475-****'，'白雪'：'136-1231-****'，'陈明'：'178-****-9490'，'
彩虹'：'188-****-5556'}

修改阿彪之后的完整电话簿：
{'阿美'：'187-6667-****'，'阿彪'：'178-****-5555'，'爸爸'：'136-9475-****'，'白雪'：'136-1231-****'，'陈明'：'178-****-9490'，'
彩虹'：'188-****-5556'}

删除白雪之后的完整电话簿：
{'阿美'：'187-6667-****'，'阿彪'：'178-****-5555'，'爸爸'：'136-9475-****'，'陈明'：'178-****-9490'，'彩虹'：'188-****-5556'}
>>>
```

图 11.21　电话簿运行结果

11.6　小　　结

哈希表其实就是散列表，哈希函数就是散列函数。哈希表存在键和值，也存在冲突。本章详细讲解了解决冲突的 4 种方法，希望读者能够掌握这 4 种方法。然后介绍了哈希表的性能，包括负载因子和时间性能。最后通过一个应用，介绍了哈希表的用途。本章是基于第 10 章哈希查找算法的后篇，希望读者先学习第 10 章，再来看第 11 章，会比较容易理解。

第 4 篇　实例篇

本篇介绍了大量的实例，读者可运用前 3 篇学过的知识解决这些有趣又实用的算法实例。每个实例都给出了详细解析过程，并配有完整代码，读者可在实战演练中融会贯通算法设计与分析的各类知识。

第12章

使用算法解决常见数学问题

经过前面 11 章的学习，我们已经学会了很多算法。学习算法的目的是为了更快速地解决问题，因此本章就综合应用前面学过的算法，解决一些常见的数学问题，如斐波那契数列、寻找水仙花数、爱因斯坦阶梯问题、验证四方定理、角谷猜想、挖黄金矿问题、最大公约数和最小公倍数、使用二分法计算平方根、分解质因数以及埃及分数式。每个问题都会先给出简要的描述，然后再深入解析问题，最后用 Python 代码来实现这些待解决的问题。

12.1 斐波那契数列

斐波那契数列是由意大利数学家列昂纳多·斐波那契以兔子繁殖为模型引入的，又称为兔子数列或黄金分割数列。第 10 章中我们曾介绍过斐波那契查找算法，本节来详细讲解一下斐波那契数列的其他问题。

12.1.1 问题描述

斐波那契数列指的是这样一个数列：0, 1, 1, 2, 3, 5, 8, 13, 21, 34, 55, 89, 144, 233, 377, 610, 987, 1597, 2584, 4181, 6765, 10946, 17711, 28657, 46368, …。设计算法程序，当用户输入数列的长度 n 时，输出对应的斐波那契数列。

12.1.2 解析问题

这道题有点像我们数学中的找规律问题。仔细观察，这组数值确实存在着某种关系。第 3 个数值是第 1 个和第 2 个数值之和；第 4 个数值是第 2 个和第 3 个数值之和，以此类推，我们可以得出：从第 3 项开始，后面的每一项都等于前面两项的和；且第 1 个数和第 2 个数固定，分别是 0、1。于是我们可以列出如下数学方程：

$$F(n) = \begin{cases} 0 & (n=0) \\ 1 & (n=1) \\ F(n-1) + F(n-2) & (n \geq 2) \end{cases}$$

注意

无论数值还是列表，索引值都是从 0 开始，因此方程从 n=0 开始。

12.1.3　代码实现

从问题解析来看，可以采用递归法求解斐波那契数列。

【实例 12.1】　递归法求斐波那契数列。（实例位置：资源包\Code\12\01）

具体代码如下：

```
01   '''
02   功能：递归求数列
03   参数：n 表示待查看数列的长度
04   '''
05   def recursion(n):
06       if n <= 1:                              #如果长度小于等于 1，即起始 0 和 1 的情况
07           return n                            #直接返回 n 的值
08       return recursion(n-1) + recursion(n-2)  #递归调用，利用方程计算前两项相加之和
09
10   n=int(input("请输入要查看的数列长度:"))        #用户输入数列长度
11   for i in range(0, n):                       #遍历
12       print(recursion(i), end=' ')           #输出数列值
```

运行结果如图 12.1 所示。

还可以使用递推法求解斐波那契数列。

【实例 12.2】　递推法求斐波那契数列。（实例位置：资源包\Code\12\02）

具体代码如下：

```
01   '''
02   功能：递推法求数列
03   参数：n 表示待查看数列的长度
04   '''
05   def fib(n):
06       a, b = 0, 1                #定义 a,b，并赋值为 0、1
07       for i in range(n):         #遍历数列
08           a, b = b, a + b        #递推求数列值
09       return a                   #返回结果
10
11   n=int(input("请输入要查看的数列长度:"))   #用户输入数列长度
12   for i in range(0,n):           #遍历
13       print(fib(i), end=' ')     #输出数列值
```

运行结果如图 12.2 所示。

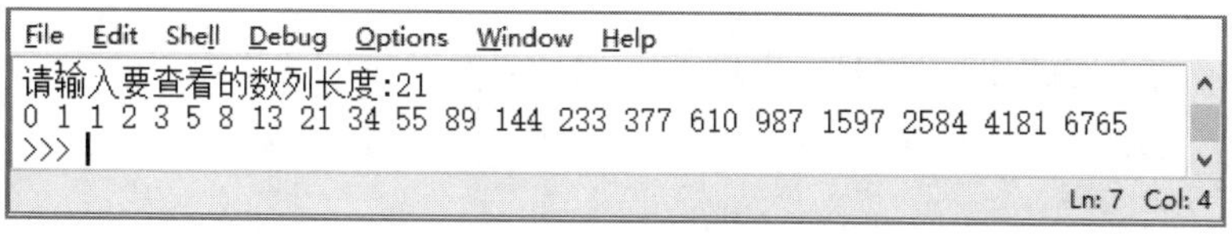

File Edit Shell Debug Options Window Help

请输入要查看的数列长度:21
0 1 1 2 3 5 8 13 21 34 55 89 144 233 377 610 987 1597 2584 4181 6765
>>>

Ln: 7 Col: 4

图 12.1　递归求数列

File Edit Shell Debug Options Window Help

请输入要查看的数列长度:11
0 1 1 2 3 5 8 13 21 34 55
>>>

Ln: 7 Col: 4

图 12.2　递推求数列

注意

实例 12.2 代码第 8 行的赋值，先计算等式右边，因为 b=1，a=0，因此 a+b=1，再赋值给 a 和 b，所以这个表达式的结果是 a=1，b=1。

说明

斐波那契数列还有很多种实现方法，这里不再一一介绍，感兴趣的读者可以自行学习。

12.2　寻找水仙花数

12.2.1　问题描述

水仙花数，又称为超完全数字不变数、自恋数、自幂数、阿姆斯壮数或阿姆斯特朗数。水仙花数是指一个 3 位数，其各位上数字的 3 次幂之和等于它本身。例如，$1^3 + 5^3 + 3^3 = 153$，153 就是一个水仙花数。设计算法程序，输出 100～1000 的所有水仙花数。

12.2.2　解析问题

（1）首先需要使用 for 循环遍历 100～1000 的数，代码如下：

```
for num in range(100, 1000):
```

（2）用 Python 的取整运算符 "//"，求出水仙花数的百位数字，代码如下：

```
hundred = a // 100
```

（3）求取水仙花数的十位数字。减掉百位数，剩余的数再整除 10，可得到水仙花数的十位数字，代码如下：

```
a = a - hundred * 100
ten = a // 10
```

（4）求取水仙花数的个位数字。用取余运算符%，可求出水仙花数的个位数字，代码如下：

```
single = a % 10
```

（5）用数学模块中的 pow()函数求取百位的 3 次幂，十位的 3 次幂以及个位的 3 次幂，代码如下：

```
a = pow(hundred, 3)
b = pow(ten, 3)
c = pow(single, 3)
```

（6）最后用 if 语句判断 a+b+c 的值是否等于求得的水仙花数。如果等于，则输出水仙花数，代码如下：

```
if a + b +c == num:
    print(num)
```

12.2.3　代码实现

问题解析中已经给出了部分实现代码，下面给出求取 100～1000 所有水仙花数的完整 Python 代码。

【实例 12.3】　　递推法求斐波那契数列。（**实例位置：资源包\Code\12\03**）

具体代码如下：

```
01  import math                              #导入数学模块
02  print('100~1000 之间的水仙花数有：')
03  for num in range(100, 1000):             #循环遍历 100～1000 的所有数
04      a = num                              #num 保存最后的水仙花数
05      hundred = a // 100                   #求取整数的百位数字
06      a = a - hundred * 100
07      ten = a // 10                        #求取整数的十位数字
08      single = a % 10                      #求取整数的个位数字
09      a = pow(hundred, 3)                  #百位数字的 3 次幂
10      b = pow(ten, 3)                      #十位数字的 3 次幂
11      c = pow(single, 3)                   #个位数字的 3 次幂
12      if a + b +c == num:                  #判断 a+b+c 的值是否等于其自身
13          print(num)                       #如果等于，则是水仙花数，直接输出 num 的值
```

运行结果如图 12.3 所示。

图 12.3　寻找水仙花数

12.3　爱因斯坦阶梯

12.3.1　问题描述

爱因斯坦阶梯问题描述为：有一条长长的阶梯，如果每步跨 2 阶，那么最后剩 1 阶；如果每步跨 3 阶，那么最后剩 2 阶；如果每步跨 5 阶，那么最后剩 4 阶；如果每步跨 6 阶，那么最后剩 5 阶；只有

当每步跨 7 阶时，才正好走完，一阶也不剩。问这条阶梯至少有多少阶（求所有三位阶梯数）。

12.3.2 解析问题

有若干个台阶，每步 2 阶余 1 阶，每步 3 阶余 2 阶，每步 5 阶余 4 阶，每步 6 阶余 5 阶，每步 7 阶正好到达阶梯顶部。转换思路，将其变换成求余问题。假设有某个数 i，除于 2 余 1，除于 3 余 2，……，除于 7 余 0，实现该条件的代码如下：

```
i%2 == 1 and i%3 == 2 and   i%5 == 4 and i%6 == 5 and i%7 == 0
```

12.3.3 代码实现

接下来给出解决爱因斯坦阶梯问题的完整 Python 代码。

【实例 12.4】 使用 while 循环解决爱因斯坦阶梯问题。（**实例位置：资源包\Code\12\04**）

具体代码如下：

```
01   step = 1                                              #定义 step，用来保存阶梯数
02   while step < 1000:                                    #循环 1～1000 的数
03       #如果满足阶梯条件
04       if (step % 2 == 1) and (step % 3 == 2) and (step % 5 == 4) and (step % 6 == 5) and (step % 7 == 0):
05           print('可能有', step, '层台阶')               #输出满足阶梯条件的数
06           step += 1                                     #阶梯数加 1，再次进入循环
07       else:                                             #如果不满足阶梯条件
08           step += 1                                     #也要将阶梯数加 1，再次进入循环
```

【实例 12.5】 使用 for 循环解决爱因斯坦阶梯问题。（**实例位置：资源包\Code\12\05**）

具体代码如下：

```
01   for step in range(1,1000):
02       #如果满足阶梯条件
03       if (step % 2 == 1) and (step % 3 == 2) and (step % 5 == 4) and (step % 6 == 5) and (step % 7 == 0):
04           print('可能有', step, '层台阶')               #输出满足问题条件的阶梯数
05           step += 1                                     #阶梯数加 1，再进入循环
06       else:                                             #如果不满足问题条件
07           step += 1                                     #也将阶梯数加 1，再进入循环
```

实例 12.4、实例 12.5 的运行结果是一样的，如图 12.4 所示。

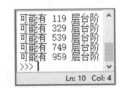

图 12.4 解决爱因斯坦阶梯问题

12.4　验证四方定理

12.4.1　问题描述

　　四方定理是数论中一个著名的定理：任意一个自然数，至多用 4 个数的平方和就可以表示。例如，366=11*11+10*10+9*9+8*8。用 Python 程序编程，验证该定理。

12.4.2　解析问题

　　本实例对 4 个变量 i，j，k，m 采用穷举试探法进行计算，当满足定理中的条件时，输出计算结果。
　　（1）使用 for 循环穷举，代码如下：

```
01   for i in range(0,n):
02     for j in range(0,i):
03       for k in range(0,j):
04         for m in range(0,k):
```

　　（2）然后用 if 语句判断 i * i + j * j + k * k + m * m 是否等于 n，是则输出，代码如下：

```
01   if i*i + j*j + k*k + m*m == n:
02     print('%ld*%ld+%ld*%ld+%ld*%ld+%ld*%ld=%ld'%(i, i, j, j, k, k, m, m,n))
```

　　（3）为了改变变量 i，j，k，m 的值再进入 for 循环中，将变量 i，j，k，m 都进行加 1 操作，代码如下：

```
01   i += 1
02   j += 1
03   k += 1
04   m += 1
```

12.4.3　代码实现

　　接下来给出验证四方定理问题的完整 Python 代码。
　　【实例 12.6】　验证四方定理程序。（实例位置：资源包\Code\12\06）
　　具体代码如下：

```
01   n=int(input("请输入一个数字："))                      #输入一个数字
02   for i in range(0,n):                                  #使用 for 循环进行穷举
03     for j in range(0,i):
04   for k in range(0,j):
05         for m in range(0,k):
06           if i*i + j*j + k*k + m*m == n:                #如果 i,j,k,m 乘以本身之和等于输入的数字
07             print('%ld*%ld+%ld*%ld+%ld*%ld+%ld*%ld=%ld'%(i, i, j, j, k, k, m, m,n))
```

08		#输出结果
09	i += 1	#改变 i 的值
10	j += 1	#改变 j 的值
11	k += 1	#改变 k 的值
12	m += 1	#改变 m 的值
13	exit(0)	

运行结果如图 12.5 所示。

图 12.5　验证四方定理

12.5　角 谷 猜 想

12.5.1　问题描述

角谷猜想由日本数学家角谷静夫提出，其描述为：对于任意大于 1 的自然数 n，若 n 为奇数，则将 n 变为 $3n+1$；若 n 为偶数，将 n 变为 n 的一半；经过若干次这样的变换，一定会使 n 变为 1。用 Python 编程验证该定理。

例如，取一个数 19，验证角谷猜想的步骤如图 12.6 所示。

初始数值：19

19是奇数：19*3+1=58	2是偶数：2/2=1
58是偶数：58/2=29	4是偶数：4/2=2
29是奇数：29*3+1=88	8是偶数：8/2=4
88是偶数：88/2=44	16是偶数：16/2=8
44是偶数：44/2=22	5是奇数：5*3+1=16
22是偶数：22/2=11	10是偶数：10/2=5
11是奇数：11*3+1=34	20是偶数：20/2=10
34是偶数：34/2=17	40是偶数：40/2=20
17是奇数：17*3+1=52	13是奇数：13*3+1=40
52是偶数：52/2=26 →	26是偶数：26/2=13

图 12.6　验证角谷猜想

12.5.2　解析问题

角谷猜想的精髓就是反复判断数字是奇数还是偶数。

反复操作，需要使用 while 循环，条件是 n!=1，一旦 n 等于 1，就跳出循环，因此反复代码如下：

```
while (n != 1):
```

判断一个数是奇数还是偶数的代码如下：

```
01   if (n % 2 == 0):
02       语句 1
03   else:
04       语句 2
```

是偶数时，就将数字除以 2，因此上段代码的语句 1 替换成：

```
01   print('%ld/2=%ld'%(n, n / 2))
02   n = n / 2
```

是奇数时，就将数字乘以 3 再加上 1，因此上段代码的语句 2 替换成：

```
01   print('%ld*3+1=%ld'%(n, n * 3 + 1) )
02   n = n * 3 + 1
```

12.5.3 代码实现

接下来给出验证角谷猜想的完整 Python 代码。

【实例 12.7】 验证角谷猜想。（实例位置：资源包\Code\12\07）

具体代码如下：

```
01   n=int(input("请输入一个数："))          #输入一个数字
02   while (n != 1):                         #反复循环
03       if (n % 2 == 0):                    #如果是偶数
04           print('%ld/2=%ld'%(n, n / 2))   #输出偶数时的结果
05           n = n / 2                        #偶数除以 2
06       else:                               #是奇数
07           print('%ld*3+1=%ld'%(n, n * 3 + 1) )  #输出奇数时的结果
08           n = n * 3 + 1                    #奇数乘以 3 再加上 1
```

运行结果如图 12.7 所示。

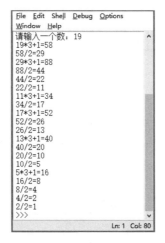

图 12.7 验证角谷猜想

12.6 挖黄金矿

12.6.1 问题描述

有 5 个金矿，每个金矿的黄金储量不同，需要参与挖掘的工人数目也不同。假定有 10 名工人，每个金矿要么全挖，要么不挖，不可以拆分。如果想得到最多的黄金，应该选择挖取哪几个金矿？

金矿的信息如表 12.1 所示。

表 12.1 金矿信息

金 矿 编 号	所需工人数量	黄金存储量	金 矿 编 号	所需工人数量	黄金存储量
1	5	400	4	4	300
2	5	500	5	3	350
3	3	200			

12.6.2 解析问题

拿到这样一个题目，你会使用什么算法来解决呢？仔细观察一下，会发现它和背包问题很像。背包问题使用的是动态规划算法，因此挖金矿问题也可以试着用动态规划算法解决。

首先，为挖矿问题创建一个网格，如图 12.8 所示。其中，各行表示挖矿的价值以及需要的人数，各列表示参与挖矿的工人数。网格最初是空的，从第 1 行开始填起，等填满网格，就能找到答案了。

图 12.8 挖矿网格

1. 填写第 1 行（400kg/5）

忽略掉下面 4 行，只考虑开挖黄金储量为 400kg 金矿时的情况。根据题意，5 个工人才能开挖 400kg 的金矿，1～4 人无法开挖，因此第 1～4 个单元格对应的最大可挖黄金量为 0，如图 12.9 所示。

只要超过 5 人，就能开挖 400kg 的金矿，因此第 5～10 个单元格的最大可挖黄金量都是 400kg，如图 12.10 所示。

至此，已经将第 1 行网格填满，最大值是 400。也就是说，当有 10 个工人时，可挖的最大黄金量是 400kg，这显然不是最优解。

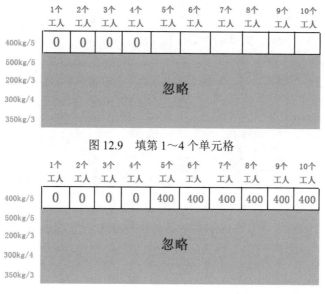

图 12.9　填第 1～4 个单元格

图 12.10　填第 6～10 个单元格

2．填写第 2 行（500kg/5）

填写第 2 行时，同样需要忽略下面的 3 行。现在工人们要面对 2 座金矿：400kg 金矿和 500kg 金矿。每次判断完，与第 1 行的对应单元格进行比较，高的刷新，低的保留原值，最终得出相同人数下的最大可开挖黄金量。

先来看第 1～4 个单元格。500kg 金矿开挖需要 5 个工人，少于 5 人无法开工，因此 1～4 人时的最大可挖黄金量是 0（与前相同），如图 12.11 所示。

图 12.11　填第 1～4 个单元格

再来填第 5～9 个单元格。超过 5 个工人就能开挖 500kg 的金矿，最大可挖黄金量为 500kg。500 大于第 1 行对应单元格中的 400，挖矿价值有所提升，因此刷新数据填入，如图 12.12 所示。

图 12.12　填第 5～9 个单元格

第 10 个单元格表示有 10 个工人，可以分 5 个工人挖 400kg 金矿，另外 5 个工人挖 500kg 金矿，此时的最大可挖黄金量为 400+500=900kg，如图 12.13 所示。

图 12.13　第 10 个单元格

可以看出，第 2 行填满后，最大可挖黄金量更新了，变成了 900kg。接下来再看下其他行网格的填写情况。

3．填写第 3 行（200kg/3）

开挖 200kg 金矿需要 3 个工人，因此第 1、2 个单元格的最大可挖黄金量依然是 0（与前相同），如图 12.14 所示。

图 12.14　填第 1、2 个单元格

当有 3～4 个工人时，可以开挖 200kg 金矿，最大可挖黄金量是 200kg。对比第 2 行，200 比 0 大，因此刷新数据填入，如图 12.15 所示。

	1个 工人	2个 工人	3个 工人	4个 工人	5个 工人	6个 工人	7个 工人	8个 工人	9个 工人	10个 工人
400kg/5	0	0	0	0	400	400	400	400	400	400
500kg/5	0	0	0	0	500	500	500	500	500	900
200kg/3	0	0	200	200						
300kg/4						忽略				
350kg/3										

图 12.15　填第 3、4 个单元格

当有 5～7 个工人时，可以分 3 人开挖 200kg 金矿，剩下的人数不够 5 人，无法开挖 400kg 或 500kg 的金矿，因此最大可挖黄金量是 200kg。对比第 2 行数据，200 小于 500，因此单元格数据保持不变，依然是 500，如图 12.16 所示。

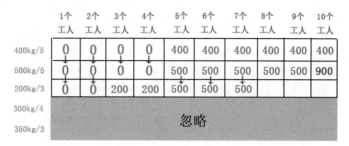

图 12.16　填第 5～7 个单元格

当有 8～9 个工人时，可以分 3 人挖 200kg 金矿，5 人挖 500kg 金矿，最大可挖黄金量为 200+500=700kg。对比第 2 行数据，700 大于 500，因此刷新数据填入，如图 12.17 所示。

图 12.17　填第 8～9 个单元格

当有 10 个工人时，分 3 人挖 200kg 金矿，剩余 7 人只能挖 500kg 金矿，最大可挖黄金量是 200+500=700kg。对比第 2 行，700 小于 900，因此这里数据保持不变，依然是 900，如图 12.18 所示。

图 12.18　填第 10 个单元格

4．填写第 4 行（300kg/4）

再来看看第 4 行是否能更新最大值。

当有 1～2 个工人时，不能挖 300kg 的金矿（需要 4 人），因此第 1、2 个单元格依然保持为 0。

当有 3 个工人时，虽然也不能挖 300kg 的金矿，但对比第 3 行，0 小于 200，因此这里保持不变，仍为 200，如图 12.19 所示。

当有 4 个工人时，可以挖 300kg 的金矿。对比第 3 行，300 比 200 大，因此更新单元格数据为 300，如图 12.20 所示。

当有 5～7 个工人时，只能挖 300kg 金矿，剩余人不够开挖其他矿。对比第 3 行，300 小于 500，因此第 5～7 个单元格保持 500 不变。

	1个工人	2个工人	3个工人	4个工人	5个工人	6个工人	7个工人	8个工人	9个工人	10个工人
400kg/5	0	0	0	0	400	400	400	400	400	400
500kg/5	0	0	0	0	500	500	500	500	500	900
200kg/3	0	0	200	200	500	500	500	700	700	900
300kg/4	0	0	200							
350kg/3	忽略									

图 12.19　填第 1~3 个单元格

	1个工人	2个工人	3个工人	4个工人	5个工人	6个工人	7个工人	8个工人	9个工人	10个工人
400kg/5	0	0	0	0	400	400	400	400	400	400
500kg/5	0	0	0	0	500	500	500	500	500	900
200kg/3	0	0	200	200	500	500	500	700	700	900
300kg/4	0	0	200	300						
350kg/3	忽略									

图 12.20　更新第 4 个单元格

当有 8 个工人时，分 4 人挖 300kg 金矿，4 人挖 200kg 金矿，最大可挖黄金量为 300+200=500kg。对比第 3 行，500 小于 700，因此第 8 个单元格保持 700 不变，如图 12.21 所示。

	1个工人	2个工人	3个工人	4个工人	5个工人	6个工人	7个工人	8个工人	9个工人	10个工人
400kg/5	0	0	0	0	400	400	400	400	400	400
500kg/5	0	0	0	0	500	500	500	500	500	900
200kg/3	0	0	200	200	500	500	500	700	700	900
300kg/4	0	0	200	300	500	500	500	700		
350kg/3	忽略									

图 12.21　填第 5~8 个单元格

当有 9 个工人时，分 4 人挖 300kg 金矿，5 人挖 500kg 金矿，最大可挖黄金量为 300+500=800kg。对比第 3 行，800 大于 700，因此更新数值为 800，如图 12.22 所示。

	1个工人	2个工人	3个工人	4个工人	5个工人	6个工人	7个工人	8个工人	9个工人	10个工人
400kg/5	0	0	0	0	400	400	400	400	400	400
500kg/5	0	0	0	0	500	500	500	500	500	900
200kg/3	0	0	200	200	500	500	500	700	700	900
300kg/4	0	0	200	300	500	500	500	700	800	
350kg/3	忽略									

图 12.22　填第 9 个单元格

当有 10 个工人时，可以 4 人挖 300kg 金矿，6 人挖 500kg 金矿，最大可挖黄金量为 300+500=800kg。对比第 3 行，800 小于 900，因此第 10 个单元格依然保持 900 不变，如图 12.23 所示。

	1个工人	2个工人	3个工人	4个工人	5个工人	6个工人	7个工人	8个工人	9个工人	10个工人
400kg/5	0	0	0	0	400	400	400	400	400	400
500kg/5	0	0	0	0	500	500	500	500	500	900
200kg/3	0	0	200	200	500	500	500	700	700	900
300kg/4	0	0	200	300	500	500	500	700	800	900
350kg/3	忽略									

图 12.23　填第 10 个单元格

5. 第 5 行（350kg/3）

当有 1～2 个工人时，不能挖 350kg 金矿，因此最大可挖黄金量依然是 0。

当有 3～4 个工人时，可以挖 350kg 金矿。对比第 4 行，350 比 200 大，更新单元格数据为 350，如图 12.24 所示。

	1个工人	2个工人	3个工人	4个工人	5个工人	6个工人	7个工人	8个工人	9个工人	10个工人
400kg/5	0	0	0	0	400	400	400	400	400	400
500kg/5	0	0	0	0	500	500	500	500	500	900
200kg/3	0	0	200	200	500	500	500	700	700	900
300kg/4	0	0	200	300	500	500	500	700	800	900
350kg/3	0	0	350	350						

图 12.24　填第 1～4 个单元格

当有 5 个工人时，可以挖 350kg 金矿。对比第 4 行，350 小于 500，因此第 5 单元格保持 500 不变。

当有 6 个工人时，可以分 3 人挖 350kg 金矿，3 人挖 200kg 金矿，最大可挖黄金量是 350+200=550kg。550 比 500 大，因此更新数据为 550，如图 12.25 所示。

	1个工人	2个工人	3个工人	4个工人	5个工人	6个工人	7个工人	8个工人	9个工人	10个工人
400kg/5	0	0	0	0	400	400	400	400	400	400
500kg/5	0	0	0	0	500	500	500	500	500	900
200kg/3	0	0	200	200	500	500	500	700	700	900
300kg/4	0	0	200	300	500	500	500	700	800	900
350kg/3	0	0	350	350	500	550				

图 12.25　填第 5、6 个单元格

当有 7 个工人时，可以分 3 人挖 350kg 金矿，4 人挖 300kg 金矿，最大可挖黄金量是 350+300=650kg。650 比 500 大，更新数据。

当有 8 个工人时，可以分 3 人挖 350kg 金矿，5 人挖 500kg 金矿，最大可挖黄金量是 350+500=850kg。850 比 700 大，更新数据，如图 12.26 所示。

当有 9 个工人时，可以分 3 人挖 350kg 金矿，5 人挖 500kg 金矿，最大可挖黄金量是 350+500=850kg。850 比 800 大，更新数据。

	1个工人	2个工人	3个工人	4个工人	5个工人	6个工人	7个工人	8个工人	9个工人	10个工人
400kg/5	0	0	0	0	400	400	400	400	400	400
500kg/5	0	0	0	0	500	500	500	500	500	900
200kg/3	0	0	200	200	500	500	500	700	700	900
300kg/4	0	0	200	300	500	500	500	700	800	900
350kg/3	0	0	350	350	500	550	650	850		

图 12.26　填第 7、8 个单元格

当有 10 个工人时，同样分 3 人挖 350kg 金矿，5 人挖 500kg 金矿，最大可挖黄金量是 350+500=850kg。850 比 900 小，因此第 10 个单元格维持 900 不变，如图 12.27 所示。

	1个工人	2个工人	3个工人	4个工人	5个工人	6个工人	7个工人	8个工人	9个工人	10个工人
400kg/5	0	0	0	0	400	400	400	400	400	400
500kg/5	0	0	0	0	500	500	500	500	500	900
200kg/3	0	0	200	200	500	500	500	700	700	900
300kg/4	0	0	200	300	500	500	500	700	800	900
350kg/3	0	0	350	350	500	550	650	850	850	900

图 12.27　填第 9、10 个单元格

至此，已经填满了挖矿网格。当有 10 个工人时，最大可挖黄金量是 900kg，挖的是 400kg 和 500kg 这两个金矿。

12.6.3　代码实现

采用动态规划算法来实现挖矿问题时，单元格的填写公式如图 12.28 所示。

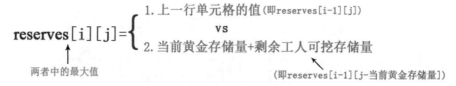

$$\text{reserves}[i][j]=\begin{cases}1.\text{上一行单元格的值}\,(\text{即reserves}[i-1][j])\\ \qquad\qquad\text{vs}\\ 2.\text{当前黄金存储量}+\text{剩余工人可挖存储量}\\ \qquad\qquad(\text{即reserves}[i-1][j-\text{当前黄金存储量}])\end{cases}$$

两者中的最大值

图 12.28　公式

接下来给出挖黄金矿问题的完整 Python 代码。

【实例 12.8】　挖黄金矿问题。（实例位置：资源包\Code\12\08）

具体代码如下：

```
01  '''
02  功能：自定义挖矿函数，实现动态规划算法
03  参数说明：count：表示矿的数量
04          TotalWorkers：表示总的工人数
05          workers：表示每个矿需要的工人数
06          gold：表示每个金矿的黄金储量
```

```
07      '''
08      def mine(count, TotalWorkers, workers, gold):
09      reserves = [[0 for j in range(TotalWorkers + 1)] for i in range(count +1)]
10                                                        #置零，表示初始状态
11          for i in range(1, count+1):                  #遍历 5 个矿，从第 1 个矿开始计算
12              for j in range(1, TotalWorkers + 1):     #遍历工人数
13                  reserves[i][j] = reserves[i - 1][j]  #定义 reserves 数组，存储最大可挖黄金量
14                  #有足够工人挖矿，遍历前一个状态，考虑是否置换
15                  if j >= workers[i - 1] and reserves[i][j] < reserves[i - 1][j - workers[i - 1]] + gold[i - 1]:
16                      #最大可挖黄金量就是当前黄金量+剩余工人可挖黄金量
17                      reserves[i][j] = reserves[i - 1][j - workers[i - 1]] +gold[i - 1]
18
19          for x in reserves:                           #遍历输出挖矿网格
20              print(x)
21          return reserves                              #返回最大可挖黄金量
22
23      '''
24      功能：自定义输出函数
25      参数说明：count：表示金矿数量
26              TotalWorkers：表示工人总数
27              workers：表示每个矿需要的工人数
28              reserves：表示最大价值，即所求的结果
29      '''
30      def show(count, TotalWorkers, workers, reserves):
31          x = [False for i in range(count)]            #初始化 x，使得 x 为假
32          j = TotalWorkers                             #将工人总数赋给变量 j
33          for i in range(count, 0, -1):                #遍历每个矿
34              #如果 reserves[i][j]单元格大于上一行同列的单元格的值，进行更新
35              if reserves[i][j] > reserves[i - 1][j]:
36                  x[i - 1] = True
37                  j -= workers[i - 1]                  #工人数减去上一行同列单元格的工人数
38          print('可挖最大存储量为:', reserves[count][TotalWorkers])  #输出最大存储量的值
39          print('要挖的金矿为:')
40          for i in range(count):                       #遍历每个矿
41              if x[i]:                                 #判断最大可挖黄金量对应的矿
42                  print('第', i + 1, '个矿 ', end='')   #输出是第几个矿
43
44      count = 5                                        #一共有 5 个金矿
45      TotalWorkers = 10                                #一共有 10 个工人
46      workers = [5,5,3,4,3]                            #不同矿需要的工人数
47      gold = [400,500,200,300,350]                     #不同矿的黄金储量
48      reserves = mine(count, TotalWorkers, workers, gold)  #调用 mine()动态规划函数
49      show(count, TotalWorkers, workers, reserves)     #调用 show()函数输出结果
```

运行结果如图 12.29 所示。

从结果上来看，和前面分析的一模一样，10 个人要想挖到最多的黄金，需要选择 400kg 金矿和 500kg 金矿。

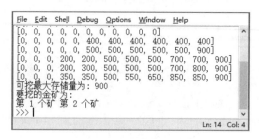

图 12.29　挖矿问题运行结果

12.7　求解最大公约数和最小公倍数

12.7.1　问题描述

最大公约数是指两个或多个整数的公约数中最大的一个。例如，12 和 16 的公约数为 1、2 和 4，最大公约数是 4。最小公倍数是指两个或多个整数的公倍数中，最小的一个。例如，2 和 3 的公倍数有 6、12、18 等，最小公倍数是 6。

应用 Python 程序求解任意两个正整数的最大公约数和最小公倍数。

12.7.2　解析问题

要求解两个数的最大公约数，最简单的方法是：获取两个数中较小的那个整数，并对该整数进行依次递减 1 的操作，获取到的第一个公约数即为这两个数的最大公约数。

例如，计算 a 和 b 的最大公约数。首先获取 a 和 b 中的最小值 i，对 i 进行依次递减 1 的操作，每次递减 1 时都判断 i 是否是 a 和 b 的公约数。如果满足 $a\%i$ 等于 0，并且 $b\%i$ 等于 0 的条件，就说明 i 是 a 和 b 的公约数，得到的第一个公约数即为两个数的最大公约数。

要计算两个数的最小公倍数，最简单的方法是：获取两个数中较大的那个整数，并对该整数进行依次加 1 的操作，获取到的第一个公倍数即为这两个数的最小公倍数。

例如，计算 a 和 b 的最小公倍数。首先获取 a 和 b 中的最大值 j，对 j 进行依次加 1 的操作，每次加 1 时都判断 j 是否是 a 和 b 的公倍数。如果满足 $j\%a$ 等于 0，并且 $j\%b$ 等于 0 的条件，就说明 j 是 a 和 b 的公倍数，得到的第一个公倍数即为两个数的最小公倍数。

12.7.3　代码实现

接下来给出求取任意两个正整数的最大公约数和最小公倍数问题的完整 Python 代码。

【实例 12.9】　计算两个正整数的最大公约数和最小公倍数。（实例位置：资源包\Code\12\09）

具体代码如下：

```
01    a = int(input("请输入第一个正整数："))              #第一个整数
02    b = int(input("请输入第二个正整数："))              #第二个整数
```

```
03     i = min(a,b)                                      #获取最小整数
04     while True:
05         if a % i == 0 and b % i == 0:                 #如果 a 和 b 都能被 i 整除
06             break                                     #跳出循环
07         i -= 1                                        #最小值依次减 1
08     j = max(a,b)                                      #获取最大整数
09     while True:
10         if j % a == 0 and j % b == 0:                 #如果 j 能被 a 和 b 同时整除
11             break                                     #跳出循环
12         j += 1                                        #最大值依次加 1
13     print("{}和{}的最大公约数是{},最小公倍数是{}".format(a,b,i,j))
```

运行结果如图 12.30 所示。

图 12.30　输出两个数的最大公约数和最小公倍数

12.8　使用二分法求解平方根

12.8.1　问题描述

在 Python 中，通过 sqrt() 函数可以快速获取一个数字的平方根。那么，怎样通过算法求解某个数的平方根呢？试着应用二分法，求解数字 6 的平方根。

12.8.2　解析问题

应用二分法计算 6 的平方根的过程如下。

（1）折半：6/2=3。

（2）平方校验：3×3=9>6，得到当前上限 3。

（3）再次向下折半：3/2=1.5。

（4）平方校验：1.5×1.5=2.25 < 6，得到当前下限 1.5。

（5）再次折半：3-(3-1.5)/2=2.25。

（6）平方校验：2.25×2.25=5.0625 < 6，得到当前下限 2.25。

（7）再次折半：3-(3-2.25)/2=2.625。

（8）平方校验：2.625×2.625=6.890625 > 6，得到当前上限 2.625。

……

就这样，每次得到的当前值和 6 进行比较，并记录下限和上限，依次迭代，逐渐接近 6 的平方根。

12.8.3 代码实现

接下来用完整的 Python 代码计算 6 的平方根。

【实例 12.10】 计算数字 6 的平方根。（实例位置：资源包\Code\12\10）

具体代码如下：

```python
01  import math
02  def sqrt_binary(num):
03      x = math.sqrt(num)              #计算数字的平方根
04      y = num / 2                      #折半
05      up = num                         #上限
06      low = 0                          #下限
07      count = 1                        #统计的次数
08      while abs(y - x) > 0.00000001:
09          print(count, y)              #打印次数和结果
10          count += 1                   #次数加 1
11          if (y * y > num):            #平方校验
12              up = y                   #获取上限
13          else:
14              low = y                  #获取下限
15          y = up - (up - low) / 2      #反复折半
16      return y
17  print(sqrt_binary(6))
18  print(math.sqrt(6))
```

运行结果如图 12.31 所示。

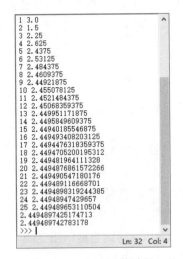

图 12.31 打印计算结果

由图 12.31 可知，使用二分法计算数字 6 的平方根一共迭代了 25 次，最终得到的值和通过 sqrt() 函数计算的结果的误差是 0.00000001。因此，在对计算精度要求不高的情况下，可以使用二分法计算数字的平方根。

12.9　分解质因数

12.9.1　问题描述

把一个合数用质因数相乘的形式表示出来，叫作分解质因数，例如 30=2×3×5。编写程序，对一个输入的合数分解质因数。

12.9.2　解析问题

对一个合数 n 分解质因数，要从最小的质数除起，一直除到结果为质数为止。首先应找到一个最小的质数 i，然后执行如下步骤：

（1）如果这个质数等于 n，就说明分解质因数的过程已经结束。

（2）如果 n 不等于 i，但 n 能被 i 整除，就用 n 除以 i 的商作为新的正整数 n，重复执行步骤（1）。

（3）如果 n 不能被 i 整除，就用 $i+1$ 作为 i 的值，重复执行步骤（1）。

12.9.3　代码实现

接下来给出对输入的合数分解质因数的完整 Python 代码。

【实例 12.11】　对输入的合数分解质因数。（实例位置：资源包\Code\12\11）

具体代码如下：

```
01  def is_prime(n):
02      #判断 n 是否是合数
03      for i in range(2,n):
04          if n % i == 0:
05              return True
06      return False
07  def dec_prime():
08      n = int(input("请输入一个合数："))
09      while not is_prime(n):              #如果 n 是合数，则退出循环
10          n = int(input("请输入一个合数："))
11      print(n, "=", end=" ")
12      prime_list = []                     #保存质因数
13      while n != 1:
14          for i in range(2, n + 1):
15              if n % i == 0:              #i 是 n 的一个质因数
16                  prime_list.append(i)    #将质因数添加到列表
17                  n = n // i              #将两个数进行整除，剩下的部分继续分解
18                  break
19      #打印分解的质因数
20      for i in range(0, len(prime_list)):
21          if i != len(prime_list) - 1:
```

```
22              print(prime_list[i], "*", end=" ")
23          else:
24              print(prime_list[i])
25  if __name__ == "__main__":
26      dec_prime()
```

运行结果如图 12.32 所示。

图 12.32　打印分解质因数结果

12.10　数字黑洞

12.10.1　问题描述

把一个四位数的 4 个数字从大到小排列组成一个新数，再从小到大排列组成一个新数，将这两个数相减，得到一个新的数。之后重复这个步骤，只要四位数的 4 个数字不重复，最终会得到 6174 这个数字。试着编写程序，实现得到四位黑洞数 6174 的过程。

12.10.2　解析问题

得到四位黑洞数 6174 的算法比较简单，主要过程如下：
（1）对四位数的 4 个数字分别进行降序排列和升序排列，得到两个新的数字。
（2）计算两个数字的差值，如果差值不足 4 位，则该值前面用 0 补齐。
（3）重复上述过程，直到计算结果为 6174 为止。

说明

如果四位数的 4 个数字完全相同，则计算结果为 0000。例如，输入的四位数为 6666，结果会输出 6666-6666=0000。

12.10.3　代码实现

接下来用完整的 Python 代码实现得到四位黑洞数 6174 的过程。
【实例 12.12】　实现得到四位黑洞数 6174 的过程。（实例位置：资源包\Code\12\12）
具体代码如下：

```
01  def black_hole(num):          #定义黑洞数求解函数
02      a = sorted(num, reverse=True)     #降序排列
```

```
03          b = sorted(num)                              #升序排列
04          str1 = "".join(a)                            #降序排列的数字
05          str2 = "".join(b)                            #升序排列的数字
06          result = str(int(str1) - int(str2))          #计算差值并转换为字符串
07          if len(result) < 4:                          #如果小于 4 位
08              result = "0" * (4 - len(result)) + result #前面用 0 补齐
09          print(str1, "-", str2, "=", result)          #计算差值
10          return result
11      while True:
12          num = input("请输入四位数：")
13          if not num.isdigit():                        #如果输入的包含非数字
14              print("请输入一个非负整数！")
15          elif len(num) > 4:                           #如果长度大于 4 位
16              print("数字不能大于 4 位！")
17          else:
18              break                                    #跳出循环
19      if len(num) < 4:                                 #如果数字小于四位
20          num += "0" * (4 - len(num))                  #前面用 0 补齐
21      r = black_hole(num)                              #调用函数获取返回值
22      while True:
23          if r == "6174" or r == "0000":               #如果计算结果为 6174 或 0000，则跳出循环
24              break
25          r = black_hole(r)                            #调用函数
```

运行结果如图 12.33 所示。

图 12.33　得到四位黑洞数 6174 的过程

12.11　埃及分数式

12.11.1　问题描述

埃及分数是指分子是 1 的分数，也叫单位分数。古代埃及人在进行分数运算时，只使用分子是 1 的分数，因此这种分数也叫作埃及分数，或者叫单分子分数。试着编写程序，将输入的分数分解为埃及分数式。

12.11.2　解析问题

假设某个真分数的分子为 a，分母为 b，且 $a<b$，将该分数分解为埃及分数式的过程如下：

（1）将 b 除以 a 的商的整数部分加 1 后的值，作为埃及分数的某一个分母 c。

（2）将 a 乘以 c 再减去 b，作为新的分数的分子。

（3）将 b 乘以 c，作为新的分数的分母。

（4）如果 b 能被 a 整除，则最后一个埃及分数的分母为 $b//a$，算法结束；否则，重复上面的步骤。

12.11.3　代码实现

接下来用完整的 Python 代码将输入的分数分解为埃及分数式。

【**实例 12.13**】　将输入的分数分解为埃及分数式。（**实例位置：资源包\Code\12\13**）

具体代码如下：

```
01   a = int(input("请输入分子："))
02   b = int(input("请输入分母："))
03   m = a
04   n = b
05   den = []                              #保存埃及分数分母的列表
06   while a != 1:                         #a 等于 1 时，退出循环
07       q = b//a                          #获取商的整数部分
08       c = q + 1                         #埃及分数的分母
09       den.append(c)                     #将分母添加到列表
10       a = a * c - b                     #新的分子
11       b = b * c                         #新的分母
12       if b % a == 0:                    #如果分母能被分子整除
13           den.append(b//a)              #将最后一个埃及分数分母添加到列表
14           a = 1                         #将 a 设置为 1
15   fraction=['1/'+str(i) for i in den]   #埃及分数列表
16   #格式化输出结果
17   print("{:s}/{:s} = {:s}".format(str(m),str(n),' + '.join(fraction)))
```

运行结果如图 12.34 所示。

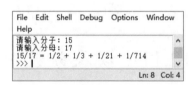

图 12.34　将分数分解为埃及分数式

12.12　小　　结

本章主要介绍了如何使用算法解决常见的数学问题，并通过 13 个有趣的实例解析了多种算法的应用。通过学习这些数学经典算法，可以帮助读者更快速地理解算法背后的逻辑。

第 13 章

算法常见经典问题

本章将介绍一些常见的经典算法问题，通过解析这些有趣的问题，帮助读者掌握更多的算法实现，最后再用 Python 代码来实现这些待解决的问题。

13.1　鸡 兔 同 笼

13.1.1　问题描述

鸡兔同笼是我国古代算书中著名的数学问题。大约在 1500 年前，《孙子算经》中就记载了这个有趣的问题。题目描述如下：有若干只鸡、兔在同一个笼子里，从上面数有 35 个头，从下面数有 94 只脚，问笼中有多少只鸡和多少只兔子？

13.1.2　解析问题

由题目可知，鸡和兔子一共是 35 只。在解题时，可以假设笼中都是兔子，根据鸡和兔子的总数就可以计算出共有多少只脚。将得到的脚的只数减去题目中给定的脚的只数，所得的就是笼中鸡的脚的只数，再将该结果除以 2，即可得出笼中鸡的只数。

由此可得鸡兔同笼问题的算式为

$$鸡的只数=(每只兔的脚数×鸡兔总数−实际脚数)÷2$$

说明

在解题时，还可以假设笼中都是鸡，则鸡兔同笼问题的算式为

$$兔的只数=(实际脚数−每只鸡的脚数×鸡兔总数)÷2$$

13.1.3　代码实现

接下来，用完整的 Python 代码求解鸡兔同笼问题。

【实例 13.1】　根据头和脚的总数，计算笼中有几只鸡和兔。(**实例位置：资源包\Code\13\01**)

具体代码如下：

```
01    while True:
02        head = int(input("请输入鸡和兔子头的总数："))
```

```
03          foot = int(input("请输入鸡和兔子脚的总数："))
04      if head < 2:
05          print("输入鸡和兔子头的总数有误，请重新输入！")
06      elif foot < 6:
07          print("输入鸡和兔子脚的总数有误，请重新输入！")
08      else:
09          chicken = (4 * head - foot) // 2              #获取鸡的数量
10          rabbit = head - chicken                       #获取兔子的数量
11          #判断鸡和兔子的数量是否正确
12          if chicken > 0 and rabbit > 0 and isinstance(chicken,int) and isinstance(rabbit,int):
13              print("鸡有{}只，兔子有{}只".format(chicken, rabbit))
14          else:
15              print("{}个头{}只脚的情况无解".format(head, foot))
```

运行结果如图 13.1 所示。

图 13.1　打印鸡和兔的只数

13.2　计算选手的最后得分

13.2.1　问题描述

在奥运会、世界锦标赛和世界杯的跳水比赛中，单人跳水项目需要指定 7 名裁判员。在参赛选手跳完一个动作后，7 名裁判员为选手打分，最低分是 0 分，最高分是 10 分，并且分数是 0.5 的整数倍。要计算选手这一跳的最后得分，首先需要去掉一个最高分和一个最低分，然后将剩余 5 个分数的总和乘以选手这一跳的难度系数，再除以 5，最后乘以 3，所得的分数即该选手这一跳的最后得分。假设某参赛选手第一跳的难度系数是 3.0，试着编写程序，根据输入的 7 位评委的打分计算该选手第一跳的最后得分。

13.2.2　解析问题

解决该问题的算法比较简单，关键是找到 7 位评委给出的最高分和最低分，即 7 个数字中的最大值和最小值。获取最大值和最小值的关键代码如下：

```
01  high = 0                                      #记录最高分
02  low = 10                                      #记录最低分
03  if score < low:
04      low = score                              #获取最低分
05  elif score > high:
06      high = score                             #获取最高分
```

　　获取最大值和最小值之后，再应用 7 个数字的和减去最大值和最小值，即可求出剩余 5 个分数的总和，再应用公式"5 个分数之和×难度系数÷5×3"，计算出选手的最后得分。

13.2.3　代码实现

　　根据输入的 7 位评委的打分，应用 Python 代码计算跳水比赛选手第一跳的最后得分。
　　【实例 13.2】　计算跳水比赛选手第一跳的最后得分。（**实例位置：资源包\Code\13\02**）
　　具体代码如下：

```python
01  def scoring(num):
02      flag = True
03      while flag:                                                #flag 为 False 时，退出循环
04          try:
05              score = float(input("第{}位评委打分（0~10）: ".format(num)))
06              #判断输入的分数是否合法
07              if score >= 0 and score <= 10 and score % 0.5 == 0:
08                  flag = False
09              else:
10                  print("输入错误，请重新输入")
11                  flag = True
12          except:
13              print("输入错误，请重新输入")
14              flag = True
15      return score
16  if __name__ == "__main__":
17      sum = 0                                                    #求和
18      high = 0                                                   #记录最高分
19      low = 10                                                   #记录最低分
20      for i in range(7):
21          score = scoring(i + 1)                                #获取评委打分
22          sum += score                                          #计算分数之和
23          if score < low:
24              low = score                                       #获取最低分
25          elif score > high:
26              high = score                                      #获取最高分
27      difficulty = 3.0                                          #难度系数
28      final = (sum - high - low) * difficulty / 5 * 3           #计算最后得分
29      print("该选手第一跳的最后得分是{:.1f}分".format(final))
```

　　运行结果如图 13.2 所示。

图 13.2　计算选手最后得分

13.3　猜　数　字

13.3.1　问题描述

设计一个简单的猜数字游戏。在整数范围0～100内随机给定一个整数，由玩家猜取其值。玩家每输入一次猜测的数字，系统都会对所猜数字和正确数字的大小关系进行提示，并统计玩家猜数字的次数。

13.3.2　解析问题

在该问题中，系统借用二分法的思想，对玩家可猜数字的次数进行了限制，确定玩家可猜次数的方法如下：

（1）将0和100分别作为最小值和最大值，取最小值和最大值的中间值，即(0 +100)//2。

（2）将获取的中间值作为最大值，继续取最小值和最大值的中间值。

（3）进行多次循环，累计可猜测数字的次数，直到获取的中间值和最小值相等为止。

13.3.3　代码实现

接下来用完整的 Python 代码实现猜数字的过程。

【实例 13.3】　实现猜数字的过程。（实例位置：资源包\Code\13\03）

具体代码如下：

```
01    import random
02    def get_times(low,high):
03        times = 0                                      #可猜数字的次数
04        #获取可猜数字的次数
05        while True:
06            mid = (low + high) // 2
07            high = mid
08            times += 1
09            if mid == low:
10                break
11        return times
12    def guess(random_number,times):
13        print("您有{}次猜数字的机会！".format(times))
14        count = 1                                      #猜数字的次数
15        while times != 0:
16            guess_number = int(input("第{}次机会，请输入整数（0~100）：".format(count)))
17            times -= 1                                 #每猜一次，可猜数字的次数就减 1
18            if guess_number < random_number:           #如果输入的数字小于随机整数
19                print("数字太小了！")
20            elif guess_number > random_number:         #如果输入的数字大于随机整数
```

```
21            print("数字太大了！")
22        else:
23            print("您猜对了！一共猜了{}次！".format(count))
24            break
25        count += 1                                    #猜数字的次数加 1
26    else:
27        print("机会用完了，游戏结束！正确答案为{}".format(random_number))
28 if __name__ == "__main__":
29    low = 0                                           #数字范围的最小值
30    high = 100                                        #数字范围的最大值
31    times = get_times(low,high)                       #调用函数获取可猜数字的次数
32    random_number = random.randint(low, high)         #生成一个随机整数
33    guess(random_number,times)
```

运行结果如图 13.3 所示。

延续上述猜数字问题，还可以实现手动输入一个 0～100 范围内的任意整数，让系统自动使用二分法猜该数，并统计猜中数字的次数。具体思路如下：

（1）给定一个要猜的 0～100 内的整数。

（2）将 0 和 100 分别作为最小值和最大值，将最小值和最大值的中间值作为第一次猜的整数，即 (0 +100)//2。

（3）将中间值与给定的整数作比较，如果中间值较大，就将中间值作为最大值，否则就将中间值作为最小值。

（4）进行多次循环，继续取最小值和最大值的中间值，再与给定的整数作比较，直到中间值等于给定的整数为止，并累计猜数字的次数。

【实例 13.4】　统计猜中数字的次数。（实例位置：资源包\Code\13\04）

具体代码如下：

```
01  target_number = int(input("请输入要猜的整数（0~100）:"))
02  low = 0                                            #最小值
03  high = 100                                         #最大值
04  count = 0                                          #猜数字的次数
05  guess = 0                                          #每一轮猜的数字
06  guess_list = []                                    #每一轮猜的数字组成的列表
07  while guess != target_number:
08      guess = (low + high) // 2                      #二分法猜数字
09      guess_list.append(str(guess))                 #将数字添加到列表
10      if guess > target_number:
11          high = guess                              #将中间值作为最大值
12      else:
13          low = guess                               #将中间值作为最小值
14      count += 1                                     #猜数字的次数加 1
15  print("一共猜了{}次".format(count), end="，")
16  print("数字分别是"+"、".join(guess_list))
```

运行结果如图 13.4 所示。

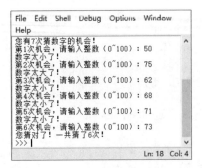

图 13.3　输出猜数字的结果

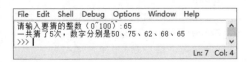

图 13.4　输出猜数字的次数和每一次猜的数字

13.4　凯撒加密术

13.4.1　问题描述

在密码学中，凯撒加密是一种简单但广为人知的加密技术。其基本思想是：将字母移动指定的位数来实现加密和解密。明文中的所有字母都在字母表上向后（或向前）按照一个指定的数目进行偏移后被替换成密文。例如，当偏移量是 2 的时候，字母 A 将被替换成 C，B 替换为 D，……，Y 替换为A，Z 替换为 B。因此，偏移的位数可以看作是加密和解密的秘钥。

13.4.2　解析问题

凯撒密码加密的关键在于明文字母表和密文字母表的替换，密文字母表通过指定的偏移量获取。在设置偏移量后，将明文字母表向左或向右移动指定的偏移位数，即可得到密文字母表。例如，设置偏移量是 3，那么明文字母表中的每个字母应将它之后的第 3 个字母替换，则明文字母表和密文字母表如下：

明文字母表：ABCDEFGHIJKLMNOPQRSTUVWXYZ。

密文字母表：DEFGHIJKLMNOPQRSTUVWXYZABC。

在使用时，加密者对每一个明文字母进行加密。解密者则根据已知的密钥反过来操作，得到原来的明文。例如：

明文：TAKE ME TO YOUR HEART。

密文：WDNH PH WR BRXU KHDUW。

13.4.3　代码实现

接下来用完整的 Python 代码实现对明文进行加密或对密文进行解密的操作。

【实例 13.5】　进行加密或解密的操作。（实例位置：资源包\Code\13\05）

具体代码如下：

```
01   def encrypt(plaintext, i):
02       ciphertext = ""                                    #加密后的密文
03       for ch in plaintext:
04           if ch.isalpha():                               #判断每个字符是否是字母
05               if ch.isupper():                           #判断字母是否是大写
06                   ciphertext += chr(65 + (ord(ch) - 65 + i) % 26)
07               else:
08                   ciphertext += chr(97 + (ord(ch) - 97 + i) % 26)
09           else:
10               ciphertext += ch
11       return ciphertext
12   def decrypt(ciphertext, i):
13       plaintext = ""                                     #解密后的明文
14       for ch in ciphertext:
15           if ch.isalpha():                               #判断每个字符是否是字母
16               if ch.isupper():                           #判断字母是否是大写
17                   plaintext += chr(65 + (ord(ch) - 65 - i) % 26)
18               else:
19                   plaintext += chr(97 + (ord(ch) - 97 - i) % 26)
20           else:
21               plaintext += ch
22       return plaintext
23   def main():
24       sel = input("加密输入 1，解密输入 2：")
25       while sel != "1" and sel != "2":                   #如果输入的不是 1 也不是 2，就重新输入
26           sel = input("请输入 1 或 2：")
27       key = input("请输入秘钥：")
28       while not key.isdigit():                           #如果输入的不是整数，就重新输入
29           key = input("请输入整数：")
30       if sel == "1":                                     #加密操作
31           plaintext = input("请输入明文：")
32           ciphertext = encrypt(plaintext, int(key))      #调用加密函数
33           print("密文："+ciphertext)                     #输出加密后的密文
34       else:                                              #解密操作
35           ciphertext = input("请输入密文：")
36           plaintext = decrypt(ciphertext, int(key))      #调用解密函数
37           print("明文："+plaintext)                      #输出解密后的明文
38   if __name__ == "__main__":
39       main()
```

运行结果如图 13.5 所示。

图 13.5　对明文进行加密

13.5　随机分配办公室

13.5.1　问题描述

已知老师的列表如下：["胡斐","狄云","段誉","郭靖","韦小宝","令狐冲","陈家洛","杨过","石中玉","张无忌"]。试着编写一个随机给老师分配办公室的程序，要求输入办公室的个数和每个办公室至少分配的老师数量，将列表中的 10 名老师随机分配到几个办公室中。

13.5.2　解析问题

根据题意，已经指定了每个办公室至少分配老师的个数，因此要想将 10 名老师随机分配到指定个数的办公室，可以设置两层循环。首先通过内层循环为每个办公室随机分配一名老师，然后通过外层循环为每个办公室分配指定个数的老师。在循环时将分配的老师从老师列表中移除。最后，再将剩下的老师随机分配到某个办公室中。这样就解决了随机给老师分配办公室的问题。

13.5.3　代码实现

接下来给出为 10 名老师随机分配办公室的完整 Python 代码。

【实例 13.6】　将 10 名老师随机分配到办公室。（实例位置：资源包\Code\13\06）

具体代码如下：

```
01    import random
02    #老师名称列表
03    teachers = ["胡斐","狄云","段誉","郭靖","韦小宝","令狐冲","陈家洛","杨过","石中玉","张无忌"]
04    while True:
05        office_num = input("请输入办公室的个数：")
06        least_num = input("请输入每个办公室至少分配老师的个数：")
07        if not office_num.isdigit() or not least_num.isdigit():          #判断输入是否均为数字
08            print("您的输入有误，请重新输入！")
09        elif len(teachers) < int(office_num) * int(least_num):
10            print("您的输入有误，请重新输入！")
11        else:
12            break
13    office_num = int(office_num)                                          #转换为整型
14    least_num = int(least_num)                                            #转换为整型
15    #创建办公室列表
16    offices = []
17    while office_num >= 1:
18        offices.append([])
19        office_num -= 1
20    #每个办公室随机选出 least_num 名老师
```

```
21    for i in range(least_num):
22        for office in offices:
23            index = random.randint(0, len(teachers) - 1)
24            #随机选出一名老师并从老师列表中移除
25            teacher = teachers.pop(index)
26            office.append(teacher)                    #将选出的老师添加到指定办公室
27    #将剩下的老师随机分配
28    for t in teachers:
29        office_index = random.randint(0, len(offices) - 1)
30        offices[office_index].append(t)
31    #打印老师分配情况
32    print("分配情况如下：")
33    for i in range(len(offices)):
34        print("第{}个办公室：{}".format(i + 1, "、".join(offices[i])))
```

运行结果如图 13.6 所示。

图 13.6　打印老师的分配情况

13.6　取火柴游戏

13.6.1　问题描述

取火柴游戏即经典的"常胜将军"问题。题目描述如下：甲、乙两人玩抽取火柴的游戏，一共有 21 根火柴。两个人轮流取火柴，每人每次最少取 1 根火柴，最多可以取 4 根火柴，不可多取，也不能不取，谁取到最后一根火柴谁就输了。甲让乙先取火柴，结果每次都是甲获胜。试着编写程序，演示取火柴游戏的过程。

13.6.2　解析问题

该问题可以这样思考：火柴一共有 21 根，甲让乙先取火柴，每次乙都会输，这就说明每次游戏都是乙取到最后一根火柴。因为 21 除以 5 的余数是 1，所以在甲、乙双方每次取火柴的时候，甲只要保证抽取火柴的数量和乙抽取火柴的数量之和为 5，就可以让自己赢得游戏。

13.6.3　代码实现

接下来给出取火柴游戏的完整 Python 代码。

【**实例 13.7**】　实现游戏玩家双方抽取火柴的过程。（**实例位置：资源包\Code\13\07**）

具体代码如下：

```
01   import random
02   def take_match(match):
03       id = 0                                      #根据 id 切换玩家
04       take_num = 0                                #保存抽取火柴的数量
05       while match >= 1:                           #火柴全部取完时结束循环
06           id += 1                                 #id 值加 1
07           if id % 2 == 1:                         #如果 id 值是奇数
08               gamer = "甲"                         #当前玩家为甲
09               if match > 5:                       #如果火柴数多于 5 个
10                   take_num = random.randint(1,4)  #随机抽取火柴数量
11               else:
12                   take_num = 1                    #抽取最后一根火柴
13           else:
14               gamer = "乙"                         #当前玩家为乙
15               take_num = 5 - take_num             #玩家乙抽取火柴数量
16           match -= take_num                       #还剩多少火柴
17           #格式化输出玩家名称、抽取火柴数量和剩余火柴数量
18           print("{:>2s}{:>11d}{:>15d}".format(gamer, take_num, match))
19   print("玩家{:3s}抽取火柴数量{:3s}剩余火柴数量".format("", ""))
20   print("-" * 34)
21   take_match(21)                                  #调用函数
```

运行结果如图 13.7 所示。

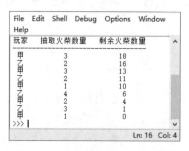

图 13.7　游戏玩家抽取火柴过程

接下来对实例 13.7 进行修改，使计算机随机产生抽取火柴的数量，使真人玩家输入抽取火柴的数量，实现人机对弈过程。

【**实例 13.8**】　实现人机对弈抽取火柴的过程。（**实例位置：资源包\Code\13\08**）

具体代码如下：

```
01   import random
02   def take_match(match):
03       count = 0
04       take_num = 0                                #保存抽取火柴的数量
05       while match > 1:                            #火柴剩一根时，结束循环
06           count += 1
07           print("第{}轮抽取火柴：".format(count))
```

```
08                #计算机抽取火柴
09        if match > 5:                                #如果剩余火柴数多于 5 个
10            take_num = random.randint(1,4)           #随机抽取火柴数量
11        else:
12            take_num = match - 1                     #抽取后剩最后一根火柴
13        match -= take_num                            #还剩多少根火柴
14        print("计算机抽取"+str(take_num)+"根火柴")
15        if match == 1:
16            print("还剩最后一根火柴，你输了！")
17        #真人抽取火柴
18        while True:
19            take_num = int(input("请输入抽取火柴数："))
20            if take_num > 0 and take_num <=4:         #限制抽取火柴数
21                break
22        match -= take_num                            #还剩多少根火柴
23        if match == 1:
24            print("还剩最后一根火柴，你赢了！")
25        print("-" * 23)
26    take_match(21)                                   #调用函数
```

运行结果如图 13.8 所示。

图 13.8　人机对弈抽取火柴过程

13.7　计算影厅座位数

13.7.1　问题描述

某影院的影厅共有 10 排座位，第一排座位数量最少，各排座位数成等差数列。前三排的座位数相加是 36，相乘是 1680。试着编写程序，列出该影院影厅每一排的座位数。

13.7.2　解析问题

影厅中的各排座位数成等差数列。假设第一排座位数是 a，相邻两排的座位数相差 m，则前三排的

座位数之和为 $a+(a+m)+(a+m+m)$。前三排座位数的积为 $a(a+m)(a+m+m)$。由于前三排的座位数之和为 $3a+3m$，所以需要满足 $3a<36$，即 $1 \leqslant a < 12$ 这个条件。可以采用穷举法求出该等差数列。

13.7.3 代码实现

接下来用完整的 Python 代码计算出该影院影厅每一排的座位数。

【实例 13.9】 列出影厅每一排的座位数。（实例位置：资源包\Code\13\09）

具体代码如下：

```python
01  def add(a,m):
02      sum = a                                  #初始化求和变量
03      for i in range(1,3):
04          sum += a + i * m                     #求和运算
05      return sum
06  def mul(a,m):
07      product = a                              #初始化求乘积变量
08      for i in range(1,3):
09          product *= a + i * m                 #求乘积运算
10      return product
11  def main():
12      first = 0                                #初始化第一排座位数
13      dif = 0                                  #初始化公差
14      flag = False                             #用于跳出外层循环
15      for a in range(1,36//3):
16          m = 1
17          while True:
18              r = add(a,m)                     #获取求和运算结果
19              if r >= 36:
20                  if r == 36 and mul(a,m) == 1680:
21                      first = a                #获取第一排座位数
22                      dif = m                  #获取公差
23                      flag = True
24                      break
25              m += 1
26          if flag:                             #如果 flag 为 True，则跳出外层循环
27              break
28      return first,dif
29  if __name__ == '__main__':
30      first,dif = main()
31      for i in range(10):
32          print("第{}排座位数：{}".format(i + 1,first + dif * i))
```

运行结果如图 13.9 所示。

图 13.9　计算影厅每一排的座位数

13.8　五家共井

13.8.1　问题描述

《九章算术》中有一道有趣的题"五家共井"。题目描述如下：有五家人共用一口井，甲、乙、丙、丁、戊各有一条绳子提水。各家绳子的长度和井深符合以下条件：甲×2+乙=井深，乙×3+丙=井深，丙×4+丁=井深，丁×5+戊=井深，戊×6+甲=井深，求甲、乙、丙、丁、戊各家绳子的长度和井深（单位是米）。

13.8.2　解析问题

"五家共井"问题是一个不定方程问题。设甲、乙、丙、丁、戊各家的绳子长度分别是 a、b、c、d、e，井深是 h，根据题意，可以列出如下方程组：

$$\begin{cases} 2a + b = h \\ 3b + c = h \\ 4c + d = h \\ 5d + e = h \\ 6e + a = h \end{cases}$$

这是一个含有 6 个未知数、5 个方程的方程组。因为未知数的个数多于方程的个数，所以该方程组不只一组解。这里只求出其最小正整数解。

13.8.3　代码实现

接下来用完整的 Python 代码求解"五家共井"问题中各家绳子的长度和井深。

【实例 13.10】　计算各家绳子的长度和井深。（实例位置：资源包\Code\13\10）

具体代码如下：

```
01   h = 1                              #初始化井深
02   find = False                       #用于跳出外层循环
```

```
03    while True:
04        for a in range(1, h + 1):
05            b = h - 2 * a                    #乙家绳子长度
06            c = h - 3 * b                    #丙家绳子长度
07            d = h - 4 * c                    #丁家绳子长度
08            e = h - 5 * d                    #戊家绳子长度
09            if a == h - 6 * e:
10                print('甲：{}，乙：{}，丙：{}，丁：{}，戊：{}，井深：{}'.format(a,b,c,d,e,h))
11                find = True
12                break                        #跳出内层循环
13        if find:                             #如果 find 为 True，则跳出外层循环
14            break
15        h += 1                               #井深加 1
```

运行结果如图 13.10 所示。

图 13.10　求解各家绳子长度和井深

13.9　借　　书

13.9.1　问题描述

借书问题的描述如下：小明有 5 本新书，准备借给甲、乙、丙 3 位小朋友，如果每人每次只能借一本书，可以有多少种不同的借法。试着编写程序，输出各种不同的借法。

13.9.2　解析问题

借书问题属于数学中的排列组合问题，即求出从 5 个数中取 3 个不同数的排列组合的总数。首先对 5 本书从 1 到 5 进行编号，甲、乙、丙 3 个人分别从 5 本书中选 1 本。由于 1 本书不能同时借给多个人，因此只要这 3 个人所借书的编号不同，就满足题意。

根据以上分析，对于每个人所借书的编号，可以使用穷举法实现。因为一本书只能借给一个人，所以在第一个人借完书后，第二个人的选择会受到第一个人的限制，而第三个人的选择会受到前两个人的限制。由此可见，可以采用循环的嵌套来解决该问题。

13.9.3　代码实现

接下来给出借书问题的各种 Python 实现方案。

【实例 13.11】　打印借书的各种方案。（实例位置：资源包\Code\13\11）

具体代码如下：

```
01    print("{:16s}甲{:4s}乙{:4s}丙".format("","",""))
02    print("-" * 30)
03    n = 0                                      #记录第几种借法
04    for i in range(1, 6):
05        for j in range(1, 6):
06            if j != i:                         #乙和甲借的书不能相同
07                for k in range(1, 6):
08                    if k != i and k != j:      #丙和甲、乙借的书都不能相同
09                        n += 1
10                        #格式化输出各种借法
11                        print("第{}种借法\t{:d}{:>6d}{:>6d}".format(n, i, j, k))
```

运行结果如图 13.11 所示。

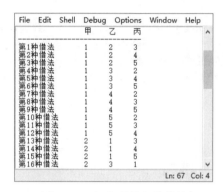

图 13.11　打印书的各种借法

13.10　三　色　球

13.10.1　问题描述

在一个盒子中有红、黄、绿 3 种颜色的球，其中红球 3 个，黄球 3 个，绿球 6 个。现从盒子中任意摸出 8 个球，编写程序，列出摸出的球的各种颜色搭配情况。

13.10.2　解析问题

三色球问题同样属于数学中的排列组合问题。解决这类问题的一种比较简单常用的方法是穷举法。因为 8 个球是在 12 个球当中随机摸取的，所以每种颜色的球被摸到的个数都有一定的范围。摸到的红球个数的范围是 0~3，摸到的黄球个数的范围同样是 0~3。因为红球和黄球一共有 6 个，所以摸到的绿球最少是两个，最多是 6 个，它的范围是 2~6。

根据以上分析，对红、黄、绿 3 种颜色的球可能被摸到的个数进行排列，一共有 4×4×5=80 种颜色搭配组合。在这些颜色搭配组合中，还需要满足"红球数+黄球数+绿球数=8"这个条件，这样就能够筛选出符合题意的 3 种球的颜色搭配情况。

13.10.3 代码实现

接下来用完整的 Python 代码求解三色球问题的各种颜色搭配方案。

【实例 13.12】 列出摸出 8 个球时的各种颜色搭配情况。（实例位置：资源包\Code\13\12）

具体代码如下：

```
01    print('\t\t 红球\t 黄球\t 绿球')
02    print("-" * 36)
03    n = 0                                          #记录第几种情况
04    for red in range(0,4):
05        for yellow in range(0,4):
06            for green in range(2,7):
07                if red + yellow + green == 8:       #一共是 8 个球
08                    n += 1
09                    #格式化输出各种颜色搭配情况
10                    print("第{}种情况：\t{}\t{}\t{}".format(n,red,yellow,green))
```

运行结果如图 13.12 所示。

图 13.12　输出各种颜色搭配情况

13.11　马　踏　棋　盘

13.11.1　问题描述

马踏棋盘即经典的骑士周游问题。该问题描述如下：国际象棋棋盘中有 64（8×8）个方格。将马随机放在国际象棋棋盘的某个方格中，马需要按照走棋规则进行移动。要求每个方格只能进入一次，走遍棋盘上的全部 64 个方格。试着编写程序，求出马的行走路线，并将数字 1,2,…,64 依次填入 64 个方格中。

13.11.2　解析问题

求解马踏棋盘问题的基本算法过程如下：

（1）应用二维数组创建一个 8×8 的棋盘，应用数字 0 对棋盘中的 64 个方格进行初始化。选择一个起始点，并将当前位置标记为已被访问。

（2）根据当前的位置，获取马下一步可以走的所有位置。根据马所在位置的不同，下一步可以走的位置也不同。在棋盘中，马最多可以走 8 个位置，效果如图 13.13 所示。

将这些可走的位置放入一个列表中，并按照指定规则向下一个可走的位置走一步，将走的位置标记为已被访问。每走一步，就将步数加 1。

（3）再以新的位置为起始点继续向下走，以此类推。如果马下一步可以走的所有位置都走过，就判断马是否已经走完整个棋盘。如果未走完整个棋盘，就进行回溯。

图 13.13　马最多可以走 8 个位置

13.11.3　代码实现

接下来用完整的 Python 代码求解出马踏棋盘问题的步数和位置。

【实例 13.13】　打印马踏棋盘的步数和位置。（实例位置：资源包\Code\13\13）

具体代码如下：

```
01  def step_chessboard(row, col, step):
02      global finished
03      chessboard[row][col] = step                    #标记步数
04      visited[row][col] = True                       #标记该位置已被访问
05      #获取当前位置可以走的下一个位置组成的列表
06      next_step = go_next(row, col)
07      #按照下一步的所有可走位置的数量进行升序排列
08      next_step.sort(key=lambda p: len(go_next(p[0], p[1])))
09      for p in next_step:                            #获取下一个可以走的位置
10          if not visited[p[0]][p[1]]:                #判断该位置是否已被访问过
11              step_chessboard(p[0], p[1], step + 1)
12      if (step < X * Y) and (not finished):          #如果未走完整个棋盘且马无路可走
13          chessboard[row][col] = 0                   #将该位置重置为 0
14          visited[row][col] = False                  #标记该位置为未被访问
15      else:                                          #如果已经走完整个棋盘
16          finished = True
17  def go_next(x, y):
18      pos = []                                       #保存可走的位置列表
19      #判断是否可以走 0 的位置
20      if (x - 1 >= 0) and (y - 2 >= 0):
21          pos.append([x - 1, y - 2])
22      #判断是否可以走 1 的位置
23      if (x - 2 >= 0) and (y - 1 >= 0):
24          pos.append([x - 2, y - 1])
25      #判断是否可以走 2 的位置
26      if (x - 2 >= 0) and (y + 1 < Y):
27          pos.append([x - 2, y + 1])
```

```
28        #判断是否可以走 3 的位置
29        if (x - 1 >= 0) and (y + 2 < Y):
30            pos.append([x - 1, y + 2])
31        #判断是否可以走 4 的位置
32        if (x + 1 < X) and (y + 2 < Y):
33            pos.append([x + 1, y + 2])
34        #判断是否可以走 5 的位置
35        if (x + 2 < X) and (y + 1 < Y):
36            pos.append([x + 2, y + 1])
37        #判断是否可以走 6 的位置
38        if (x + 2 < X) and (y - 1 >= 0):
39            pos.append([x + 2, y - 1])
40        #判断是否可以走 7 的位置
41        if (x + 1 < X) and (y - 2 >= 0):
42            pos.append([x + 1, y - 2])
43        return pos
44  if __name__ == "__main__":
45        X = 8                                      #棋盘的列数
46        Y = 8                                      #棋盘的行数
47        #创建一个二维数组，初始化棋盘
48        chessboard = [[0 for col in range(X)] for row in range(Y)]
49        #创建一个二维数组，标记棋盘的各个位置是否已被访问，False 表示未被访问
50        visited = [[False for col in range(X)] for row in range(Y)]
51        finished = False                           #是否走完整个棋盘标志
52        step_chessboard(0, 0, 1)                    #马从左上角开始走
53        #输出马踏棋盘的步数和位置
54        for rows in chessboard:
55            for steps in rows:
56                print(steps, end="\t")
57            print()
```

运行结果如图 13.14 所示。

图 13.14　求解马踏棋盘问题的步数和位置

13.12　小　　结

本章主要介绍了算法中的一些经典问题。希望通过对这些经典问题的讲解，可以帮助读者开拓编程思路，并提高解决问题的能力。